电工技术基础

李德龙 主编

石油工业出版社

内 容 提 要

本书简要介绍了直流电路、交流电路的基本分析方法,三相交流电路的连接形式及提高功率因数的方法,磁路及变压器、电动机基础知识,常用低压电器与应用等内容。同时还结合实际训练介绍了常用电工仪表及工具的使用,以及安全用电常识。

本书可作为有关专业职工培训教材,也可供从事电气作业的操作人员参考。

图书在版编目(CIP)数据

电工技术基础/李德龙主编.
北京:石油工业出版社,2012.4
ISBN 978-7-5021-8996-9

Ⅰ.电…
Ⅱ.李…
Ⅲ.电工技术
Ⅳ.TM

中国版本图书馆 CIP 数据核字(2012)第 054098 号

出版发行:石油工业出版社
　　　　　(北京安定门外安华里2区1号　100011)
　　　网　　址:www.petropub.com.cn
　　　编辑部:(010)64523574　发行部:(010)64210392
经　销:全国新华书店
印　刷:北京中石油彩色印刷有限责任公司

2012年4月第1版　2012年4月第1次印刷
787×1092毫米　开本:1/16　印张:14.5
字数:368千字

定价:29.00元
(如出现印装质量问题,我社发行部负责调换)
版权所有,翻印必究

前　言

根据《石油石化专业技能鉴定》对钻井、采油、井下作业等工种的职业能力要求，山东胜利职业学院组织骨干教师到企业生产现场实地调研论证，广泛征求企业技术人员、技能大师和一线职工的意见、建议，编写了本教材。

教材的编写力求突出职业性和针对性，努力体现职业特色和石油特点，面向生产一线；以职业能力和职业岗位（群）的要求为核心，以"必须、够用"为度，建立"相对不完善的理论体系和相对完善的技能体系"。课程内容的选取以职业实践所需要的动作技能和心智技能为重点。

教材的编写力求突出技术性和应用性，改变旧教材"从概念到概念"、"从公式到公式"的死板说教，注意发挥图、表、例在塑造应用型人才中的"赋型"作用，体现"能力本位"的特点。

教材各章均附有思考题和习题，兼顾了钻井、采油、井下作业等工种职业技能鉴定要求。

教材中涉及到的相关技术资料采用最新国家标准。

教材第一章、第二章、第七章由李德龙编写，第三章、第四章、第六章由黄小强编写，第五章由李娜编写，第八章由李明江编写，第九章由袁秀伟编写。全书由李德龙主编，孙松尧主审。

在教材编写过程中，得到了胜利油田、中国石油大学有关领导、专家和同行的大力支持，在此一并表示感谢。

由于编写人员水平有限，书中难免有不妥之处，请广大读者提出宝贵意见。

编　者
2012 年 2 月

目 录

第一章 直流电路 ... 1
- 第一节 电路与电路模型 ... 1
- 第二节 电流和电压的参考方向 ... 5
- 第三节 欧姆定律 ... 6
- 第四节 电源有载工作电路、开路与短路 ... 9
- 第五节 基尔霍夫定律 ... 13
- 第六节 电路中电位的概念及计算 ... 17
- 第七节 电阻串并联连接的等效变换 ... 19
- 第八节 电压源与电流源及其等效变换 ... 24
- 第九节 复杂电路的分析方法 ... 28
- 习题 ... 35

第二章 正弦交流电路 ... 39
- 第一节 正弦电压与电流 ... 39
- 第二节 单一元件的交流电路 ... 43
- 第三节 电阻、电感与电容串联的交流电路 ... 51
- 第四节 电路的谐振 ... 55
- 第五节 功率因数的提高 ... 58
- 习题 ... 60

第三章 三相交流电路 ... 63
- 第一节 三相电压 ... 63
- 第二节 负载星形连接的三相电路 ... 66
- 第三节 负载三角形连接的三相电路 ... 70
- 第四节 三相功率 ... 72
- 习题 ... 73

第四章 磁路与变压器 ... 75
- 第一节 磁路及其基本定律 ... 75
- 第二节 磁性材料的磁性能 ... 77
- 第三节 交流铁心线圈 ... 80
- 第四节 电磁铁 ... 82

第五节　变压器 83
　　习　题 93
第五章　常用低压电器与应用 95
　　第一节　低压配电电器 95
　　第二节　低压主令电器 98
　　第三节　低压控制电器 101
　　第四节　低压保护电器 108
　　习　题 114
第六章　电动机及其基本控制电路 116
　　第一节　三相异步电动机结构与原理 116
　　第二节　三相异步电动机电磁转矩与机械特性 122
　　第三节　三相异步电动机铭牌数据 123
　　第四节　三相异步电动机定子绕组首尾端判别 125
　　第五节　三相异步电动机的启动、调速、制动 126
　　第六节　单相异步电动机 130
　　第七节　电动机基本控制电路 134
　　习　题 140
第七章　电工常用工具和仪表 143
　　第一节　电工常用工具 143
　　第二节　常用电工仪表的类型、误差和准确度 147
　　第三节　指针式仪表的结构及工作原理 149
　　第四节　电流、电压、功率及电能的测量 151
　　第五节　电阻的测量 160
　　第六节　万用表 165
　　习　题 172
第八章　安全用电常识 176
　　第一节　安全用电 176
　　第二节　电气安全技术 181
　　第三节　触电急救的原则和方法 188
　　第四节　电气设备消防及灭火 191
　　习　题 194
第九章　电工基础技能训练 196
　　实训课题一　常用电工仪表的使用 196
　　实训课题二　重要定律、定理的验证 199

实训课题三　日光灯电路……………………………………………………… 203
　实训课题四　三相交流电路……………………………………………………… 205
　实训课题五　单相变压器………………………………………………………… 207
　实训课题六　三相异步电动机…………………………………………………… 210
　实训课题七　低压电器设备……………………………………………………… 212
　实训课题八　电气控制线路制作工艺及三相异步电动机点动与常动控制线路安装…… 217
　实训课题九　急救与消防训练…………………………………………………… 222
参考文献……………………………………………………………………………… 224

第一章 直流电路

本章首先介绍电路的基本概念和主要物理量、电路模型以及电路的状态和电气设备的额定值，然后讨论基尔霍夫两定律和电路的分析方法。我们在分析时先从直流电路出发，从中引出的概念、定律、定理和分析方法，也普遍地适用于交流电路和其他各种线性电路。因此，本章是全书的重要理论基础。

通过本章的学习，应了解电路的基本概念和主要物理量，理解电流、电压的参考方向和电功率正负值的含义，理解电路模型的概念和理想电路元件的特性，以及实际电源的两种电路模型；理解电路的三种状态和电气设备额定值的意义，掌握基尔霍夫定律，并能运用支路电流法、叠加定理和戴维南定理分析直流电路。

第一节 电路与电路模型

一、电路概念

电路是电流流通的路径，是为某种需要由若干电气元件按一定方式组合起来的整体，主要用来实现能量的传输和转换，或实现信号的传递和处理。

电路的结构形式，按所实现的任务不同而多种多样，但无论是哪种电路，均离不开电源、负载和中间环节这三个最基本的组成部分。

电源是提供电能的设备，如发电机、电池、变压器等。

负载是指用电设备，如电灯、电动机、空调、冰箱等。

中间环节是用作电源与负载相连接的，通常是一些连接导线、开关、接触器等辅助设备。

图1-1是电路在两种典型场合的应用。图1-1（a）是发电厂的发电机把热能、水能或原子能等转换成电能，通过变压器、输电线路等中间设备输送至各用电设备；图1-1（b）通过电路把所接收的信号经过变换（放大）和传递，再由扬声器输出。

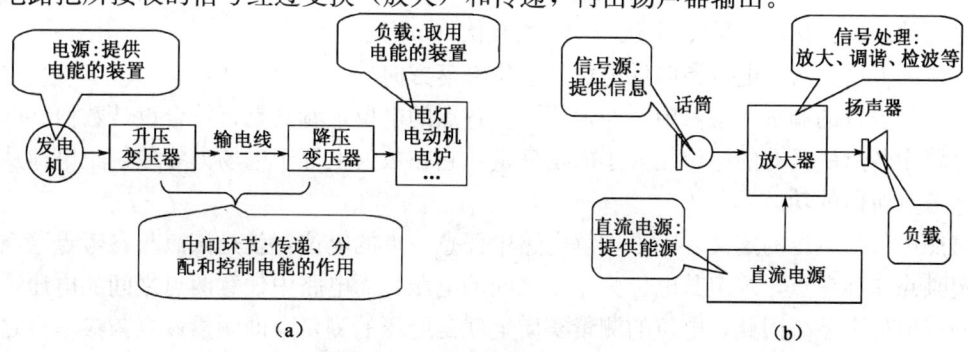

图1-1 电路的两种典型应用

二、电路中的物理量

1. 电流

电荷(能自由运动的带电粒子)的定向运动形成电流 I。电流的强弱用电流强度来度量。

电流强度的定义:单位时间内通过导体横截面的电荷量。

电流计算的公式为

$$I = \frac{q}{t} \tag{1-1}$$

不随时间变化的电流用大写字母表示,即

$$I = \frac{Q}{t} \tag{1-2}$$

随时间变化的量用小写字母表示,即

$$i = \frac{\mathrm{d}q}{\mathrm{d}t} \tag{1-3}$$

电流的单位:安培(A)、毫安(mA)、微安(μA)。

电流的方向:习惯上将正电荷运动的方向规定为电流的(真实)方向。

2. 电压和电位

(1) 物理学定义:单位正电荷由 a 点移动到 b 点电场力所做的功 W 即为 a、b 两点之间的电压。

不随时间变化的电压计算公式为

$$U = \frac{W}{Q} \tag{1-4}$$

随时间变化的电压公式为

$$u = \frac{\mathrm{d}W}{\mathrm{d}q} \tag{1-5}$$

(2) 电工学定义:电路中两点间的电位差称为电压,其公式为

$$U_{ab} = V_a - V_b \tag{1-6}$$

电压的单位:伏特(V)、千伏(kV)、毫伏(mV)。

电压的方向:由高电位指向低电位(电位降落方向)。

在电气设备的调试和检修中,经常要测量各点的电位,看其是否符合设计数值。电位是度量电路中各点所具有的电位能大小的物理量,它在数值上等于电场力将单位正电荷从该点移到参考点所做的功。

对照电位与电压的定义,不难理解电路中任意一点的电位,就是该点与参考点(在电路中指定某点作参考点,规定其电位为零)之间的电压,而电路中任意两点之间的电压,则等于这两点电位之差。因此,电位的测量实质上就是电压的测量,即测量该点与参考点之间的电压。

3. 电动势

为了维持电路中的电流，必须使电源正负极板间保持一定的电压，这就要借助外力使移动到负极板的正电荷经过电源内部回到正极板，在这过程中，外力要克服电场力做功，这种外力是非电场力，称为电源力。

为衡量电源力对电荷做功的能力，引出电动势 E 这个物理量。

电动势的定义：在电源内，把单位正电荷从负极移到正极的过程中，非静电力（电源力）所做的功。

电动势的公式为

$$E = \frac{W}{q} \tag{1-7}$$

电动势的单位：伏特（V）。

电动势的方向：在电源内部由低电位指向高电位（电位上升方向）。

4. 电能和电功率

一个电路中总有一些元器件产生（放出）能量，一些元器件消耗（吸收）能量。由电压定义可知，在时间 t 内电荷 Q 受电场力作用从 a 点经负载移到 b 点，电场力所做的功为

$$W = UQ = UIt \tag{1-8}$$

这就是在时间 t 内所消耗（或吸收）的电能，电能（电功）的单位是焦耳（J）。

电功率（简称功率）的定义：单位时间内元件所吸收的能量（电能）。

电功率的公式为

$$P = \frac{W}{t} = UI \tag{1-9}$$

电动率的单位：瓦特（W）、千瓦（kW）。

通常所说的功率单位马力（PS）与千瓦（kW）的关系是：1PS=0.735kW。

5. 电阻

电阻的定义：对电流的阻碍能力，分为线性电阻、非线性电阻。

电阻的单位：电阻的国际单位是欧姆（Ω）。当电路两端的电压为 1V 时，流过的电流是 1A，则该段电路的电阻阻值为 1Ω。电阻的单位还有千欧（kΩ）、兆欧（MΩ），它们的换算关系为

$$1\text{k}\Omega = 10^3 \Omega \qquad 1\text{M}\Omega = 1000\text{k}\Omega = 10^6 \Omega$$

金属导体的电阻与其电阻率、长度成正比，与其横截面积成反比。

电阻的公式为

$$R = \rho \frac{L}{S} \tag{1-10}$$

式中　L——导体的长度，m；

S——导体的横截面积，mm²；

ρ——导体的电阻率，Ω·mm²/m。

导体的电阻率与温度有关，大多数金属导体的电阻率随温度升高而升高。

三、电路模型

在电路分析中用电流、电压等物理量来描述其工作过程。然而，实际电路是由电工设备

和器件等组成，它们的电磁性质较为复杂，难以数学化描述。因此，对实际电路的分析和计算，需将实际电路元件理想化（或模型化），即在一定条件下突出其主要的电磁性质，忽略次要因素，将它近似地看作理想元件。

如电炉通电后，会产生大量的热（电流的热效应），呈电阻性，同时由于有电流通过还要产生磁场（电流的磁效应），它又呈电感性。但其电感微小，是次要因素，可以忽略，因此可以理想化地认为电炉是一个电阻元件，用一个参数为 R 的电阻器件来表示。

对实际电路分析，就是在一定条件下将实际元器件理想化表示，将电路中元器件看作理想元件，理想元件所组成的电路称为电路模型，也简称为电路。在今后学习中，所接触的电阻元件、电感元件、电容元件和电源元件等，若没有特殊说明，均表示为理想元件，分别由相应的参数来描述，用规定的图形符号来表示。如常用的手电筒，其电路模型如图1-2所示，实际电路中灯泡是电阻元件，其参数为电阻 R，干电池是电源元件，其参数为电动势 E（对于干电池一般在考虑其电动势外，还要考虑其本身的内阻，若干电池的内阻阻值远远小于灯泡的阻值，是次要因素，可忽略不计，故将干电池理想化为无电阻的电源元件）。干电池与灯泡的连接还有导体和开关，其电阻微小可忽略不计，认为是一个无电阻的理想导体。

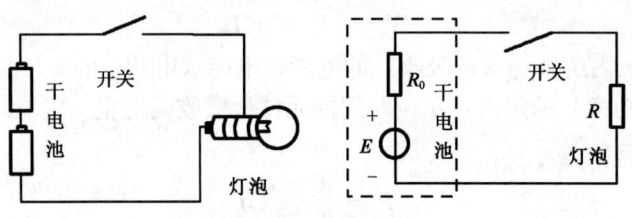

图1-2 手电筒电路

练习与思考

一、选择题（将正确的选项填入括号内）

1. 电阻的国际单位是（　　）。
   (A) 欧姆（OM） 　　(B) 欧姆（R） 　　(C) 欧姆（Ω） 　　(D) 瓦特（W）

2. 电功率的单位是（　　）。
   (A) 千瓦小时 　　(B) 千瓦 　　(C) 度 　　(D) 伏

3. 电流的单位是（　　）。
   (A) 伏特 　　(B) 瓦特 　　(C) 欧姆 　　(D) 安培

4. 对电动势叙述正确的是（　　）。
   (A) 电动势就是电压
   (B) 电动势就是高电位
   (C) 电动势就是电位差
   (D) 电动势是外力把单位正电荷从电源负极移到正极所做的功

5. 1欧姆（Ω）=（　　）千欧（kΩ）。
   (A) 10^{-3} 　　(B) 10^3 　　(C) 10^6 　　(D) 10^9

6. 自由电子在电场力的作用下的定向移动称为（　　）。
(A) 电源　　　　(B) 电流　　　　(C) 电压　　　　(D) 电阻

7. 电路中某两点间的电位差称为（　　）。
(A) 电源　　　　(B) 电流　　　　(C) 电压　　　　(D) 电阻

8. 导体对电流起阻碍作用的能力称为（　　）。
(A) 电源　　　　(B) 电流　　　　(C) 电压　　　　(D) 电阻

9. 一段圆柱状金属导体，若将其拉长为原来的 2 倍，则拉长后的电阻是原来的（　　）倍。
(A) 1　　　　　(B) 2　　　　　(C) 3　　　　　(D) 4

10. 同材料同长度的电阻与截面积的关系是（　　）。
(A) 无关
(B) 截面积越大，电阻越大
(C) 截面积越大，电阻越小
(D) 电阻与截面积成正比

二、判断题（正确的打"√"，错误的打"×"）

11. （　　）1 马力等于 1000 瓦特。
12. （　　）电池是把化学能转换为电能的装置。
13. （　　）电路由电源、导线和开关组成。
14. （　　）负载是取用电能的装置。

第二节　电流和电压的参考方向

在分析电路时，当元器件中有了电流通过，其流动方向总是从高电位一端流向低电位的一端，这是电流流动的实际方向；或者当知道了电流流动的实际方向，也能判别出元器件两端的电位高低。然而，当分析较为复杂电路时，往往很难知道电流的实际流动方向，特别是交流电路，由于电流的实际流动方向随时间变化，其实际流动方向难以在电路中标注。因此，引入了"参考方向"的概念，这是分析和计算电路的基础。

电流的实际方向是指正电荷运动的方向或负电荷运动的反方向。

电流的参考方向是指在分析与计算电路时，任意假定某一个方向作为电流的方向。当所假定的电流方向与实际方向一致时，则电流为正值（$I>0$）；所假定的电流方向与实际方向不一致时，则电流为负值（$I<0$）。可见，参考电流的值有正负之分；只有参考方向被假定后，电流的值才能分出正负，如图 1-3 所示。

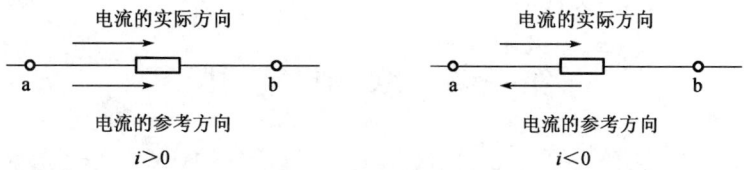

图 1-3　电流的方向

电压在分析电路时也有方向性，电压的方向规定为从高电位端指向低电位端，即电位降低的方向。电压参考方向和电流参考方向一样，也是任意指定，分析电路时，假定某一方向是电位降低的方向,如所假定的电压方向与实际方向一致时,则电压为正值($U>0$);电压参考方向与实际方向相反时,则电压为负值($U<0$)。因此,只有参考方向被假定后,电压的值才有正负之分,如图1-4所示。

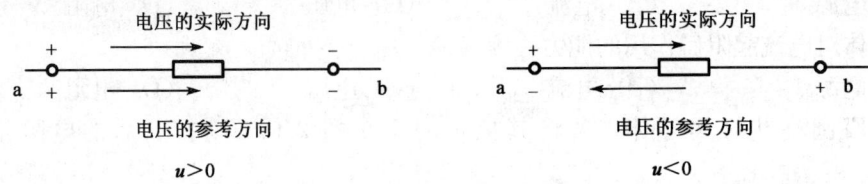

图1-4 电压的方向

在电路中所标注的电流、电压方向,通常均为参考方向,它们的值为正,还是为负,与所假定的参考方向有关。

电压的参考方向除可以用"+"、"−"极性表示外,也可用箭头标注,还可以用双下标表示,如,a、b两点间的电压U_{ab},它的参考方向是由a指向b,即a点的参考极性为"+",b点的参考极性为"−";若参考方向选为b指向a,则为U_{ba},$U_{ba}=-U_{ab}$。

电流的参考方向用箭头标注,也可用双下标表示,如I_{ab}表示电流的参考方向是由a点流向b点。

电源电动势的方向规定为在电源内部由低电位("−"极性)端指向高电位("+"极性)端,其参考方向也是任意指定的。

练习与思考

判断题(正确的打"√",错误的打"×")

1. (　) 电压的正方向规定为由低电位点指向高电位点。
2. (　) 当电流正方向与实际方向相反时,则电流$I>0$。
3. (　) U_{ab}表示电流的参考方向是由a点流向b点。
4. (　) $-I_{ab}$表示电流的实际参考方向是由a点流向b点。
5. (　) 电源电动势的方向规定为在电源内部由低电位("−"极性)端指向高电位("+"极性)端,其参考方向就是实际方向。
6. (　) 负电荷流动的方向为电流的方向。
7. (　) 电压是没有方向的。

第三节 欧 姆 定 律

一、欧姆定律

流过电阻的电流与电阻两端的电压成正比,这是欧姆定律的基本内容。欧姆定律是电路分析中最基本的定律之一。在图1-5电路中,欧姆定律可表示为

$$U = I \cdot R \tag{1-11}$$

式中，R 为电路中的电阻。

由式（1-11）可见，如果电阻固定，则电流的大小与电压成正比；如果电压固定，电流的大小与电阻成反比，它反映电阻对电流起阻碍作用。

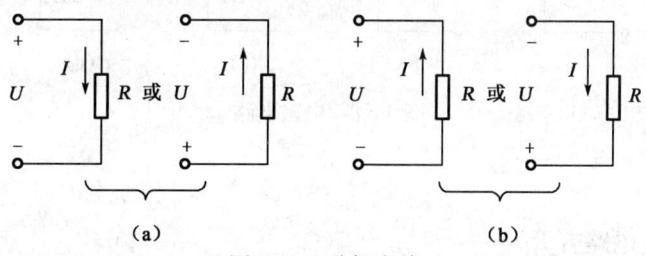

图 1-5　欧姆定律
(a) 关联参考方向；(b) 非关联参考方向

在电路图中，由于所选电流、电压的参考方向的不同，欧姆定律的表达式中可带有正负号，当电压和电流的参考方向一致时，称为关联参考方向，如图 1-5 (a) 所示，则得

$$U = I \cdot R \tag{1-12}$$

当电压和电流的参考方向不一致时，称为非关联参考方向，如图 1-5 (b) 所示，则得

$$U = -I \cdot R \tag{1-13}$$

式（1-12）和式（1-13）中的正、负号是由于选取的电压和电流的参考方向不同而得出的；应用公式时，还应注意电压、电流其值本身也有正值和负值之分。

电阻的倒数被称为电导，即

$$G = \frac{1}{R} \tag{1-14}$$

电导的单位为西门子（S）。

二、伏安特性

以电压为横坐标，电流为纵坐标，可以做出一条经过原点的直线，表示了电流与电压的正比关系，称为电阻的伏安特性曲线，如图 1-6 所示。具有该特性的电阻称为线性电阻。

电压与电流之间不具有图 1-6 所示的关系，称为非线性电阻，如半导体二极管，其正向电阻的伏安特性，如图 1-7 所示，表明半导体二极管的正向电阻为非线性电阻。

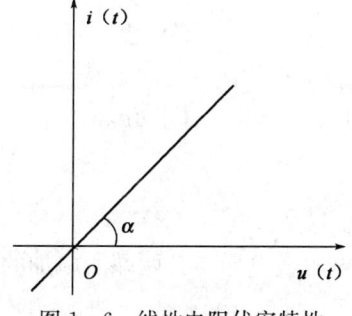

图 1-6　线性电阻伏安特性

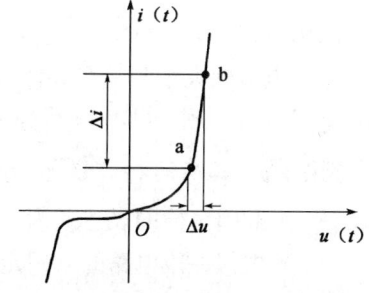

图 1-7　非线性电阻伏安特性

[例1-1] 如图1-8所示的电路,试应用欧姆定律求电路中的电阻 R。

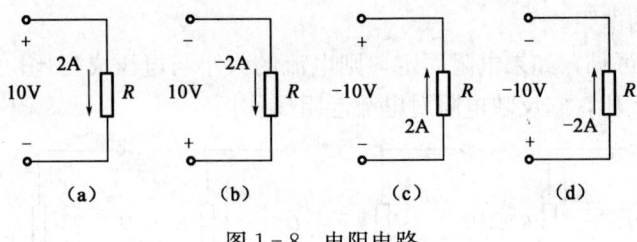

图1-8 电阻电路

解

对图1-8（a）电路有 $R = \dfrac{U}{I} = \dfrac{10}{2} = 5(\Omega)$

对图1-8（b）电路有 $R = -\dfrac{U}{I} = -\dfrac{10}{-2} = 5(\Omega)$

对图1-8（c）电路有 $R = -\dfrac{U}{I} = -\dfrac{-10}{2} = 5(\Omega)$

对图1-8（d）电路有 $R = \dfrac{U}{I} = \dfrac{-10}{-2} = 5(\Omega)$

练习与思考

一、选择题（将正确的选项填入括号内）

1. 欧姆定律的内容是（　　）。
（A）流过电阻的电流与电源两端电压成正比
（B）流过电阻的电流与电源两端电压成反比
（C）流过电阻的电流与电阻两端电压成正比
（D）流过电阻的电流与电阻两端电压成反比

2. 流过电阻 R 的电流 I，与电阻两端的电压 U 成正比，与电阻 R 成反比，这个结论称为（　　）。
（A）欧姆定律　　　（B）电流定律　　　（C）电压定律　　　（D）叠加原理

3. 导体中电流的大小与加在导体两端的电压成正比，与导体的（　　）成反比。
（A）电阻　　　　（B）电动势　　　　（C）电量　　　　（D）功率

二、判断题（正确的打"√"，错误的打"×"）

1.（　　）欧姆定律的表达式为：电流（I）＝电压（U）/电阻（R）。

2.（　　）根据一段电路的欧姆定律，可知导体的电阻或电导与其两端所施加的电动势和通过它的电流强度有关。

3.（　　）电阻的倒数被称为电导，即 $G=1/R$，其单位为西门子（S）。

第四节 电源有载工作电路、开路与短路

一、电源有载工作

前面主要介绍了不含电源的一段电阻电路,而在实际电路中往往是含有电源的闭合电路。如图 1-9 所示的电路是一个简单的电源有载工作电路,电路中 R_L 为负载电阻,R_0 为电源内阻,E 为电源电动势。下面从这个简单的有源闭合电路出发,得出电源有载工作电路的常规分析方法。

1. 电压与电流

开关闭合时,应用欧姆定律得到电路中的电流为

$$I = \frac{E}{R_L + R_0} \quad (1-15)$$

负载电阻两端的电压为

$$U = I \cdot R_L$$

并由上述两式得出

$$U = E - I \cdot R_0 \quad (1-16)$$

式(1-16)称为全电路欧姆定律。其表示为:电源端电压(U)小于电源电动势(E),两者之差等于电流在电源内阻上产生的压降($R_0 I$)。电流越大,则端电压下降的就越多,表示电源端电压 U 和输出电流 I 之间的关系曲线,称为电源的外特性曲线,如图 1-10 所示。曲线的斜率与电源的内阻 R_0 有关。

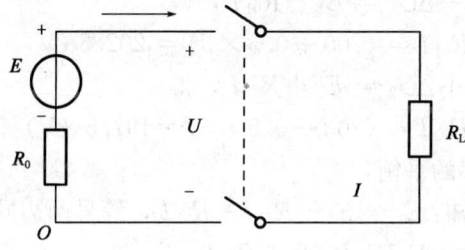

图 1-9 电源有载工作电路

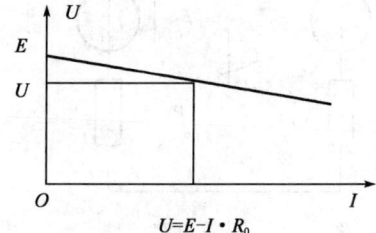

图 1-10 电源的外特性

电源的内阻一般很小,当 $R_0 \ll R$ 时,$U \approx E$。当电流(负载)变动时,电源的端电压波动不大,说明了它带负载能力强。反之,当 R_0 不能忽略时,电源的端电压随电流(负载)变化明显,说明它带负载能力弱。

2. 功率与功率平衡

对式(1-16)的各项均乘以电流 I,则得到功率平衡式为

$$UI = EI - R_0 I^2$$
$$P = P_E - \Delta P \quad (1-17)$$

式中,$P_E = EI$ 是电源产生的功率;$\Delta P = R_0 I^2$ 是电源内阻损耗的功率;$P = UI$ 是电源输出的功率(负载消耗功率)。

在电路分析中,不仅要计算功率的大小,有时还要判断功率的性质,即该元件是产生功率还是消耗功率。根据电压和电流的实际方向可以确定电路元件的功率性质:

(1) 当 U 和 I 的实际方向相同,即电流从"+"端流入,从"-"端流出,则该元件是消耗(取用)功率,属负载性质。

(2) 当 U 和 I 的实际方向相反,即电流从"+"端流出,从"-"端流入,则该元件是输出(提供)功率,属电源性质。

由此可见,在电路元件上 U 和 I 的参考方向选得一致的条件下,当 $P=UI$ 为正值时,表明 U、I 的实际方向相同,该元件是负载性质,消耗功率;当 P 为负时,表明 U、I 的实际方向相反,该元件是电源性质,输出功率。如果 U、I 的参考方向选得不一致,则情况相反。

[例 1-2] 在图 1-9 所示的电路中,已知电源电动势 $E=220\text{V}$,内阻 $R_0=10\Omega$,负载 $R_L=100\Omega$,求:(1) 电路电流 I;(2) 电源端电压 U;(3) 负载上的电压降;(4) 电源内阻上的电压降。

解 (1) 由式 (1-15) 得 $I=\dfrac{E}{R_L+R_0}=\dfrac{220}{100+10}=2(\text{A})$

(2) 电源端电压 $U=E-I\cdot R_0=220-10\times 2=200(\text{V})$

(3) 负载上的电压降 $U=R_L I=100\times 2=200(\text{V})$

(4) 电源内阻电压降 $R_0 I=10\times 2=20(\text{V})$

[例 1-3] 在图 1-11 所示的电路中,已知 $U=200\text{V}$,$I=5\text{A}$,内阻 $R_{01}=R_{02}=0.5\Omega$。求:(1) 电源的电动势 E_1 和负载反电动势 E_2;(2) 试说明功率的平衡。

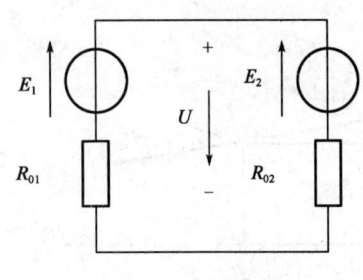

图 1-11 计算电路

解 (1) 求电源电动势 E_1 和负载反电动势 E_2:

由 $U=E_1-\Delta U_1=E_1-R_{01}I$,得

$E_1=U+R_{01}I=(200+0.5\times 5)=202.5(\text{V})$

由 $U=E_2+\Delta U_2=E_2+R_{02}I$,得

$E_2=U-R_{02}I=(200-0.5\times 5)=197.5(\text{V})$

(2) 求功率的平衡:

由 (1) 可知:$E_1=E_2+R_{01}I+R_{02}I$,等号两边同乘以 I,则得 $E_1 I=E_2 I+R_{01}I^2+R_{02}I^2$

其中,$E_1 I=202.5\times 5=1012.5$(W),是电源产生的功率;$E_2 I=197.5\times 5=987.5$(W),是负载取用的功率;$R_{01}I^2=0.5\times 25=12.5$(W),是电源内阻上损耗的功率;$R_{02}I^2=0.5\times 25=12.5$(W),是负载内阻上损耗的功率。

由上所述,在一个电路中,电源产生的功率和负载取用的功率及内阻的损耗功率是平衡的。

3. 电气设备的额定值

每一个电气设备都有一个正常条件下运行而规定的正常允许值,这是由电气设备生产厂家根据其使用寿命与所用材料的耐热性能、绝缘强度等而标注的该设备的额定值。电气设备的额定值常标注在铭牌上或写在说明书中,在使用中要充分考虑额定数据,超额定值运行,设备轻则缩短使用寿命,重则损毁设备;低于额定值运行,可能造成不能发挥设备全部效能，也会造成浪费（大马拉小车）。

电气设备的额定值用字母加下标 N 来表示，如额定功率 P_N、额定电压 U_N、额定电流 I_N 等。

注意：不能将额定值与实际值等同，例如，一只灯泡，标有电压 220V，功率 100W，这是它的额定值，表示这只灯泡接在电压 220V 电源上吸收功率是 100W。在使用时，电源电压经常波动，稍高于或低于 220V，这样灯泡的实际功率就不会正好等于其额定值 100W 了。所以，电气设备在使用时，电压、电流和功率的实际值不一定等于它们的额定值。

[例 1-4] 有一只额定值为 5W、500Ω 的线绕电阻，求其额定电流 I_N 和额定电压 U_N 的值。

解 $I_N = \sqrt{\dfrac{P_N}{R_N}} = \sqrt{\dfrac{5}{500}} = 0.1$ （A）

$U_N = I_N R_N = 0.1 \times 500 = 50$ （V）

[例 1-5] 一只标有"220V、40W"的灯泡，试求它在正常工作条件下的电阻和通过灯泡的电流。若每天使用 4h，问一个月消耗多少度的电能？（一个月按 20 天计算，1kW·h 即为 1 度电）

解 $I = \dfrac{P}{U} = \dfrac{40}{220} = 0.182$（A）

$R = \dfrac{U}{I} = \dfrac{220}{0.182} = 1210$（Ω） 或 $R = \dfrac{U^2}{P} = 1210$（Ω）

$W = Pt = 40 \times (4 \times 20) = 0.04 \times 120 = 4.8$ （kW·h）

所以，灯泡的电阻为 1210Ω；通过灯泡的电流为 0.182A；一个月耗电 4.8 度。

二、电源开路

图 1-12 所示的电路中，当开关 S 断开时，就称电路处于开路状态。开路时，电源没有带负载，所以又称电源空载状态。电路开路，相当于电源负载电阻为无穷大，因此电路中电流为零。无电流，则电源内阻没有压降 ΔU 损耗，电源的端电压 U 等于电源电动势 E，电源也不输出电能。电路开路时外电阻视为无穷大，电路开路时的特征为：

$$\left. \begin{array}{l} I = 0 \\ U = U_0 = E \\ P = 0 \end{array} \right\} \qquad (1-18)$$

三、电源短路

如图 1-13 所示电路，当电源的两端由于某种原因被电阻值接近为零的导体连接在一起，电源处于短路状态。

电源短路状态，外电阻可视为零，电源端电压也为零，电流不经过负载，电流回路中仅有很小的电源内阻 R_0，因此回路中的电流很大，这个电流称为短路电流，用 I_s 表示。

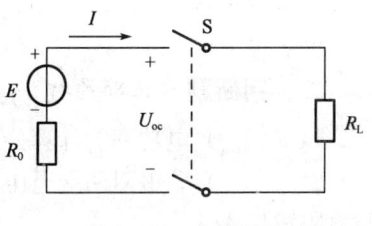

图 1-12 电源开路

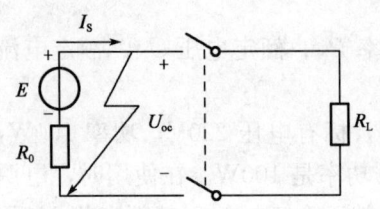

图1-13 电源短路

电源短路时的特征可表示为

$$\left.\begin{array}{l} U = 0 \\ I = I_s = E/R_0 \\ P_E = \Delta P = R_0 \cdot I_s^2 \\ P = 0 \end{array}\right\} \quad (1-19)$$

电源处于短路状态，其危害性是很大的，它会使电源或其他电气设备因严重发热而烧毁，因此应该积极预防和在电路中增加安全保护措施。

造成电源短路的原因主要有绝缘损坏或接线不当。因此，在实际工作中要经常检查电气设备和线路的绝缘情况。此外，在电源侧接入熔断器和自动断路器，当发生短路时，能迅速切断故障电路和防止电气设备的进一步损坏。

练习与思考

一、选择题（将正确的选项填入括号内）

1. 一只额定电压为220V，额定功率为60W的灯泡，通过的电流为（　　）。
 (A) 4A　　　(B) 0.27A　　　(C) 0.4A　　　(D) 2.7A

2. 一只标注为220V、2000W的电炉，其电阻为（　　）。
 (A) 24.2Ω　　(B) 11Ω　　　(C) 22Ω　　　(D) 10Ω

3. 一只额定电压220V，电流0.45A的灯泡消耗的电功率是（　　）。
 (A) 220W　　(B) 0.45W　　(C) 489W　　(D) 99W

4. 电路开路时，下列叙述错误的是（　　）。
 (A) 电路中电源各处等电位　　　(B) 电路中电流为零
 (C) 负载端仍有电压　　　　　　(D) 仍有触电的可能性

5. 全电路的欧姆定律是电路中电流、电源的电动势与（　　）及外电阻之间的关系。
 (A) 电源内阻　(B) 电源电压　(C) 电源功率　(D) 电源频率

6. 内阻为20Ω的1.5V电池与10Ω电阻负载相连，电路中的电流强度为（　　）。
 (A) 150mA　　(B) 50A　　　(C) 50mA　　　(D) 66.7mA

7. 电流通过一段导体时放出的热量，与电流强度的平方、导体的电阻、通过电流的时间三者的乘积成（　　）。
 (A) 正比　　　(B) 反比　　　(C) 无关　　　(D) 不成比例

二、判断题（正确的打"√"，错误的打"×"）

1. （　　）电功率的计算公式为 $P = UI = I^2R = U^2/R$。

2. （　　）若电阻两端电压不变，则电流的功（或功率）与电流强度成正比，也可以说与电阻成反比。

3. （　　）1千瓦时（kW·h）= 3.6×10^6 焦耳（J）= 1度。

4. 1度电是1千瓦时。（　　）

5. 若一只白炽灯标有 220V、100W，如将它接到 110V 电源上，则其实际消耗的功率为多少？

三、计算题

图 1-14 所示电路，已知 $E=100V$，$R_0=10\Omega$，负载电阻 $R_L=100\Omega$，问开关处于 1、2、3 位置时电压表和电流表的读数分别是多少？

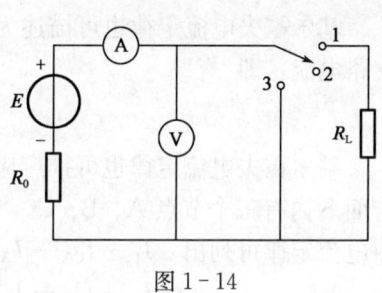

图 1-14

第五节　基尔霍夫定律

欧姆定律是电路分析与计算的基础。除了欧姆定律，电路分析与计算还离不开基尔霍夫电流定律和基尔霍夫电压定律。电流定律应用于对电路结点的分析，电压定律应用于对电路回路的分析。

就图 1-15 所示电路，介绍支路、节点和回路的概念。

(1) 支路：电路中通过同一电流的分支称为支路。在图 1-15 电路中有 acb、adb 和 ab 三条支路。其中，acb、adb 支路中有电源，称为含源支路；ab 中无电源称为无源支路。

(2) 节点：电路中三条及三条以上支路的连接点称为节点。在图 1-15 电路中，共有 a、b 两个节点，c 和 d 不是节点。

(3) 回路：由一条或多条支路组成的闭合路径称为回路。在图 1-15 电路中，共有三个回路：abca、adba、cbdac。

(4) 网孔：内部不含支路的回路称为网孔。如图 1-15 电路中回路 1、回路 2。

一、基尔霍夫电流定律（KCL）

基尔霍夫电流定律是用来确定连接在同一节点上的各个支路电流之间的关系。

电路中任何一个节点，所有支路电流的代数和等于零，这就是基尔霍夫电流定律基本内容，即

$$\sum I = 0 \qquad (1-20)$$

电流的正负号通常规定为：参考方向指向节点的电流取正号，背离节点的电流取负号。例如，图 1-15 电路中节点 a（图 1-16 所示）流经的电流可以表示为

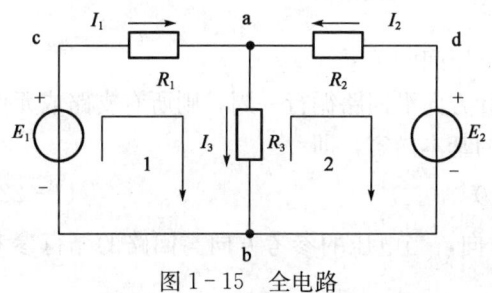

图 1-15　全电路

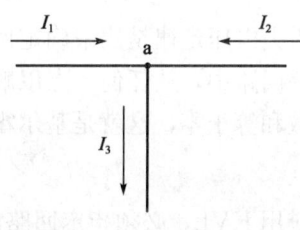

图 1-16　电路中的节点

$$I_1 + I_2 - I_3 = 0$$

或

$$I_1 + I_2 = I_3$$

基尔霍夫电流定律也可描述为：任何时刻，流入任一节点的支路电流等于流出该节点的支路电流，即

$$\sum I_入 = \sum I_出 \tag{1-21}$$

基尔霍夫电流定律也可推广应用于包围几个节点的闭合面，在图1-17所示电路中，闭合面S内有三个节点A、B、C。

由电流定律可列出 $I_1 + I_{CA} - I_{AB} = 0$

$I_2 + I_{AB} - I_{BC} = 0$

$I_3 + I_{BC} - I_{CA} = 0$

把上述三式相加得

$I_1 + I_2 + I_3 = 0$

由此可见，在任一时刻，流出一封闭面的电流之和等于流入该封闭面的电流之和。

[**例1-6**] 如图1-18电路中，已知 $I_a=1\text{mA}$，$I_b=10\text{mA}$，$I_c=2\text{mA}$，求电流 I_d。

解 根据基尔霍夫电流定律的推广应用，流入图示的闭合回路的电流代数和为零，即

$$I_a + I_b + I_c + I_d = 0$$

所以，$I_d = -(I_a + I_b + I_c) = [-(1+10+2)]$ (mA) $= -12$ (mA)

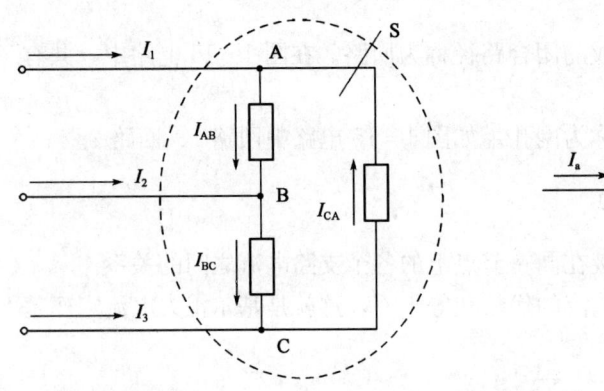

图1-17 三节点电路

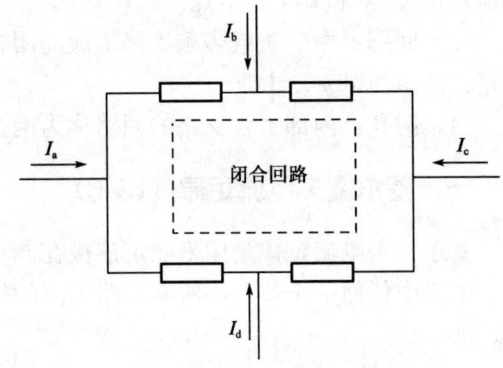

图1-18 闭合电路

二、基尔霍夫电压定律（KVL）

基尔霍夫电压定律是用来确定回路中的各段电压间的关系。

在任一回路中，从任何一点以顺时针或逆时针方向沿回路循行一周，则所有支路或元件电压的代数和等于零，这就是基尔霍夫电压定律的基本内容，即

$$\sum U = 0 \tag{1-22}$$

为了应用KVL，必须指定回路的循行参考方向，当电压的参考方向与回路的循行参考方向一致时取正号，反之为取负号。

例如，图1-19回路cadbc，回路中电源电动势、电流和各段电压的参考方向均已标出，按虚线所示的回路参考方向可列出方程式，即

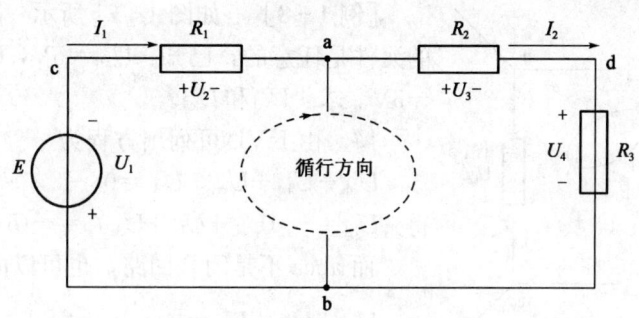

图 1-19 KVL 电路

$$U_{bc}+U_{ca}+U_{ad}+U_{db}=0$$

即
$$U_1+U_2+U_3+U_4=0$$

图 1-19 所示回路是由电动势和电阻构成的，因此上式也可表示为
$$E+R_1I_1+R_2I_2+R_3I_2=0$$

或
$$E=-R_1I_1-R_2I_2-R_3I_2$$

即
$$\sum IR = \sum E \qquad (1-23)$$

根据式（1-23）基尔霍夫电压定律也可描述为：任一回路内，电阻上电压的代数和等于电源电动势的代数和。

电动势正负号的选定通常规定为参考方向与所选回路循行方向相反时取正号，一致时取负号；电流的参考方向与所选回路循行方向一致时，电阻上电压降取负号，相反时电压降取正号。

基尔霍夫电压定律不仅适用于闭合回路，也可以推广应用到回路的部分电路，用于求回路中的开路电压。

[**例 1-7**] 如图 1-20 所示电路，求 U_{ab}。

解 因为 $I_1 = U_1/(R_1+R_3)$

$I_2 = U_2/(R_2+R_4)$

对回路 acdb，由基尔霍夫电压定律得
$$-U_{ab}-I_2R_4+I_1R_3=0$$

则
$$U_{ab}=I_1R_3-I_2R_4$$

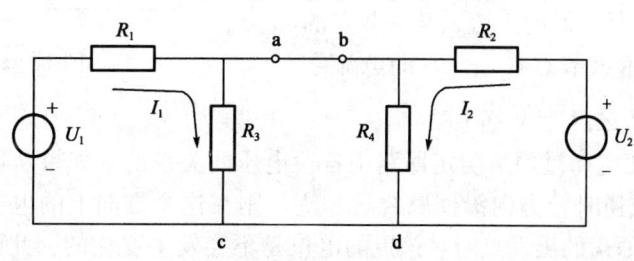

图 1-20 电路计算

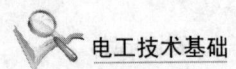

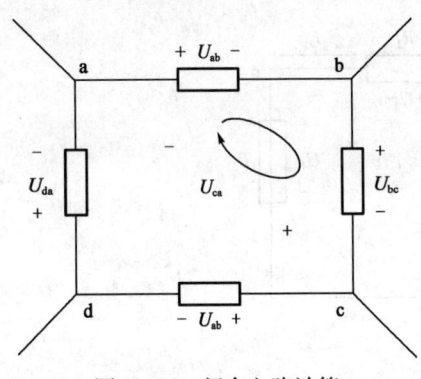

图 1-21 闭合电路计算

[例 1-8] 如图 1-21 所示一闭合回路，各支路的元件是任意的，已知：$U_{ab}=5V$，$U_{bc}=-4V$，$U_{da}=-3V$。求：U_{cd} 和 U_{ca}。

解 由 KVL 可列出方程为

$$U_{ab}+U_{bc}+U_{cd}+U_{da}=0$$

得 $U_{cd}=-(U_{ab}+U_{bc}+U_{da})=-(5-4-3)=2(V)$

而 abca 不是闭合回路，也可以由 KVL 得

$$U_{ab}+U_{bc}+U_{ca}=0$$

则 $U_{ca}=[-5-(-4)]=-1(V)$

练习与思考

一、选择题（将正确的选项填入括号内）

基尔霍夫第一定律指出，电路中任何一个节点的电流的（   ）。
(A) 矢量和等于零　　　　　(B) 矢量和大于零
(C) 代数和恒等于零　　　　(D) 代数和大于零

二、判断题（正确的打"√"，错误的打"×"）

1. （   ）节点是电路中三条以上支路的汇集点。
2. （   ）电路中任一回路都可以称为网孔。
3. （   ）电路中任一网孔都是回路。
4. （   ）回路和网孔的含义是一样的。

三、计算题

试用基尔霍夫定律，列出图 1-22 所示电路中的各节点和回路的电流方程式及电压方程式。

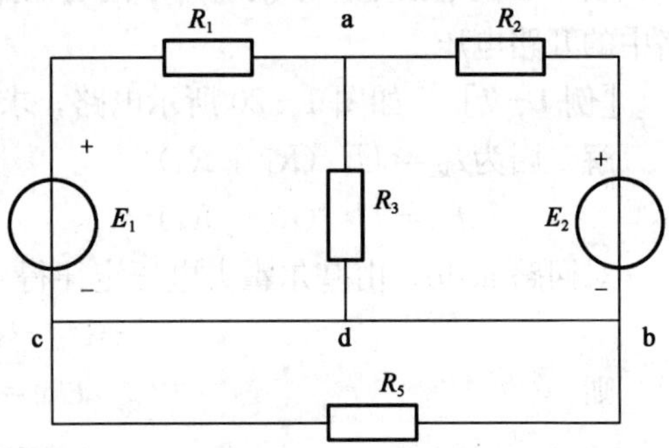

四、填空题

1. 基尔霍夫电流定律是用来确定连接在同一节点上的各支路电流间关系的。由于电流的连续性，电路中任何一点（包括节点在内）均不能堆积电荷。因此，在任一瞬时，流入某一节点的电流之和应该等于由该节点（   ）的电流之和，可用方程表示为 $\sum I = 0$ 或 $I_{in}=I_{out}$。

图 1-22

2. 基尔霍夫电压定律是用来确定回路中各段电压间关系的。如果从回路中任意一点出发，以顺时针方向或逆时针方向沿回路绕行一周，则在这个方向上的电位升之和应该等于（   ）之和，回到原来的出发点时，该点的电位是不会发生变化的。此即电路中任意一点的瞬时电位具有单值性的结果，可用方程表示为 $\sum U = 0$ 或 $\sum RI = \sum E$。

第六节　电路中电位的概念及计算

在物理课程中已经介绍了电位的概念。讲某点电位为多少，必须以某一点的电位作为参考电位，否则是无意义的。

电工学对电位的描述是这样的：在电路中指定某点作为参考点，规定其电位为零，电路中其他点与参考点之间的电压，称为该点的电位。

参考点可任意指定，但通常选择大地、接地点或电器设备的机壳为参考点，电路分析中常以多条支路的连接点作为参考点。某点电位为正，说明该点电位比参考点高；某点电位为负，说明该点电位比参考点低。

电位的计算步骤是：

(1) 任选电路中某一点为参考点，设其电位为零。
(2) 标出各电流参考方向并计算。
(3) 计算各点至参考点间的电压即为各点的电位。

下面以图1-23所示电路为例，学习电路中电位的计算。

图1-23 (a) 所示电路：选择b点电位作为参考电位，则$U_b=0V$

$U_a-U_b=U_{ab}\rightarrow U_a=U_{ab}=6\times 10=+60$ (V)

$U_c-U_b=U_{cb}\rightarrow U_c=U_{cd}=(20\times 4+10\times 60)=+140$ (V)

$U_d-U_b=U_{db}\rightarrow U_d=U_{db}=(5\times 6+10\times 60)=+90$ (V)

图1-23 (b) 所示电路：选择a点电位作为参考电位，则$U_a=0V$

同理可得$U_b=-60V$，$U_c=+80V$，$U_d=+30V$

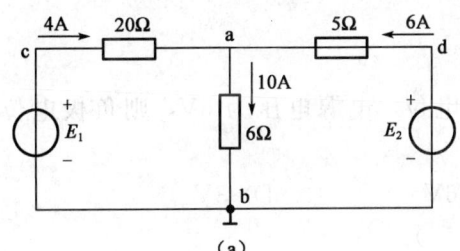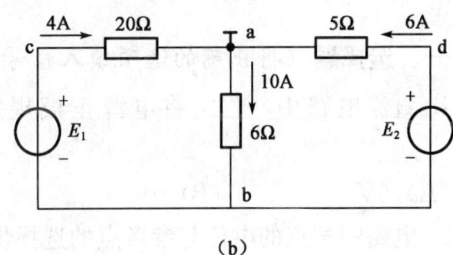

图1-23　电位的计算

从图1-23电路可以看出：尽管电路中各点的电位与参考电位点的选取有关，但任意两点间的电压值（即电位差）是不变的。在 (a) 和 (b) 电路图中，a、b、c、d 四个点的电位值随参考点不同而不同，但a点电位比b点高60V、比c点和d点分别低80V和20V，是相同的。所以电位的高低是相对的，而两点间的电压值是绝对的。

电位参考点被选定，电路常可不画电源部分，端点标以电位值。如图1-23 (a) 电路图可简化为图1-24 (a)、(b) 所示电路。

[例1-9] 计算图1-25所示电路中，A、B、C各点的电位。

解　(1) 求图1-25 (a) 中各点电位：

图中已给定的参考电位点在C点，故$V_c=0V$，由欧姆定律得回路电流

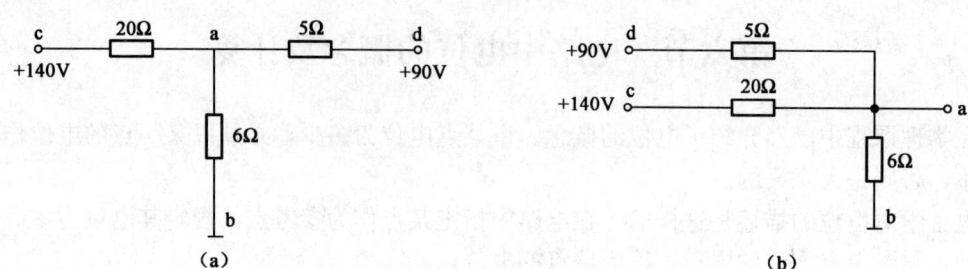

图 1-24 简化电路

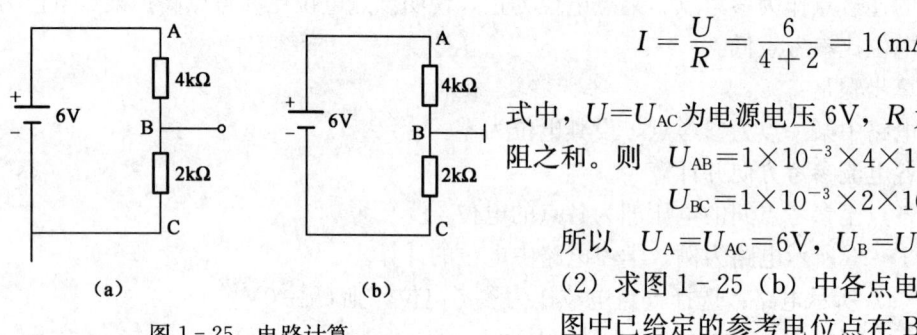

图 1-25 电路计算

$$I = \frac{U}{R} = \frac{6}{4+2} = 1(\text{mA})$$

式中，$U=U_{AC}$ 为电源电压 6V，R 为两个串联电阻之和。则 $U_{AB}=1\times10^{-3}\times4\times10^{3}=4$ (V)

$U_{BC}=1\times10^{-3}\times2\times10^{3}=2$ (V)

所以 $U_A=U_{AC}=6V$，$U_B=U_{BC}=2V$

(2) 求图 1-25 (b) 中各点电位：

图中已给定的参考电位点在 B 点，故 $U_B=0V$，U_{AC} 为电源电压等于 6V，回路电流为 1mA，$U_{AB}=4V$，$U_{BC}=2V$，所以 $U_A=U_{AB}=4V$，$U_C=-U_{BC}=-2V$

练习与思考

一、选择题（将正确的选项填入括号内）

1. 直流电路中，假定将电源正极规定为 0 电位，电源电压为 6V，则负极电位为（ ）。
   (A) 6V   (B) 0V   (C) -6V   (D) 3V
2. 电路中某点的电位与参考点的选择位置（ ）。
   (A) 有关   (B) 无关   (C) 不确定
3. 任意两点的电位差与参考点的选择位置（ ）。
   (A) 有关   (B) 无关   (C) 不确定
4. 电路中两点间的电压高，则（ ）。
   (A) 这两点的电位都高   (B) 这两点的电位差大
   (C) 这两点的电位都大于零   (D) 这两点的电位一个大于零，另一个小于零

二、判断题（正确的打"√"，错误的打"×"）

1. （ ）某点电位的高低与参考点的选择有关，若选择不同，同一点的电位的高低可能会不同。
2. （ ）两点的电压等于两点的电位差，所以两点的电压与参考点有关。

第七节 电阻串并联连接的等效变换

一、电阻的串联

将两个或更多的电阻按顺序一个接一个地连接起来,且都通过同一电流,这种电阻的连接方法称为串联。

如图 1-26 所示电路,由基尔霍夫电压定律可得

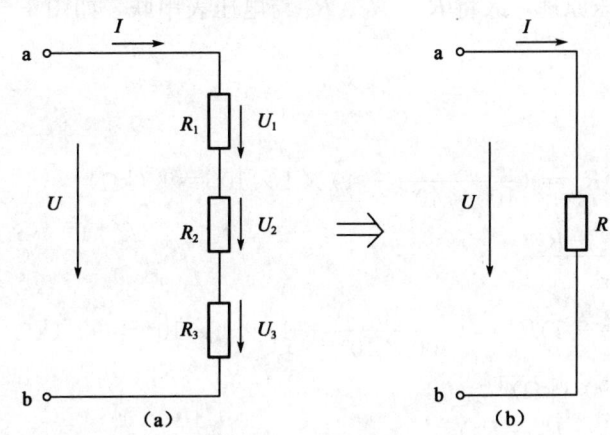

图 1-26 串联电路

$$U = U_1 + U_2 = IR_1 + IR_2 + IR_3 = I(R_1 + R_2 + R_3)$$

设 $R = R_1 + R_2 + R_3$

则 $U = IR$

在输入电压和电流不变的条件下,图 1-26(a)可用图 1-26(b)来代替,即 R_1 与 $R_2 \cdots R_n$ 的串联,可用一个电阻来代替,R 称为串联等效电阻,其阻值为各串联电阻阻值之和。

由图 1-26 所示电路可知,电阻的串联具有如下特点:

(1) 流过各串联电阻的电流相等,即

$$I = I_{R_1} = I_{R_2} = I_{R_3} \tag{1-24}$$

(2) 总串联电阻的电压等于各串联电阻的电压之和,即

$$U = U_1 + U_2 + U_3 \tag{1-25}$$

(3) 串联电阻的等效电阻等于各电阻之和,即

$$R = R_1 + R_2 + R_3 \tag{1-26}$$

(4) 串联电阻的总功率等于各电阻功率之和,即

$$P = P_1 + P_2 + P_3 = U_1 I + U_2 I + U_3 I = UI$$

(5) 两个串联电阻的电压分别为

$$U_1 = IR_1 = \frac{U}{R_1+R_2}R_1 = \frac{R_1}{R_1+R_2}U$$
$$U_2 = IR_2 = \frac{U}{R_1+R_2}R_2 = \frac{R_2}{R_1+R_2}U \tag{1-27}$$

可见，各串联电阻具有分压作用。电阻阻值与分压成正比关系，即电阻阻值大，则分压值高。

[例1-10] 有一量程为100mV，内阻为1kΩ的电压表，如欲将其改装成量程为$U_1=$1V，$U_2=10$V，$U_3=100$V的电压表，试问应采用什么措施？

解 利用串联分压原理，入将R_1、R_2、R_3与电压表串联，如图1-27所示。计算R_1、R_2、R_3的值：

因为 $\dfrac{U_1}{U_g} = \dfrac{R_g+R_1}{R_g}$

则 $R_1 = (\dfrac{U_1}{U_g}-1)R_g = (\dfrac{1}{100\times10^{-3}}-1)\times 1\times 10^3 = 9$ （kΩ）

同理 $\dfrac{U_2}{U_g} = \dfrac{R_g+(R_1+R_2)}{R_g}$

$R_1+R_2 = (\dfrac{U_2}{U_g}-1)R_g = (\dfrac{10}{100\times10^{-3}}-1)\times 1\times 10^3 = 99$ （kΩ）

$R_2 = 99 - R_1 = 90$ （kΩ）

$\dfrac{U_3}{U_g} = \dfrac{R_g+(R_1+R_2+R_3)}{R_g}$

$R_1+R_2+R_3 = (\dfrac{U_3}{U_g}-1) = (\dfrac{100}{100\times10^{-3}}-1)\times 10^3 = 999$(kΩ)

$R_3 = 999 - R_1 - R_2 = 900$(kΩ)

二、电阻的并联

将两个或更多的电阻并接在两个公共节点上，各电阻承受同一电压，这种电阻的连接方式称为电阻的并联。

如图1-28所示电路，由基尔霍夫电流定律可得

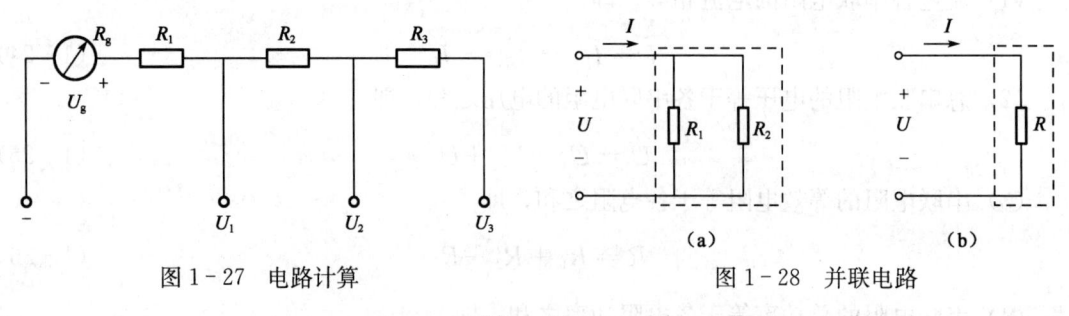

图1-27 电路计算　　　　图1-28 并联电路

$$I = I_1 + I_2 = \frac{U}{R_1} + \frac{U}{R_2} = U\left(\frac{1}{R_1}+\frac{1}{R_2}\right)$$
$$\frac{1}{R} = \frac{1}{R_1} + \frac{1}{R_2}$$

设

则
$$I = \frac{U}{R}$$

在输入电压和电流不变的条件下,图 1-28(a)可用图 1-28(b)来代替,即 R_1 与 R_2 的并联,可用一个电阻 R 代替,R 称为并联等效电阻,其阻值的倒数等于各并联电阻阻值倒数的和。

由图 1-28 所示,电阻的并联具有如下特点:

(1) 并联的各电阻组件承受同一电压,即
$$U = U_1 = U_2 \tag{1-28}$$

(2) 流过并联各支路电阻组件的电流之和等于并联总电流,即
$$I = I_1 + I_2$$

(3) 电阻并联的等效电阻的倒数等于各支路电阻组件电阻倒数之和,即
$$\frac{1}{R} = \frac{1}{R_1} + \frac{1}{R_2} \tag{1-29}$$

(4) 并联电阻的总功率等于各电阻组件功率之和,即
$$P = P_1 + P_2 = UI_1 + UI_2 = UI$$

(5) 两只电阻并联连接,在电流 I 一定的情况下,有
$$R = \frac{R_1 R_2}{R_1 + R_2} \tag{1-30}$$

总电压为
$$U = IR = I\frac{R_1 R_2}{R_1 + R_2}$$

则流过两并联电阻的电流分别为
$$\left. \begin{array}{l} I_1 = \dfrac{U}{R_1} = \dfrac{R_1 R_2}{R_1 + R_2} I \cdot \dfrac{1}{R_1} = \dfrac{R_2}{R_1 + R_2} I \\ I_2 = \dfrac{U}{R_2} = \dfrac{R_1 R_2}{R_1 + R_2} I \cdot \dfrac{1}{R_2} = \dfrac{R_1}{R_1 + R_2} I \end{array} \right\} \tag{1-31}$$

从式(1-31)可知:各并联电阻都具有分流作用,电阻阻值与其流过的电流成反比,即阻值大,分得(流过)的电流小。

电工仪表的表头也常并联一个适当的电阻,用来扩大表头的电流测量量程。

[**例 1-11**] 有一量程为 $100\mu A$,内阻为 $1.6k\Omega$ 的电流表,如欲将其改装成量程 $I_1 = 500\mu A$,$I_2 = 5mA$,$I_3 = 50mA$ 的电流表。试问应采取什么措施?

解 在图 1-29 中 R_g 为电流表内阻,I_g 为其量程,R_1、R_2、R_3 为分流电阻。首先求出最小量程 I_1 的分流电阻,此时,I_2、I_3 的端钮均断开,分流电阻为 $R_1 + R_2 + R_3$,根据并联电阻分流关系,有

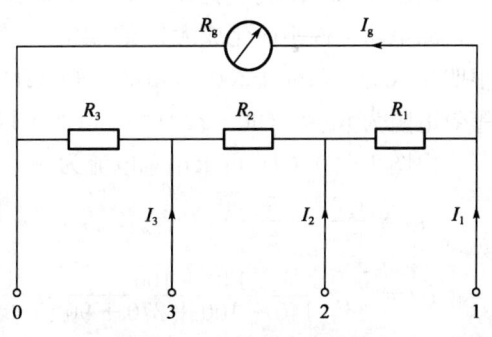

图 1-29 并联电路计算

$$I_g = \frac{R_1+R_2+R_3}{R_g+R_1+R_2+R_3}I_1$$

$$R_1+R_2+R_3 = \frac{I_g R_g}{I_1-I_g} = \frac{100\times10^{-6}\times1.6\times10^3}{(500-100)10^{-6}} = 400(\Omega)$$

当量程 $I_2=5\text{mA}$ 时，分流电阻为 R_2+R_3，而 R_1 与 R_g 相串联，根据并联电阻分流关系，有

$$I_g = \frac{R_2+R_3}{R_g+R_1+R_2+R_3}I_2$$

$$R_2+R_3 = \frac{I_g}{I_2}(R_g+R_1+R_2+R_3) = \frac{100\times10^{-6}}{5\times10^{-3}}\times(1600+400) = 40(\Omega)$$

$$R_1 = 400-40 = 360(\Omega)$$

当量程 $I_3=50\text{mA}$ 时，分流电阻为 R_3，R_1、R_2 均与 R_g 相串联，同理有

$$R_3 = \frac{I_g}{I_3}(R_g+R_1+R_2+R_3) = \frac{100\times10^{-6}}{50\times10^{-3}}\times(1600+400) = 4(\Omega)$$

所以 $R_2=40-4=36$ （Ω）。对应各量程电流表内阻为

$$R_{01} = \frac{(R_1+R_2+R_3)R_g}{R_g+R_1+R_2+R_3} = \frac{(360+36+4)\times1600}{360+36+4+1600} = 320(\Omega)$$

$$R_{02} = \frac{(R_3+R_2)(R_g+R_1)}{R_g+R_1+R_2+R_3} = \frac{(36+4)\times(360+1600)}{360+36+4+1600} = 39.2(\Omega)$$

$$R_{03} = \frac{R_3(R_1+R_2+R_g)}{R_1+R_2+R_3+R_g} = \frac{(360+36+1600)\times4}{360+36+4+1600} = 3.992\approx4 （\Omega）$$

三、电阻的混联

既有电阻串联又有电阻并联的电路称为电阻混联电路。对于电阻混联电路，可以应用等效的概念，逐次求出各串联、并联部分的等效电路，从而最终将其简化成一个无分支的等效电路，通常称这类电路为简单电路；若不能用串联、并联的方法简化的电路，则称为复杂电路。

[**例 1-12**] 求图 1-30 (a) 所示电路中的 U_{ab} 和 I。

解 对此种电路的处理方法可以归纳为三步：设电位点；画直观图；利用串联、并联方法求等效电阻。

从图 1-30 (a) 电路结构看，不太容易分清它们的连接关系。解决的方法是改画电路图，原电路可逐步简化成无分支电路，如图 1-30 (b)、(c)、(d) 所示。

很明显 R_{de} = （160+200）//120=90 （Ω），

等效电阻为 R_{ad} = （90+270）//（100+140）=144 （Ω）

由图 1-30 (d) 可求出总电流为

$$I_{总} = \frac{120}{144} = \frac{5}{6} (A)$$

$$I_1 = \frac{5}{6}\times\frac{140+100}{140+100+270+90} = \frac{1}{3} (A)$$

最后回到图 1-30 (b)，利用分流公式可得

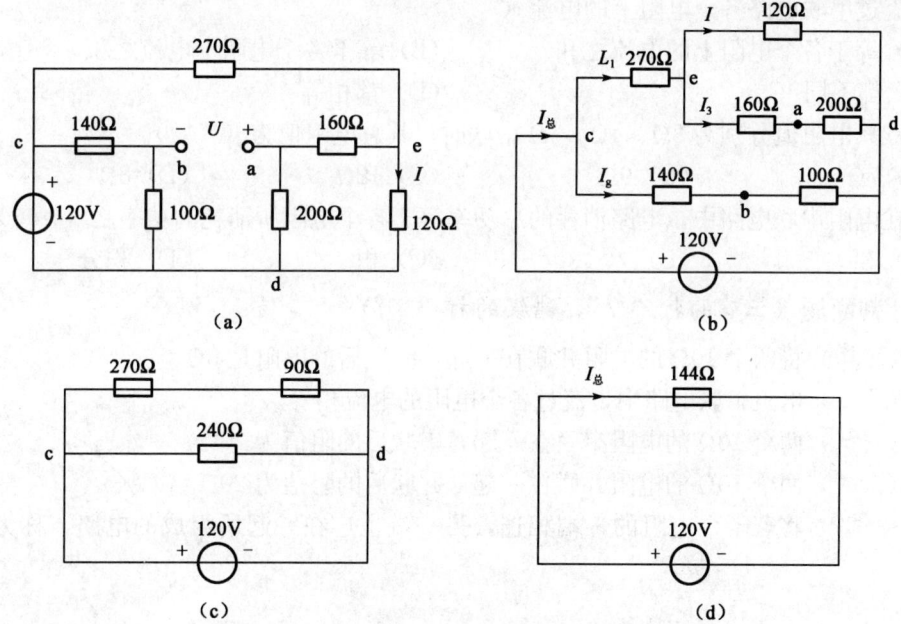

图 1-30 混联电路计算

$$I_2 = \frac{5}{6} \times \frac{270+90}{140+100+270+90} = \frac{1}{2}(A)$$

$$I = \frac{1}{3} \times \frac{160+200}{160+200+120} = \frac{1}{4}(A)$$

$$I_3 = \frac{1}{3} \times \frac{120}{160+200+120} = \frac{1}{12}(A)$$

$$U_{ab} = \frac{1}{12} \times 200 - \frac{1}{2} \times 100 = -\frac{100}{3}(A)$$

练习与思考

一、选择题（将正确的选项填入括号内）

1. 在一段电路上，两个以上的电阻依次相连，组成一个无分支的电路，这种连接方式叫电阻的（　　）。
 (A) 串联　　　　(B) 并联　　　　(C) 混连　　　　(D) 相连

2. 加在各并联电阻两端的（　　）相等。
 (A) 电功率　　　(B) 电抗　　　　(C) 电流　　　　(D) 电压

3. 将电阻值分别为 R_1 和 R_2 的两个电阻并联起来，并联后的总电阻为（　　）。
 (A) $(R_1+R_2)/2$　(B) R_1+R_2　(C) $R_1 R_2$　(D) $R_1 R_2 /(R_1+R_2)$

4. 将 10 个 10Ω 的电阻并联起来，并联后的总电阻为（　　）。
 (A) 100Ω　　　　(B) 0.1Ω　　　　(C) 10Ω　　　　(D) 1Ω

5. 流过串联电路各个电阻上的电流（　　）。
   (A) 等于各个电阻上的电流之和　　(B) 等于各个电阻上电流之积
   (C) 都不同　　(D) 都相等
6. 三只电阻值分别为 3Ω、4Ω、5Ω 串联时，其总电阻值为（　　）。
   (A) 7Ω　　(B) 9Ω　　(C) 12Ω　　(D) 8Ω
7. 在电阻串联电路中，电路消耗的总功率等于各个电阻所消耗的功率之（　　）。
   (A) 和　　(B) 差　　(C) 积　　(D) 积分

二、判断题（正确的打"√"，错误的打"×"）

1. （　）将两个 10Ω 的电阻并联在一起，并联后的电阻是 5Ω。
2. （　）电阻串联电路中，流过各个电阻的电流相等。
3. （　）两个 10Ω 的电阻串联在一起，串联后的阻值为 20Ω。
4. （　）两个 10Ω 的电阻并联在一起，并联后的阻值为 20Ω。
5. （　）将若干个电阻的一端相连，另一端也连在一起所组成的电路，称为电阻的串联。

第八节　电压源与电流源及其等效变换

电源的电路模型有两种表示形式：一种是以电压形式表示的电路模型，称为电压源；另一种是以电流形式表示的电路模型，称为电流源。

一、电压源

电压源模型是由一恒定的电动势 E 和其等效内阻 R_0 串联而成的。电路模型如图 1-31 所示。

由图 1-31 所示电路可得到公式为

$$U = E - R_0 I \tag{1-32}$$

式中，U 表示电源输出电压，它随电源输出电流的变化而变化，其外特性曲线如图 1-32 所示。

从电压源外特性曲线可以看出：电压源输出电压的大小，与其内阻阻值的大小有关，当输出电流变化时，内阻 R_0 越小，输出电压的变化就越小，也就越稳定。

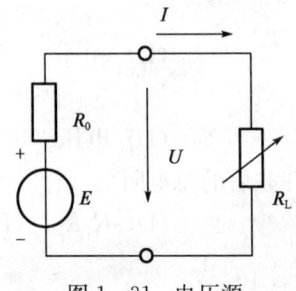

图 1-31　电压源

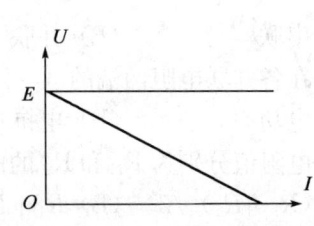

图 1-32　电压源外特性

当 $R_0=0$ 时，$U=E$，电压源输出的电压是恒定不变的，与通过它的电流无关，电压源是恒压源。$R_0=0$ 这种状态是理想情况下的，所以恒压源又称为理想电压源。其电路与外特性曲线如图 1-33 和图 1-34 所示。

在实际应用中 $R_0=0$ 是不太可能的，当电源的内阻远远小于负载电阻时，即 $R_0 \ll R_L$ 时，内阻压降 $IR_0 \ll U$，则 $U \approx E$，电压源的输出基本上恒定，此时可以认为是理想电压源。

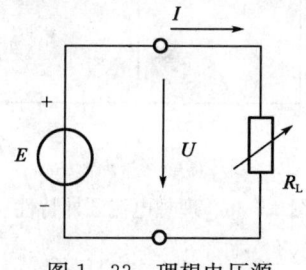

图 1-33 理想电压源

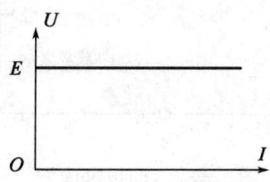

图 1-34 理想电压源外特性

二、电流源

将式（1-32）两边除以电压源的内阻，得

$$\frac{U}{R_0} = \frac{E}{R_0} - I = I_s - I \tag{1-33}$$

或

$$I_s = \frac{U}{R_0} + I$$

式中，$\frac{E}{R_0} = I_s$ 为电源的短路电流；I 为负载电流，$\frac{U}{R_0}$ 是流经电源内阻的电流。

由式（1-33）可得电流源的电路模型如图 1-35 所示。图中两条支路并联，流过的电流分别为 I_s 和 U/R_0。其外特性曲线如图 1-36 所示。

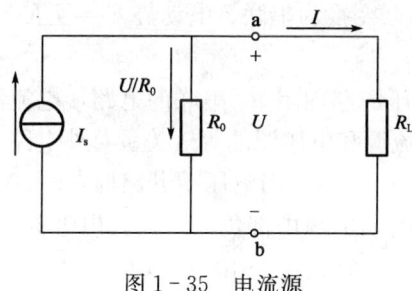

图 1-35 电流源

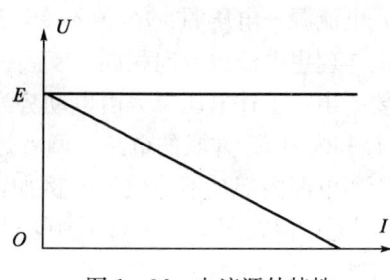

图 1-36 电流源外特性

当 $R_0=\infty$ 时，电流 I 恒等于 I_s，电源输出的电压由负载电阻 R_L 和电流 I 确定。此时电流源为理想电流源（也称恒流源）。

当 $R_0 \gg R_L$ 时，电流 I 基本恒等于 I_s，可认为是恒流源。

理想电流源的电路模型和外特性如图 1-37 和图 1-38 所示。

三、电压源与电流源的等效变换

$U = E - R_0 I$ 与 $\frac{U}{R_0} = \frac{E}{R_0} - I = I_s - I$ 是相等的，电流源和电压源的外特性可以重合，因

此它们的电路模型之间是等效的,可以等效变换,如图1-39所示。

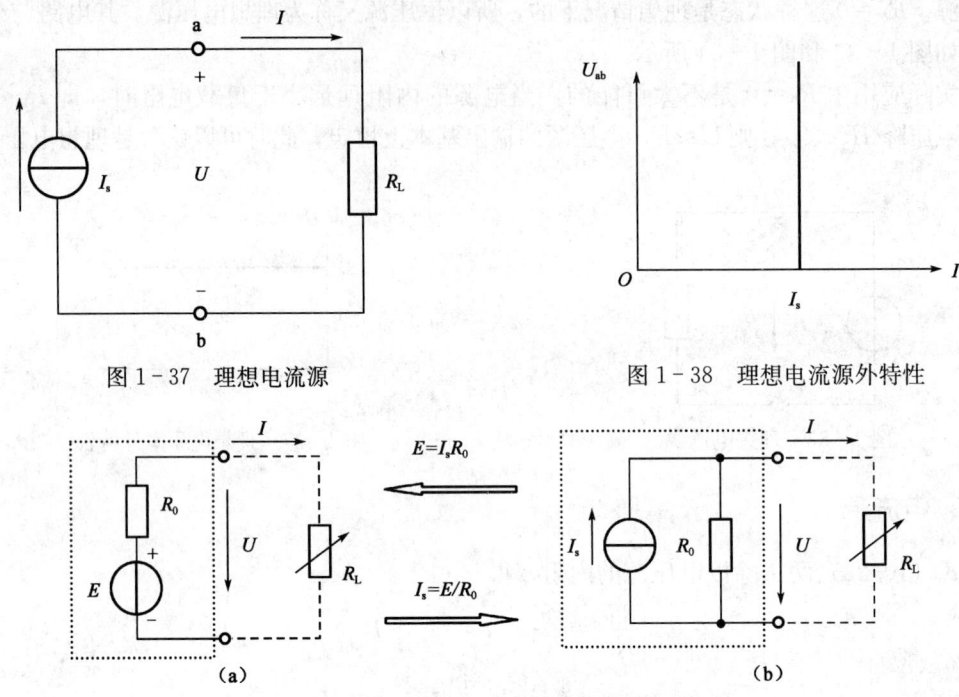

图1-37 理想电流源　　　　　　图1-38 理想电流源外特性

图1-39 电压源与电流源的等效变换

等效变换原则:

(1)电压源→电流源:R_0值不变,连接方式由串联变换为并联;理想电流源$I_s = \dfrac{E}{R_0}$,方向与电动势方向相同。

(2)电流源→电压源:R_0值不变,连接方式由并联变换为串联;电动势$E = I_s R_0$,电动势方向与理想电流源方向相同。

需要指出:上述电压源为由电动势为正的理想电压源和内阻R_0串联的电路,电流源是电流为I_s和内阻R_0并联的电路,两者是等效的。电流源和电压源的等效关系对外电路是等效的,而对电源内部是不等效的。例如,在图1-39(a)中,当电压源开路时,$I=0$,内阻R_0无损耗;但在图1-39(b)中,当电流源开路时,电源内部仍有电流,内阻R_0有损耗。同理,电压源短路($R_L=0$)时,$U=0$,电源内部有电流,有损耗。所以,理想电压源($R_0=0$)和理想电流源($R_0=\infty$)外特性不相等,故不可等效变换。

[**例1-13**] 试将图1-40所示的电源电路分别简化为电压源和电流源。

解 (1)将电源电路简化为电压源:

步骤一:5A电流源和4Ω内阻可转化为20V、内阻为4Ω的电压源,极性如图1-41(a)所示。

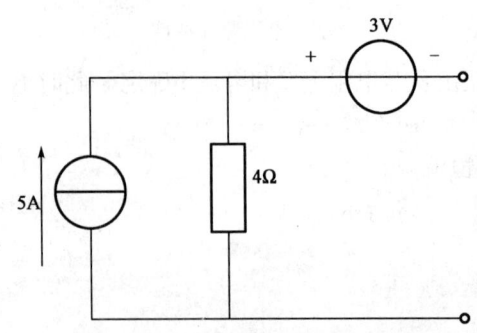

图1-40 含电压源和电流源电路

步骤二：图1-41（a）3V电压源和20V电压源串联，极性相反，故可转化为一个电动势为17V、内阻为4Ω的电压源，极性如图1-41（b）所示。

（2）将电源电路简化为电流源：由图1-41（b）电压源可等效为图1-41（c）电流源。

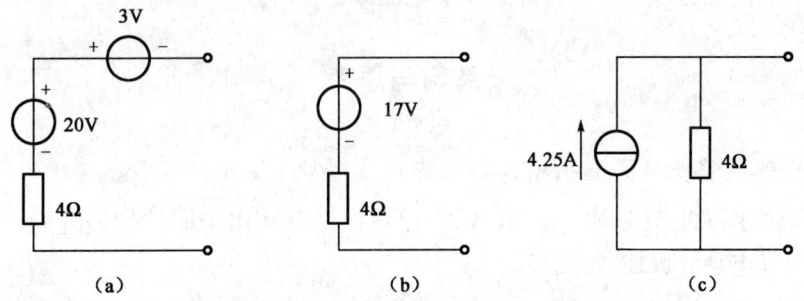

图1-41 含电源电路的等效变换

参数 $I_s=17/4=4.25$（A），内阻 $R_0=4$（Ω）。

[例1-14] 试将图1-42所示的各电源电路分别简化。

解

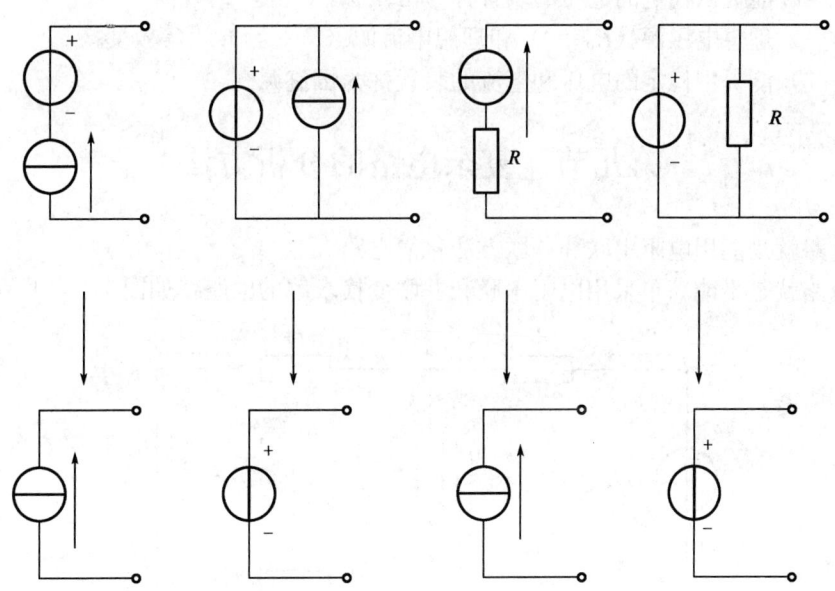

图1-42 各电源电路的简化

结论：

（1）理想电流源与理想电压源串联，理想电压源短路。
（2）理想电流源与理想电压源并联，理想电流源断路。
（3）电阻与理想电流源串联，等效时电阻短路。
（4）电阻与理想电压源并联，等效时电阻断路。

实际应用时还可以运用以下技巧：

(1) 电阻与电压源串联，可以串入内阻。
(2) 电阻与电流源并联，可以并入内阻。
(3) 两个电压源串联，可以合并成一个电压源。
(4) 两个电流源并联，可以合并成一个电流源。

练习与思考

一、选择题（将正确的选项填入括号内）

1. 电压源变换为电流源时：R_0 值（　　），连接方式由串联变换为并联；理想电流源（　　），方向和电动势极性（　　）。

(A) 不变，$I_s = \dfrac{E}{R_0}$，相反　　　　(B) 不变，$I_s = \dfrac{E}{R_L}$，相同

(C) 不变，$I_s = \dfrac{E}{R_0}$，相同　　　　(D) 变小，$I_s = \dfrac{E}{R_0}$，相同

二、判断题（正确的打"√"，错误的打"×"）

1. （　　）能提供稳定的电压的装置称为恒压源。
2. （　　）理想电压源（$R_0 = 0$）和理想电流源（$R_0 = \infty$）可等效变换。
3. （　　）能提供稳定的电压和电流的装置称为恒流源。

第九节　复杂电路的分析方法

简单电路就是能用电阻串联和并联方法化简电路。
复杂电路就是不能简单采用电阻串联和并联变换求解的电路，如图 1-43 所示电路。

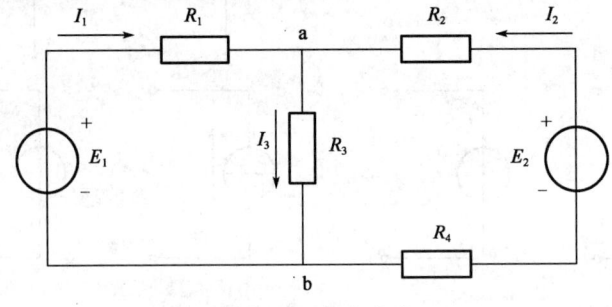

图 1-43　复杂电路

复杂电路的分析求解要应用支路电流法、叠加原理、节点电压法、戴维南定理等方法分析计算。

一、支路电流法

所谓"支路电流法"就是以支路电流为电路变量，应用基尔霍夫电流定律（KCL）列写节点电流方程式，应用基尔霍夫电压定律（KVL）列出回路的电压方程式，联立求得各

支路电流的方法。

下面通过对图 1-43 所示电路介绍支路电流法分析计算电路的常规步骤。

步骤一：认定支路数 K，假定各支路电流的参考方向，共有三个支路，各支路电流的参考方向如图 1-43 所示。

步骤二：认定节点数 n，根据 KCL 列出（$n-1$）个节点电流方程式，电路中有两个节点 a 和 b，根据 KCL 列出节点方程式为：

$$I_1 + I_2 - I_3 = 0$$

步骤三：认定回路数 m，根据 KVL 列出 $K-(n-1)$ 个回路电压方程式，即

$$I_1R_1 + I_3R_3 - E_1 = 0$$

其中

$$E_1 = I_1R_1 + I_3R_3$$

$$-I_2R_2 + E_2 - I_2R_4 - I_3R_3 = 0$$

或

$$E_2 = I_2R_2 + I_2R_4 + I_3R_3$$

步骤四：解联立方程式，求各支路电流，整理结果。

[**例 1-15**] 设图 1-43 所示的电路中，$E_1=80\text{V}$，$E_2=70\text{V}$，$R_1=5\Omega$，$R_2=3\Omega$，$R_3=5\Omega$，$R_4=2\Omega$，试求各支路电流 I_1、I_2、I_3。

解 应用 KCL 和 KVL 列方程组：

$$\begin{cases} I_1 + I_2 - I_3 = 0 \\ 80 = 5I_1 + 5I_3 \\ 70 = 2I_2 + 5I_3 + 3I_2 \end{cases}$$

求解，得 $I_1=6\text{A}$，$I_2=4\text{A}$，$I_3=10\text{A}$

二、叠加原理

从前面对支路电流法的学习，可以看出：对由多个电源组成的复杂电路，各条支路的电流是由这些电源共同作用产生的。对于线性电路，任何一条支路中的电流可以看成是由各个电源分别作用在此支路所产生电流的代数和，这就是叠加原理。

下面通过一个简单的例子加以验证。

如图 1-44（a）所示电路，求解支路电流 I，应用 KCL、KVL 可列出下列方程组，即

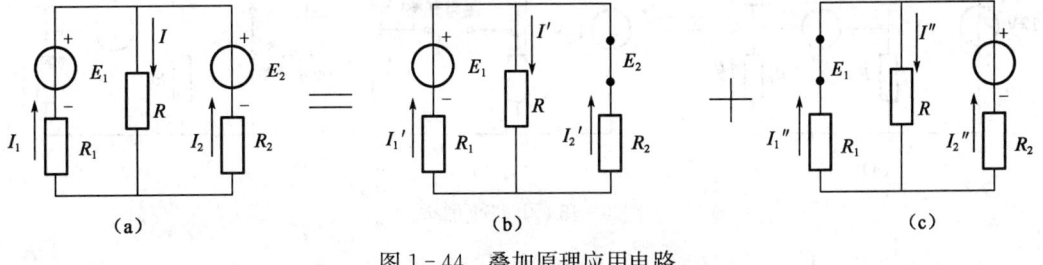

图 1-44 叠加原理应用电路

$$\left.\begin{array}{r} I = I_1 + I_2 \\ E_1 = I_1R_1 + IR \\ E_2 = I_2R_2 + IR \end{array}\right\} \quad (1-34)$$

解此方程组，得

$$I = E_1 - \frac{IR}{R_1} + E_2 - \frac{IR}{R_2} = \frac{E_1 R_2 + E_2 R_1}{R_1 R_2 + RR_2 + RR_1} \\ = \frac{E_1 R_2}{R_1 R_2 + RR_2 + RR_1} + \frac{E_2 R_1}{R_1 R_2 + RR_2 + RR_1} \Bigg\} \quad (1-35)$$

设
$$\left. \begin{array}{l} I' = \dfrac{E_1 R_2}{R_1 R_2 + RR_2 + RR_1} \\ I'' = \dfrac{E_2 R_1}{R_1 R_2 + RR_2 + RR_1} \end{array} \right\} \quad (1-36)$$

则
$$I = I' + I'' \quad (1-37)$$

I' 是电源 E_1 单独作用时，在电阻 R 支路中产生的电流，如图 1-44（b）所示。
I'' 是电源 E_2 单独作用时，在电阻 R 支路中产生的电流，如图 1-44（c）所示。
从式（1-37）得出 I 是两个电源分别作用时，在此支路产生电流的代数和。

同理可得
$$I_1 = I'_1 + I''_1 \quad (1-38)$$
$$I_2 = I'_2 + I''_2 \quad (1-39)$$

所谓电路中只有一个电源单独作用，就是假设去除其余的电源（除源），即电压源视其电动势为零（短路）；电流源视其电流为零（开路）。

用叠加原理分析计算多电源的复杂电路，就是把电路中的电源化为几个单电源的简单电路，应用欧姆定律或基尔霍夫定理求得各支路电流。

需指出：功率的计算不能用叠加原理。叠加原理的数学依据是线性方程的可加性，支路法、节点法得到的方程式是线性方程式，故可叠加；而功率的方程不是线性方程，所以不能叠加。

$$P = I^2 R = (I' + I'')^2 R \neq I'^2 R + I''^2 R \quad (1-40)$$

[**例 1-16**] 试求图 1-45（a）所示的电路中支路电流 I。已知 $E_1 = 12V$，$I_s = 6A$，$R_1 = 1\Omega$，$R_2 = 2\Omega$，$R_3 = 1\Omega$，$R_4 = 2\Omega$。

解 利用叠加原理，图 1-45（a）所示的电路可视为图 1-45（b）和图 1-45（c）的叠加。

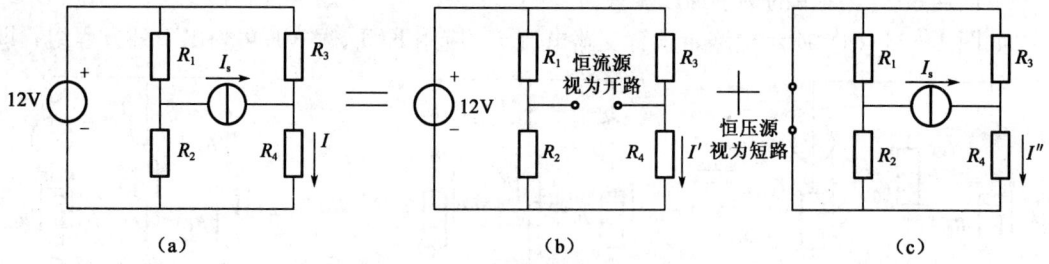

图 1-45 电路叠加举例

$$I' = \frac{E_1}{(R_1 + R_2)//(R_3 + R_4)} \times \frac{R_1 + R_2}{R_1 + R_2 + R_3 + R_4} = 4(A)$$

$$I'' = \frac{R_3}{R_3 + R_4} \times I_s = 2(A)$$

$$I = I' + I'' = 6(A)$$

三、节点电压法

支路电流法虽然是计算电路的基本方法,但用它来计算含有较多支路的复杂电路时需要列出方程式的数目较多,解方程式就很繁。例如,图1-46电路含有六个支路,计算支路电流就得解六元一次联立方程式。应用叠加原理需将电路拆分成四个分图,也很麻烦,为了简化计算,再介绍节点电压法。

如图1-46所示,多个电动势并联的复杂电路,若用支路电流法来计算各支路电流,需要分别列出四个方程式求解。但是这个电路有一显著特点,就是有两个节点A和B。对于这种支路数较多,而只有两个节点的电路来说,当各电动势、电阻已知时,如果能求出两节点之间的电压(简称节点电压),那么各支路电流便很容易用欧姆定律计算出来,这样计算就可以简化。

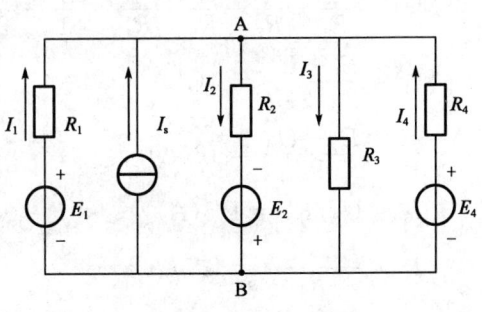

图1-46 多个电动势并联的复杂电路

如图1-46所示电路,求A点电位和各支路电流。

除电流源支路外,其余各支路的电流可应用欧姆定律或KVL得出,即

$$\left.\begin{array}{l} U_A = E_1 - I_1 R_1, I_1 = \dfrac{E_1 - U_A}{R_1} \\ U_A = -E_2 + I_2 R_2, I_2 = \dfrac{E_2 + U_A}{R_2} \\ U_A = I_3 R_3, I_3 = \dfrac{U_A}{R_3} \\ U_A = E_4 - I_4 R_4, I_4 = \dfrac{E_4 - U_A}{R_4} \end{array}\right\} \qquad (1-41)$$

现在的问题的关键是如何求出节点电压。

在A点,由KCL可知

$$I_1 + I_4 + I_s = I_2 + I_3 \qquad (1-42)$$

将上列支路电流方程式代入,得

$$U_A = \dfrac{\dfrac{E_1}{R_1} + I_s + \dfrac{E_4}{R_4} - \dfrac{E_2}{R_2}}{\dfrac{1}{R_1} + \dfrac{1}{R_2} + \dfrac{1}{R_3} + \dfrac{1}{R_4}} = \dfrac{\sum \dfrac{E_i}{R_i}}{\sum \dfrac{1}{R_i}} \qquad (1-43)$$

用来解由电源和电阻组成的两个节点电路的节点电压法称为弥尔曼定理。

在式(1-43)中,分子为各含源支路等效的电流源流入该节点电流的代数和;分母为各支路的所有电阻的倒数之和。

从式(1-43)也可看出,各支路电动势方向和节点电压参考方向相反时取正号,相同时取负号,而与各支路电流参考方向无关;对于连接到该节点的电流源,当其电流指向该节点时则取正号,反之取负号。

知道了A点电位就可以很方便地计算各支路电流。

所以,节点电压法就是以节点电压为电路变量,应用KCL列出电路中的节点电压方程

式，求解节点电压和各支路电流。

[**例 1-17**] 设图（1-46）所示的电路中，$E_1=10V$，$E_2=20V$，$E_4=40V$，$I_s=2A$，$R_1=1\Omega$，$R_2=2\Omega$，$R_3=4\Omega$，$R_4=4\Omega$，试求各支路电流 I_1、I_2、I_3、I_4。

解 应用式（1-43）列方程式，求解 A 点电位：

$$U_A = \frac{\dfrac{E_1}{R_1}+I_s+\dfrac{E_4}{R_4}-\dfrac{E_2}{R_2}}{\dfrac{1}{R_1}+\dfrac{1}{R_2}+\dfrac{1}{R_3}+\dfrac{1}{R_4}} = \frac{\dfrac{10}{1}+2+\dfrac{40}{4}-\dfrac{20}{2}}{\dfrac{1}{1}+\dfrac{1}{2}+\dfrac{1}{4}+\dfrac{1}{4}} = 6(V)$$

$$I_1 = \frac{E_1-U_A}{R_1} = 4(A)$$

$$I_2 = \frac{E_2+U_A}{R_2} = 13(A)$$

$$I_3 = U_A/R_3 = 1.5(A)$$

$$I_4 = \frac{E_4-U_A}{R_4} = 8.5(A)$$

验证结果：

$I_1+I_4+I_s-(I_2+I_3)$
$=4+8.5+2-(13+1.5)$
$=14.5-14.5=0$

$\sum I_A = 0$ 结果正确。

讨论的电路中只有两个节点的情况，分析与计算时，通常设一节点为参考电压（电位为 0），求另一节点的电位，分析计算相对较为简单。

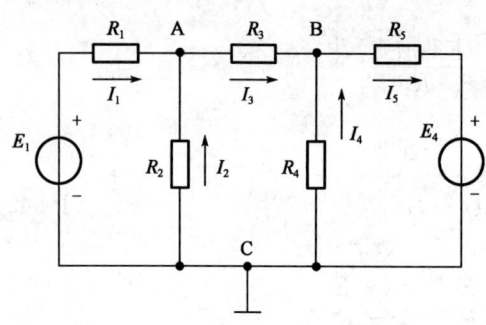

图 1-47 有三个节点的复杂电路

对电路中有三个及三个以上节点时，仅需在相应节点处，利用节点电压法列方程组进行求解。

[**例 1-18**] 计算图 1-47 所示电路中 A、B 两点的电位，C 点为参考点。其中 $E_1=15V$，$E_4=65V$，$R_1=5\Omega$，$R_2=5\Omega$，$R_3=10\Omega$，$R_4=10\Omega$，$R_5=15\Omega$。

解 图 1-47 中所示电路共有三个节点，不能直接套用式（1-43），但仍可按前面的方法求出节点 A、B 的电位。

$$\frac{E_1-U_A}{R_1}+\frac{-U_A}{R_2}-\frac{U_A-U_B}{R_3}=0$$

$$\frac{U_A-U_B}{R_3}+\frac{-U_B}{R_4}-\frac{U_B-U_4}{R_5}=0$$

$$\frac{1}{2}U_A-\frac{1}{10}U_B=3$$

$$-\frac{1}{10}U_A+\frac{4}{15}U_B=\frac{13}{3}$$

设 A、B 两点的电位分别为 U_A、U_B，利用基尔霍夫电流定律对节点 A 和 B 列方程，整理并代入参数值解此方程得：$U_A=10V$，$U_B=20V$。

四、戴维南定理

应用支路电流法分析与计算复杂电路，会同时求出各条支路的电流，这些值有些对电路的分析是有用的，而有一些值则对电路分析意义不大，特别是当某支路负载取值变化时，计算方法依旧，计算过程重复、繁琐。利用戴维南定理可避免这类情况发生。

戴维南定理：任何一个复杂含源电路都可以用一个最简单的实际电压源来等效替换，等效电压源的电动势 E 等于原电路开路时的开路电压 U_{oc}，等效电阻等于原电路化为无源后的入端电阻 R_0，即计算某支路时，只需将该支路从整个电路中划出，电路的其余部分看作是一个有源二端网络，如图 1-48 所示。

所谓有源二端网络就是一个含有电源和两个引出端的电路。有源二端网络中电路的形式、复杂程度都是任意的。如图 1-48（a）所示电路的有源二端网络是含有两个理想电压源 E_1、E_2 和两个电阻 R_1、R_2 的电路，其引出端为 a、b 两个点，该二端网络还可以进一步等效化简为一个理想电压源 E 和内阻 R_0 串联的电路，如图 1-48（c）所示，则 ab 支路电流（负载电流）为

$$I = \frac{E}{R_0 + R_L} \tag{1-44}$$

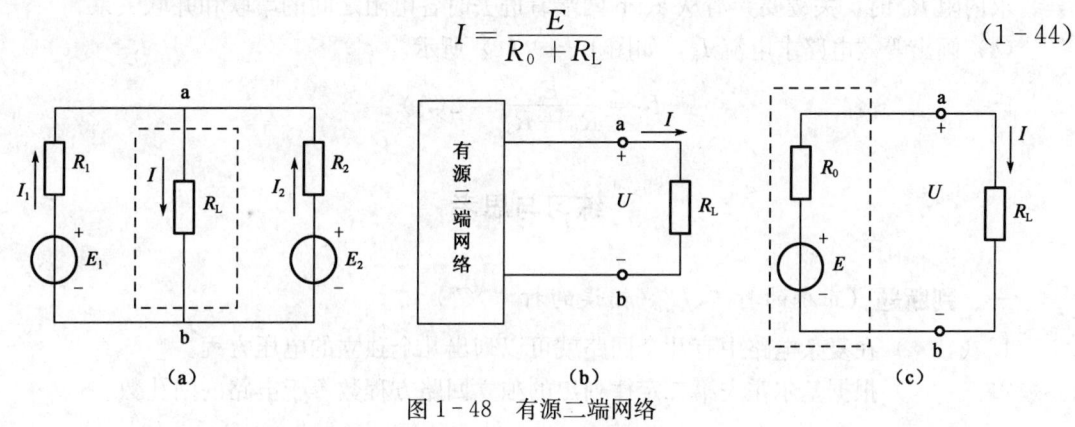

图 1-48 有源二端网络

可见，利用戴维南定理求解复杂电路中某一支路的电流是较为方便的。应用戴维南定理求解的关键在于正确理解和计算出等效电源的电动势 E 和等效电源的内阻 R_0。

(1) 等效电源的电动势 E 为有源二端网络的开路电压 U_{oc}，即将负载断开后 a、b 两端的电压；

(2) 等效电源的内阻 R_0 为有源二端网络所有电源均除去（将各个理想电压源短路，即其电动势为零；将各个理想电流源开路，即其电流为零）后得到的无源网络中 a、b 两端的等效电阻。

[例 1-19] 电路如图 1-49 所示，已知 $E_1=40V$，$E_2=20V$，$R_1=R_2=4\Omega$，$R_3=13\Omega$，试用戴维南定理求电流 I_3。

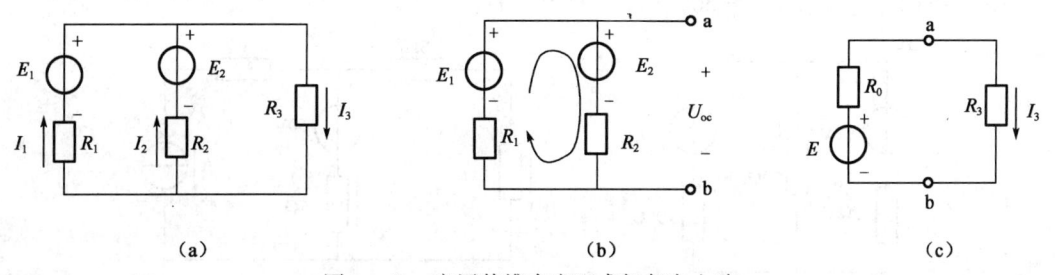

图 1-49 应用戴维南定理求解复杂电路

解 （1）断开待求支路。

（2）求等效电源的电动势 E，如图 1-47（b）所示。

$$I = \frac{E_1 - E_2}{R_1 + R_2} = \frac{40 - 20}{4 + 4} = 2.5(A)$$

$E = U_{\infty} = E_2 + IR_2 = 20 + 2.5 \times 4 = 30(V)$ 或 $E = U_{\infty} = E_1 - IR_1 = 40 - 2.5 \times 4 = 30(V)$

U_{∞} 也可用节点电压法、叠加原理等其他方法求解。

（3）求等效电源的内阻 R_0。

除去所有电源（理想电压源短路，理想电流源开路），从 a、b 两端看进去，R_1 和 R_2 并联，即

$$R_0 = \frac{R_1 \cdot R_2}{R_1 + R_2} = 2(\Omega)$$

求内阻 R_0 时，关键要弄清从 a、b 两端看进去时各电阻之间的串联和并联关系。

（4）画出等效电路求电流 I_3，如图 1-49（c）所示。

$$I_3 = \frac{E}{R_0 + R_3} = 2(A)$$

练习与思考

一、判断题（正确的打"√"，错误的打"×"）

1.（　）在复杂电路中有几个回路就可以列出几个独立的电压方程。

2.（　）根据基尔霍夫第二定律列出的独立回路方程数等于电路的网孔数。

二、问答题

1. 叙述支路电流法分析电路的方法。
2. 叙述用叠加原理分析电路的方法。
3. 叙述节点电压法分析电路的方法。
4. 叙述利用戴维南定理分析电路的方法。

三、计算题

1. 应用戴维南定理计算图 1-50（a）中的电流 I。
2. 用叠加原理计算图 1-50（b）中的 I_1、I_2。

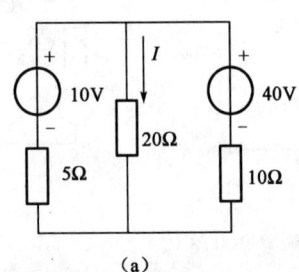
(a)

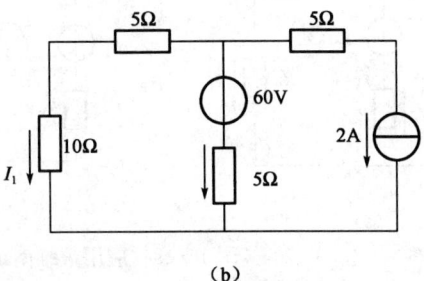
(b)

图 1-50

3. 电路如图 1-51 所示，已知 $E_1=6V$，$E_2=16V$，$I_s=2A$，$R_1=2\Omega$，$R_2=2\Omega$，$R_3=2\Omega$，试求各支路电流。

4. 应用节点电压法计算图 1-52 中的电流 I_2 和理想电流源上的端电压。

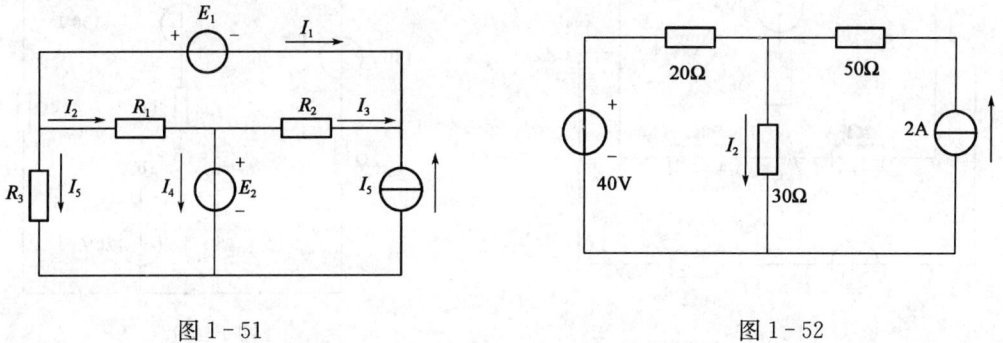

图 1-51　　　　　　　　　　图 1-52

习　题

1. 用节点电压法求图 1-53 电路中各支路电流。
2. 求图 1-54 电路中 U_A 和 I。

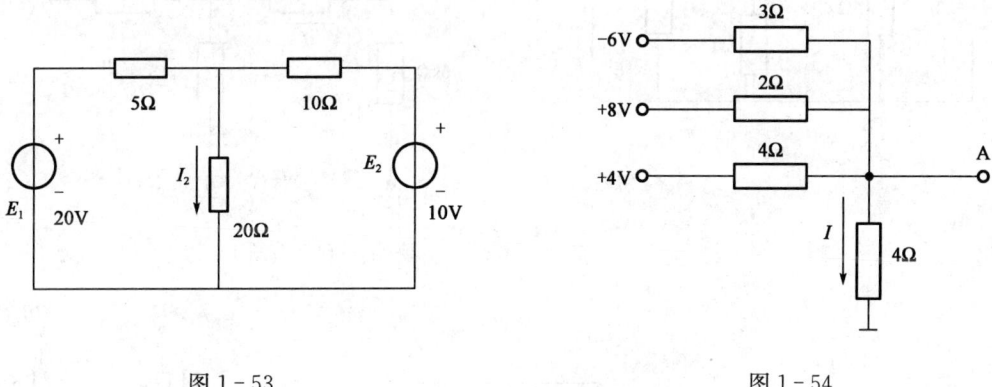

图 1-53　　　　　　　　　　图 1-54

3. 试用叠加原理求图 1-55 所示电路中各支路的电流 I。

4. 在图 1-56 中，(1) 当将开关 K 合在 a 点时，求各电流 I_1、I_2 和 I_3；(2) 当将开关 K 合在 b 点时，利用 (1) 的结果，用叠加原理计算电流 I_1、I_2 和 I_3。

5. 在图 1-57 电路中，用叠加原理求输出电压 U_o。

6. 电路如图 1-58 所示，用戴维南定理求电阻 R 中流过的电流 I，已知 $R=2.5\Omega$。

7. 图 1-59 所示电路中，已知 $E_1=6V$，$R_1=2\Omega$，$I_s=5A$，$E_2=1V$，$R_2=1\Omega$，求电流 I。

8. 图 1-60 所示电路中，两实际电压源并联后再与 R_3 并联，已知 $E_1=180V$，$E_2=117V$，$R_1=1\Omega$，$R_2=0.6\Omega$，$R_3=24\Omega$，求各支路电流、各元件的功率以及节点间电压。

9. 图 1-61 所示电路中，已知 $U_1=30V$，$U_2=10V$，$U_3=20V$，$R_1=5k\Omega$，$R_2=2k\Omega$，

$R_3=10\text{k}\Omega$,$I_s=5\text{mA}$。求开关 S 在位置 1 和位置 2 两种情况下,电流 I 分别为多少?

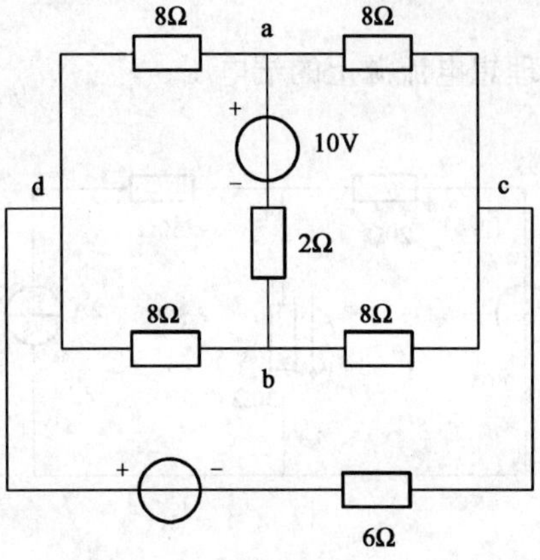

图 1-55

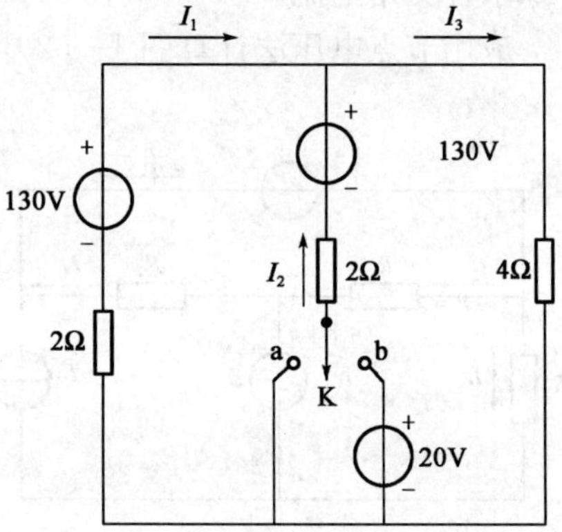

图 1-56

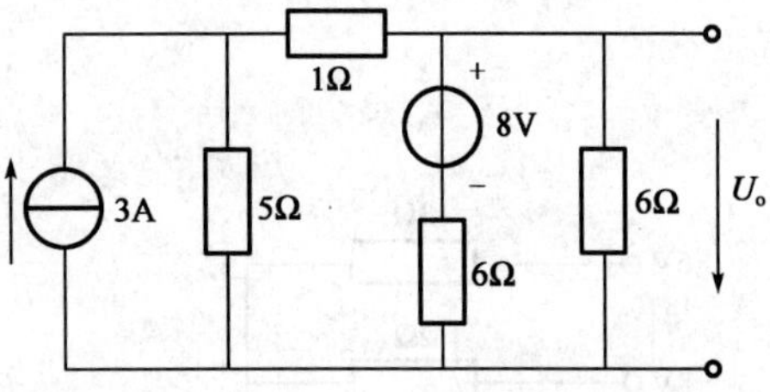

图 1-57

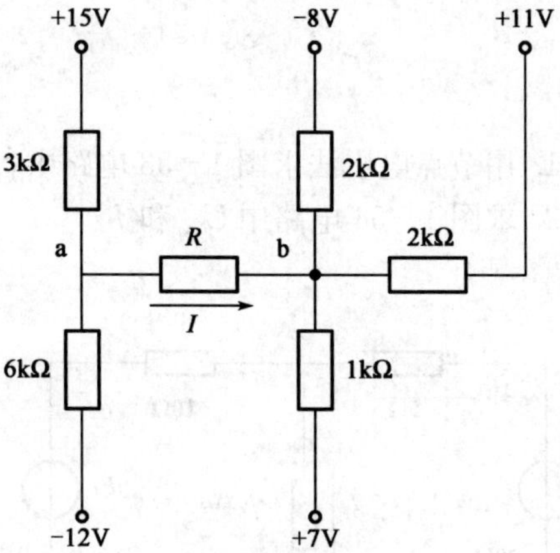

图 1-58

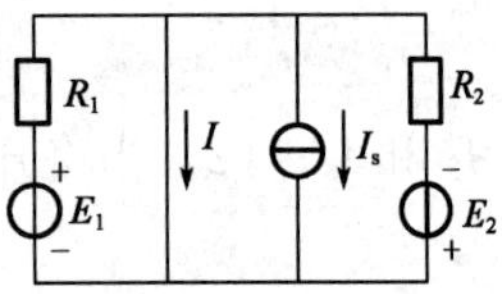

图 1-59

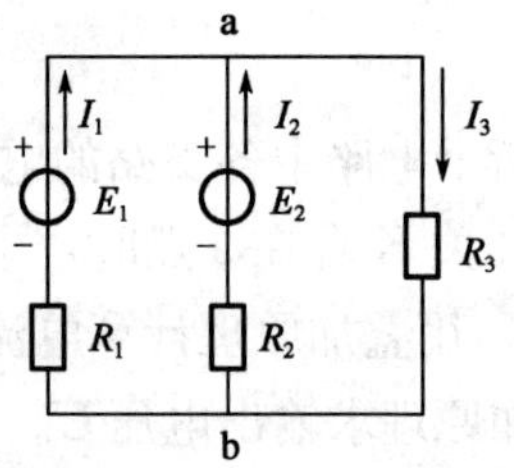

图 1-60

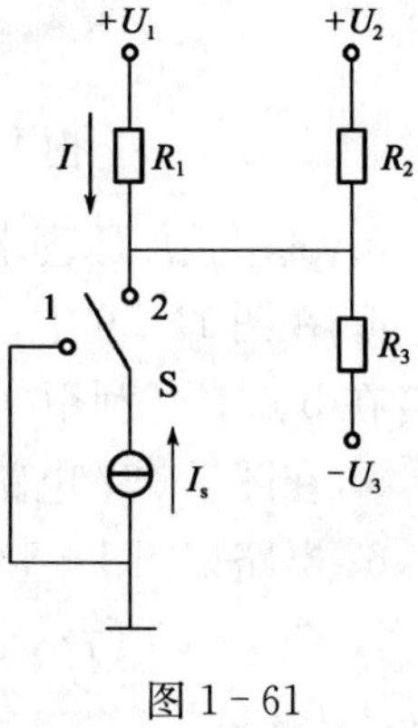

图 1-61

10. 图 1-62 电路中,已知各继电器的电阻分别为,$R_{J1}=1\text{k}\Omega$,$R_{J2}=1.5\text{k}\Omega$,$R_{J3}=2\text{k}\Omega$,$E_1=8\text{V}$;$E_2=9\text{V}$,$E_3=4\text{V}$,用节点法求 A 点的电位 U_A。

11. 图 1-63 电路中当开关 K 合上、开关 K 断开时,计算各支路电流。

12. 图 1-64 电路中，已知 $E_1=00V$，$E_2=80V$，$E_3=10V$，$E_4=6V$，$R_1=R_2=10\Omega$，$R_4=6\Omega$，$R_3=5\Omega$，$R_5=15\Omega$，用网孔法求各支路电流。

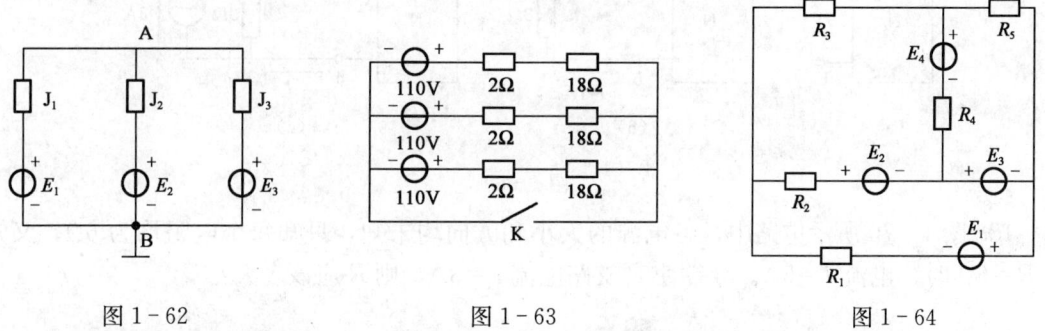

图 1-62　　　　　　　图 1-63　　　　　　　图 1-64

13. 图 1-65 所示电路中，已知 $U_{ab}=0$，试用叠加原理求 E 的值。

14. 电路如图 1-66 所示，已知 $R_1=1\Omega$，$R_2=R_3=2\Omega$，$E=1V$，欲使 $I=0$，试用叠加原理确定电流源 I_s 的值。

15. 电路如图 1-67 所示，假定电压表的内阻为无限大，电流表的内阻为零。当开关 S 处于位置 1 时，电压表的读数为 10V，当 S 处于位置 2 时，电流表的读数为 5mA。试问当 S 处于位置 3 时，电压表和电流表的读数各为多少？

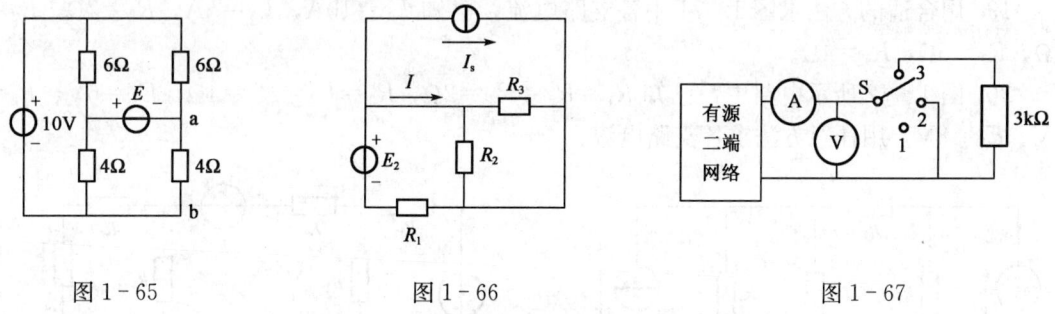

图 1-65　　　　　　　图 1-66　　　　　　　图 1-67

16. 画出图 1-68 所示电路的戴维南等效电路。

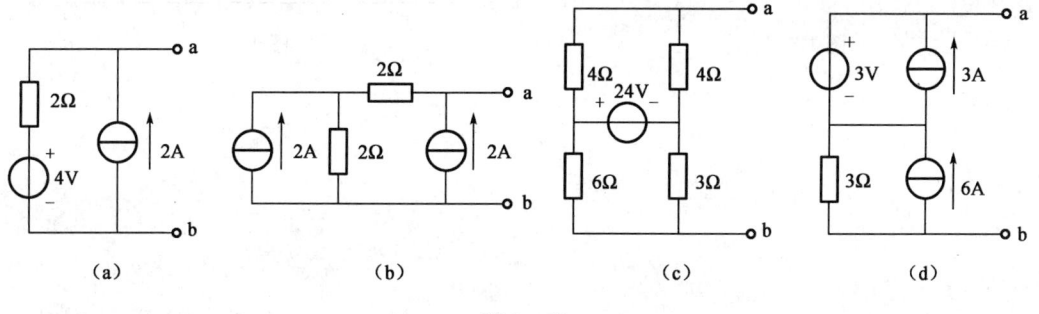

(a)　　　　　　　(b)　　　　　　　(c)　　　　　　　(d)

图 1-68

17. 图 1-69 所示电路中，N 为线性有源二端网络，测得 ab 之间电压为 9V，若连接成如图 1-69 (b) 所示电路，可测得电流 $I=1A$，现连接成图 1-69 (c) 所示形式，问电流 I 为多少？

37

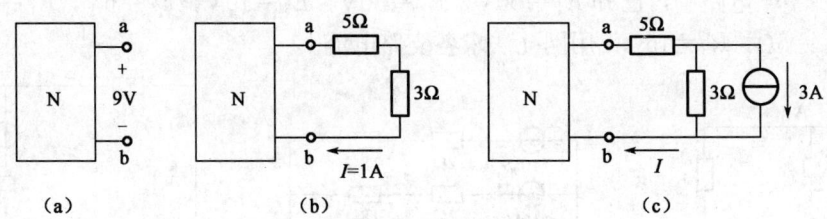

图 1-69

18. 图 1-70 所示电路中，各电源的大小和方向均未知，只知每个电阻均为 6Ω，又知当 $R=6\Omega$ 时，电流 $I=5A$。今欲使 R 支路电流 $I=3A$，则 R 应该多大？

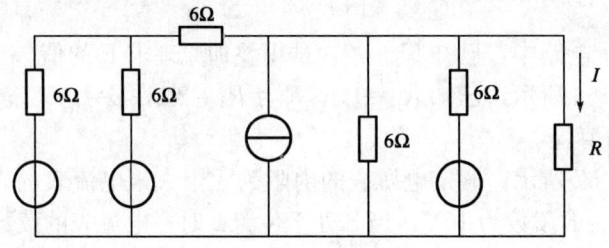

图 1-70

19. 用合适的方法求图 1-71 中各支路电流，已知 $I_{s1}=10A$，$I_{s2}=5A$，$R_1=2\Omega$，$R_2=3\Omega$，$R_3=5\Omega$，$R_4=4\Omega$。

20. 图 1-72 所示电路中，已知 $R_1=R_5=R_6=2\Omega$，$R_2=R_3=R_4=4\Omega$，$E_1=6V$、$E_2=4V$、$E_3=8V$，用任意方法求各支路电流。

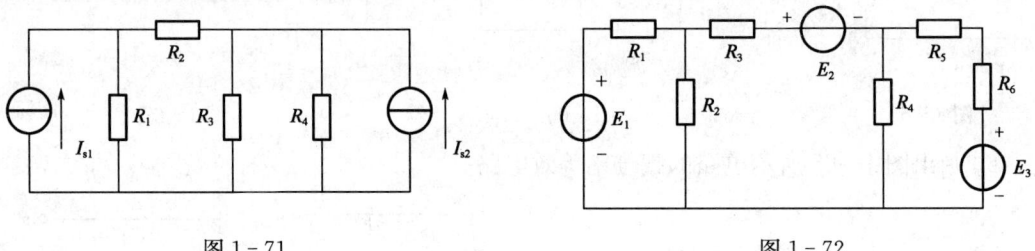

图 1-71　　　　　　　　　　图 1-72

第二章　正弦交流电路

前面初步了解了直流电路的基本分析和计算的方法。学习正弦交流电路（单相）。

正弦交流电路是指含有正弦电源所产生的电压和电流均按正弦规律变化的电路。在日常生活和生产实践中，接触的大多为正弦交流电，如照明灯、电动机拖动等。

分析与计算正弦交流电路，与直流电路有所不同，正弦交流电路的分析与计算主要是研究在不同参数和不同结构的正弦交流电路中，电压与电流的关系以及功率问题。

第一节　正弦电压与电流

图 2-1 中是几种常见的电压和电流的波形。

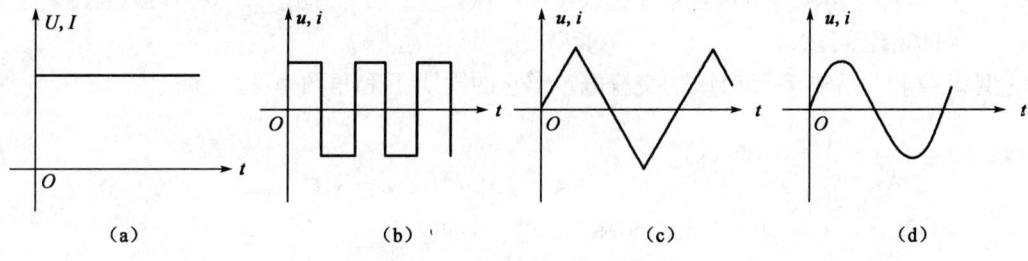

图 2-1　电压和电流的波形图
(a) 直流；(b) 方波；(c) 三角波；(d) 正弦波

从图 2-1 (a) 可以看出：电压和电流的大小和方向（极性）不随时间变化，称它们为直流电压和电流。

图 2-1 (b) ～ (d) 中，电压和电流的大小和方向（极性）随时间变化，是交变的，称它们为交流电压和电流。

图 2-1 (d) 中的电压和电流的大小随时间按正弦规律变化，所以称为正弦交流电压和电流，其中

$$u = U_m \sin(\omega t + \psi_u)$$
$$i = I_m \sin(\omega t + \psi_i)$$

正弦交流电压、电流和功率等物理量，常称为正弦量。它的特征表现在变化的快慢、大小及初始值三个方面，可分别用频率（周期）、幅值（或有效值）和初始相位来确定，这三个量称为正弦量的"三要素"。

一、频率与周期

描述正弦量变化快慢的参数有：

(1) 周期 T：交流电变化一个循环所需要的时间，单位是秒（s）。

(2) 频率 f：单位时间内的周期数，单位是赫兹（Hz）。

两者间的关系为

$$f = 1/T, T = 1/f \tag{2-1}$$

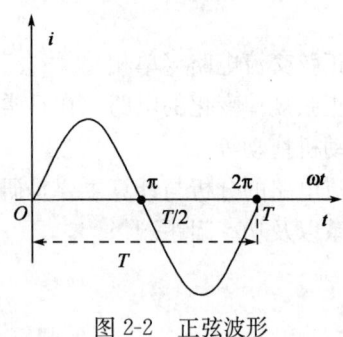

图 2-2 正弦波形

正弦量变化的快慢除用频率和周期表示外，在电工技术里，还常用角频率来表示，如图 2-2 所示。角频率表示了一个周期内经历了 2π 弧度，角频率用 ω 表示，它的单位是弧度每秒（rad/s）。它与频率和周期的关系为：

$$\omega = 2\pi/T = 2\pi f \tag{2-2}$$

在我国工业用电的标准频率为 50Hz（有些国家和地区，如美国、日本等国采用 60Hz），这种频率在工业上广泛应用，习惯也称工频。

在不同的应用场合也使用着不同的频率，如电气牵引使用 10~50Hz，电冶炼炉使用 50Hz~200kHz 等。

T、f、ω 都是用来表示正弦量变化快慢的，从式（2-1）和式（2-2）可以看出，三者知其一，则其余皆可求得。

[例 2-1] 已知 $f=50$Hz 的交流电，求它的周期 T 和角频率 ω。

解 $T = 1/f = \dfrac{1}{50} = 0.02$ （s）

$\omega = 2\pi f = 2 \times 3.14 \times 50 = 314$ （rad/s）

二、幅值与有效值

正弦量在任一瞬间的值称为瞬时值，用小写字母表示，如电流 i、电压 u 和电动势 e。正弦量在交变过程中的最大瞬时值，称为幅值（又称最大值），用带有下标"m"的大写字母表示，如电压幅值 U_m、电流幅值 I_m 等。

正弦量除用瞬时值、幅值来描述正弦量大小外，还用有效值来描述。在电工技术中，由于电流主要表现热效应，因此，有效值的确定是根据交流电流和直流电流热效应相等的原则来规定的。设交流电流 i 和直流电流 I 分别通过阻值相同的电阻 R，在相同的时间 T 内产生的热量相等，那么就规定这个交流电流 i 的有效值在数值上等于这个直流电流 I。

根据上述规定可以推导出有效值与幅值的关系。由焦耳定律可得

$$\int_0^T p\,\mathrm{d}t = \int_0^T Ri^2\,\mathrm{d}t, \quad PT = RI^2T, \quad I^2RT = R\int_0^T i^2\,\mathrm{d}t$$

设 $i = I_m \sin\omega t$，由此可得正弦量的电流有效值为

$$I = \sqrt{\dfrac{1}{T}\int_0^T I_m^2 \sin^2\omega t\,\mathrm{d}t}$$

经计算求得

$$\left.\begin{array}{l}I = \dfrac{I_m}{\sqrt{2}} = 0.707 I_m \\[2mm] U = \dfrac{U_m}{\sqrt{2}} = 0.707 U_m \\[2mm] E = \dfrac{E_m}{\sqrt{2}} = 0.707 E_m\end{array}\right\} \quad (2-3)$$

同理可得

[**例 2-2**] 已知 $u=311\sin 314t$ (V)，试求电压有效值 U。

解 $U = \dfrac{U_m}{\sqrt{2}} = \dfrac{311}{\sqrt{2}} = 220$ (V)

三、相位与初相位

由图 2-2 的正弦波形可以清楚地看到，正弦量的波形是随时间 t 而变化的，若正弦波形如图 2-3 所示，电流波形起始于横坐标 ψ 处，则对应波形函数为

$$i = I_m \sin(\omega t + \psi) \quad (2-4)$$

式中，$\omega t + \psi$ 称为相位（或相位角），$t=0$ 时，相位等于 ψ 称为初相位（或初相角）。

正弦量的相位反映了正弦量的进程，初相位（即 $t=0$ 时的值）不同，则达到幅值或某特定值所需的时间就不同。

在一个正弦交流电路中，电压和电流的频率是相同的，但它们的初相位有可能不同，对于图 2-4 所示波形，电流和电压的表达式为

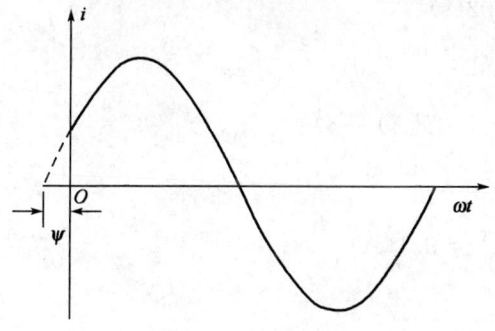

图 2-3　初相位不为零的正弦波形

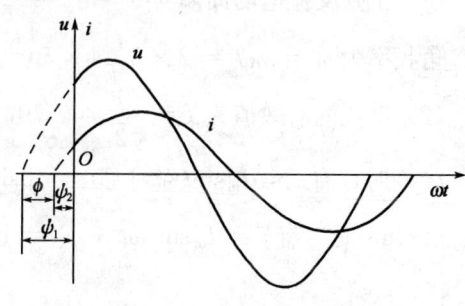

图 2-4　正弦交流电压和电流波形

$$u = U_m \sin(\omega t + \psi_1)$$
$$i = I_m \sin(\omega t + \psi_2)$$

两个同频率正弦量的相位角之差或是初相角之差，称为相位差，用 ϕ 表示。

图 2-4 所示电流、电压波形的相位差为

$$\phi = (\omega t + \psi_1) - (\omega t + \psi_2) = \psi_1 - \psi_2 \quad (2-5)$$

从图 2-5 所示波形可以看出，u 和 i 的初相位不同，它们变化的步调是不一致的，i 比 u 先到达正的幅值。这时可以说，在相位上 u 比 i 滞后 ϕ 角，或 i 比 u 超前 ϕ 角。

若某两个正弦量之间的 $\phi=0$，则称两者同相；若两个正弦量之间的 $\phi=-180°$，则称两者反相，如图 2-5 所示。

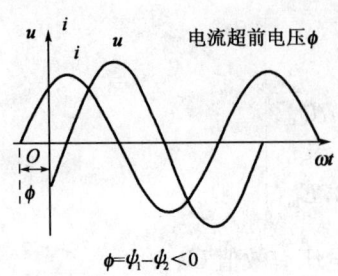

$\phi=\psi_1-\psi_2<0$

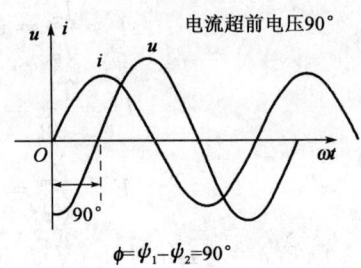

$\phi=\psi_1-\psi_2=90°$

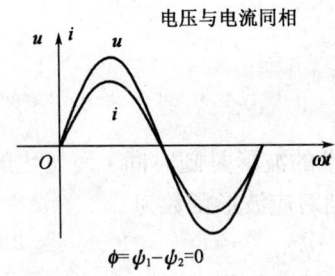

$\phi=\psi_1-\psi_2=0$

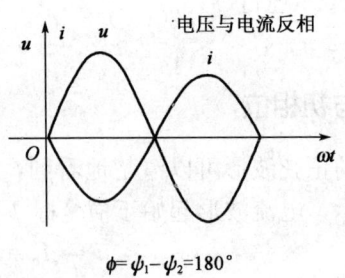

$\phi=\psi_1-\psi_2=180°$

图 2-5 电压、电流波形图

[**例 2-3**]　正弦交流电电流的幅值 $I_m=10A$，频率 $f=50Hz$，初相位 $\psi=30°$。求：(1) 正弦交流电的周期、角频率；(2) 电流的有效值，$t=0$，$t=2ms$ 时，电流 i 的瞬时值。

解

(1) 正弦交流电的周期为 $T=\dfrac{1}{f}=\dfrac{1}{50}=0.02(s)$

角频率为 $\omega=2\pi f=2\times 3.14\times 50=314(rad/s)$

(2) 电流的有效值为 $I=\dfrac{I_m}{\sqrt{2}}=0.707\times 10=7.07(A)$

$t=0$ 时，有 $i=I_m\sin(\omega t+\psi)=10\sin 30°=5(A)$

$t=2ms$ 时，有 $i=I_m\sin(\omega t+\psi)=10\sin\dfrac{11\pi}{30}=9.1(A)$

练习与思考

一、选择题（将正确的选项填入括号内）

1. （　）随时间做周期性变化的电动势、电压和电流统称为交流电。

(A) 大小　　　(B) 方向和大小　　　(C) 频率　　　(D) 速度

2. 在（　）作用下的电路，称为交流电路。

(A) 电流　　　(B) 电压　　　(C) 交流电动势　　　(D) 直流电动势

3. 频率为 50Hz 的交流电其周期为（　）。

(A) 50s　　　(B) 0s　　　(C) 1/50s　　　(D) ∞

4. 正弦交流电的三要素是（　）。

(A) 电压、电流、频率　　　(B) 最大值、周期、初相位

(C) 周期、频率、角频率　　　　　　(D) 瞬时值、有效值、最大值
5. 交流电气设备的绝缘主要考虑的是交流电的（　　）。
(A) 平均值　　　(B) 有效值　　　(C) 最大值　　　(D) 瞬时值
6. 交流电的周期用 T 表示，单位是（　　）。
(A) A　　　　　(B) H　　　　　(C) s　　　　　(D) V

二、判断题（正确的打"√"，错误的打"×"）

1.（　）照明所用 220V 交流电是指交流电的平均值为 220V。
2.（　）交流电器设备铭牌上标定的额定电压、额定电流是指所采用交流电的最大值。
3.（　）交流电的有效值 U 与最大值 U_m 之间的关系是 $U=0.707U_m$。
4.（　）衡量交流电变化快慢的物理量是周期和频率。
5.（　）交流电是指电路中大小和方向都随时间做周期性变化的电动势、电压和电流。
6.（　）正弦交流电是指其频率按正弦规律变化的交流电。
7.（　）在正弦交流电的波形图中，可以看出交流电的最大值、初相位和周期。
8.（　）正弦交流电电压的解析表达式为：$u=I_m\sqrt{2}\sin(\omega t+\phi_u)$。
9.（　）交流电表测得的数值是交流电的有效值。

三、计算题

已知一正弦电动势的最大值为 380V，频率是 50Hz，初相位为 60°。试写出该正弦电动势瞬时值的表达式，画出波形图，并求 $t=0.1s$ 时的瞬时值。

四、问答题

1. 两个正弦量同相、反相是指什么？
2. 让 4A 的直流和最大值为 5A 的正弦电流分别通过阻值相等的电阻，问：在相同时间内，哪个电阻发热多？为什么？

第二节　单一元件的交流电路

电阻、电感、电容作为电路组成的基本元件，它们在电路中所反映的性质与结果有着较大的不同，特别是在交流电路中，所发生的现象尤为显著。了解它们的基本性质对分析与计算正弦交流电路有着重要的意义。

分析与计算正弦交流电路与分析直流电路一样，主要是确定电路中电压与电流间的关系，以及讨论电路中功率（转换与平衡）问题。

一、电阻元件的交流电路

1. 电阻元件上电压与电流的关系
1) 电阻元件上电流和电压之间的瞬时关系
电阻元件简称电阻。在图 2-6（a）中，u 和 i 的参考方向相同，根据欧姆定律得

$$i = \frac{u}{R} \text{ 或 } u = Ri \tag{2-6}$$

式（2-6）反映了电阻元件上的电压与通过电流呈正比关系。

2）电阻元件上电流和电压之间的大小关系

假定电阻两端的电压 $u=U_m\sin\omega t$，则流过电阻的交流电流为

$$i = \frac{u}{R} = \frac{U_m\sin\omega t}{R} = \frac{\sqrt{2}U}{R}\sin\omega t \tag{2-7}$$

式（2-7）中，$U_m=RI_m$ 或 $I_m=\dfrac{U_m}{R}$

$$\frac{U_m}{I_m} = \frac{U}{I} = R \tag{2-8}$$

式（2-8）表明：在电阻元件的交流电路中，电压幅值（或有效值）与电流的幅值（或有效值）之比为电阻的阻值 R。

3）电阻元件上电流和电压之间的相位关系

u 和 i 是两个同频率的正弦量，它们之间的相位差为 0（即 $\varphi=0$）。

由此可得结论：在电阻元件的交流电路中，电流和电压是同频率、同相位。表示电压和电流的正弦波形如图 2-6（b）所示。

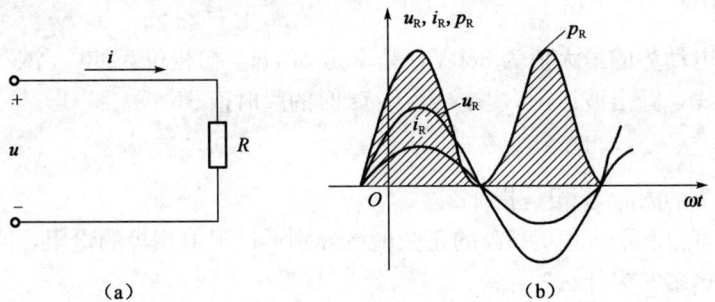

图 2-6 电阻元件的电压、电流关系

(a) 电路图；(b) 波形图

2. 电阻元件的功率

1）瞬时功率

由于在任意时刻电路中的电压和电流是随时间而变化的，所以在不同时刻电阻上的功率是不同的。将任意时刻的功率称为瞬时功率，用 p 表示，它等于电压瞬时值 u 与电流瞬时值 i 的乘积，即

$$p = ui = U_m I_m \sin^2\omega t = \frac{U_m I_m}{2}(1-\cos2\omega t)$$

$$= \frac{\sqrt{2}U\sqrt{2}I}{2}(1-\cos2\omega t) = UI(1-\cos2\omega t) \tag{2-9}$$

可见，电阻元件的正弦交流电路中，电阻上的功率是由两部分组成：UI 和 $-UI\cos2\omega t$，图 2-6（b）所示是 p 的波形图。

2）平均功率

一个完整周期内瞬时功率的平均值，称为平均功率，用 P 表示，则

$$P = \frac{1}{T}\int_0^T p\,\mathrm{d}t = \frac{1}{T}\int_0^T u \cdot i\,\mathrm{d}t = \frac{1}{T}\int_0^T \frac{1}{2}U_m I_m(1-\cos 2\omega t)\,\mathrm{d}t$$

$$= \frac{1}{T}\int_0^T UI(1-\cos 2\omega t)\,\mathrm{d}t = UI = RI^2 = \frac{U^2}{R} \qquad (2-10)$$

式（2-10）表明，电阻元件的正弦交流电路中，电阻上的平均功率是电压有效值与电流有效值的乘积。通常将平均功率简称为功率。

二、电感元件的交流电路

含有电感元件交流电路的分析，主要从两个方面分析：一是分析电路中电流与电压的关系；二是讨论功率。

1. 电感

电感元件简称电感，简易的电感是由导线绕制而成的。

如图 2-7 所示，有一匝线圈，当通过它的磁通发生变化时，在线圈中就要产生感应电动势。根据法拉第电磁感应定律可知，感应电动势 e 的大小等于磁通的变化率。

$$|e| = \left|\frac{\mathrm{d}\varPhi}{\mathrm{d}t}\right| \qquad (2-11)$$

式中，e 为电动势，单位是伏（V）；$\varPhi$ 为穿过线圈的磁通，单位是伏秒（V·s），通常称为韦伯（Wb）。

习惯上选取感应电动势的参考方向与磁通的参考方向之间符合右手螺旋定律，则式（2-11）可写成

$$e = -\frac{\mathrm{d}\varPhi}{\mathrm{d}t} \qquad (2-12)$$

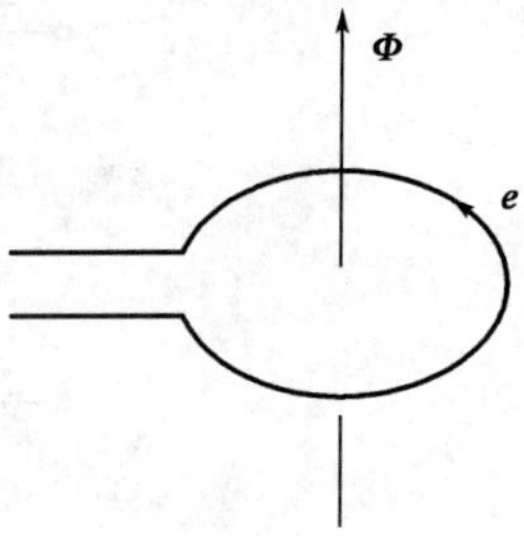

图 2-7 线圈

感应电动势 e 与线圈的匝数有关，刚才讨论的是单匝线圈的情况，若线圈有 N 匝，而且绕得比较集中则 N 匝线圈产生的感应电动势是一匝线圈产生感应电动势的 N 倍，即

$$e = -N\frac{\mathrm{d}\varPhi}{\mathrm{d}t} = -\frac{\mathrm{d}\varPsi}{\mathrm{d}t} \qquad (2-13)$$

式中，$\varPsi = N\varPhi$，称为磁链，是 N 匝线圈的磁通总和。

磁通和磁链是由于线圈中有电流通过而产生的，设线圈中无铁磁材料，则 $\varPhi$ 和 $\varPsi$ 与电流 i 成正比，即

$$\varPsi = N\varPhi = Li \quad \text{或} \quad L = \frac{\varPsi}{i} = \frac{N\varPhi}{i} \qquad (2-14)$$

式中，L 称为线圈的电感，也称自感，它是电感元件的主要参数，其单位为亨利（H）或毫亨利（mH）。

将 $\varPsi = Li$ 代入式（2-13），得

$$e_L = -L\frac{\mathrm{d}i}{\mathrm{d}t} \qquad (2-15)$$

电感元件一个很重要的特性，对电流的变化呈阻碍作用。

当电流向正值增大,即 $di/dt>0$ 时,则 e_L 为负值,表明其实际方向与参考方向相反,此时 e_L 要阻碍电流的增大。

当电流向正值减小,即 $di/dt<0$ 时,则 e_L 为正值。表明其实际方向与参考方向一致,此时 e_L 要阻碍电流的减小。

由以上分析可知,当电感元件流过恒定电流时,即 $di/dt=0$ 的情况下,电感产生的电动势为零,元件可视为短路。

由式(2-14)和式(2-15)可知,线圈的电感与线圈的匝数有关,匝数多,则其电感大,产生的感应电动势相对较大;匝数少,则电感小,产生的感应电动势相对较小(线圈的电感除与线圈的匝数有关外,还与线圈的尺寸及附近介质的导磁性能有关)。

2. 电感元件上电压和电流的关系

1) 电感元件上电流和电压之间的瞬时关系

设在电感线圈中有电流 i 通过,则在电感线圈中产生自感电动势 e_L,u、i 和 e_L 的参考方向如图 2-8 所示,则有

$$u = -e = L\frac{di}{dt} \qquad (2-16)$$

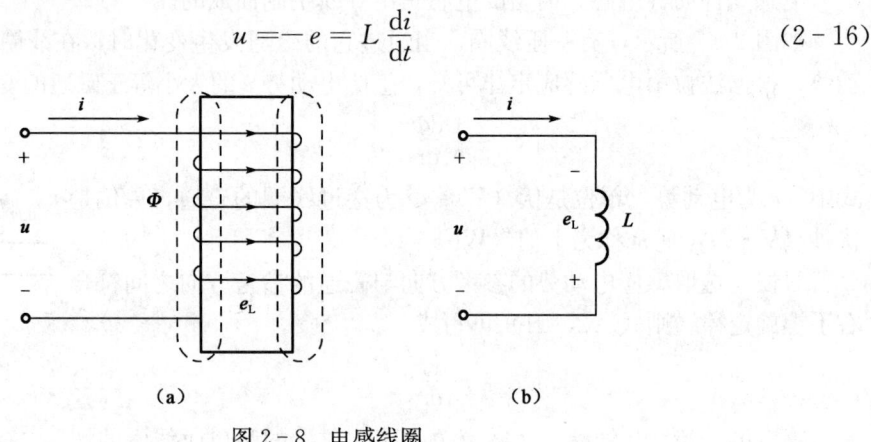

图 2-8 电感线圈
(a) 电路图;(b) 电路符号

2) 电感元件上电流和电压之间的大小关系

若 $i = \sqrt{2}I\sin\omega t$,则

$$\begin{aligned}
u &= L\frac{d(I_m\sin\omega t)}{dt} \\
&= \sqrt{2}I\omega L\sin(\omega t + 90°) \\
&= \sqrt{2}U\sin(\omega t + 90°)
\end{aligned} \qquad (2-17)$$

式中

$$U = \omega L I \quad 或 \quad \frac{U_m}{I_m} = \frac{U}{I} = \omega L \qquad (2-18)$$

它表示在电感元件的电路中,电压的幅值(或有效值)与电流的幅值(或有效值)之比为 ωL,它的单位是欧姆(Ω)。当电压 U 一定时,ωL 越大,则电流 I 越小,可见它对电流起阻碍作用,因而称为感抗,用 X_L 表示,即

$$X_L = \omega L = 2\pi f L \qquad (2-19)$$

感抗 X_L 与电感 L、频率 f 成正比。因此,电感元件对直流不起阻碍作用($X_L=0$),对

高频电流的阻碍作用很大。

3) 电感元件上电流和电压之间的相位关系

对比 u、i 表达式可以看出，u、i 都是同频率的正弦量，在相位上 u 超前 I90°（即 $\phi=90°$）。

3. 电感元件的功率

1) 瞬时功率

在电感元件的正弦交流电路 [图 2-9 (a)] 中，瞬时功率 p 也是随时间变化的，即

$$p = i \cdot u = U_m I_m \sin\omega t \sin(\omega t + 90°)$$
$$= U_m I_m \sin\omega t \cos\omega t = \frac{U_m I_m}{2}\sin 2\omega t = UI\sin 2\omega t \qquad (2-20)$$

表示电压、电流和瞬时功率 p 的波形如图 2-9 (b) 所示。

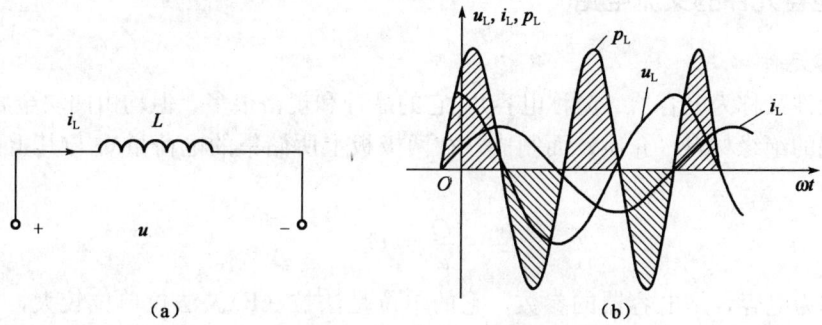

图 2-9 电感元件电压、电流和瞬时功率的关系
(a) 电路图；(b) 波形图

2) 平均功率

电感元件的正弦交流电路的平均功率是指在一个完整周期内瞬时功率的平均值，用 P 表示，即

$$P = \frac{1}{T}\int_0^T p\,dt$$
$$= \frac{1}{T}\int_0^T UI\sin(2\omega t)\,dt = 0 \qquad (2-21)$$

式（2-21）表明，电感元件的正弦交流电路中，电感上的平均功率为零。也就是说，在正弦量的半个周期内它储能，吸收电源功率；在另半个周期，它释放能量，输出功率，在整个周期内它没有能量的消耗，只有电源与电感元件间的能量互换。

3) 无功功率

为了衡量这种能量来回互换的情况，通常用无功功率 Q 来表述。

$$Q = UI = I^2 X_L = \frac{U^2}{X_L} \qquad (2-22)$$

式中，Q 为瞬时功率幅值，即电压有效值与电流有效值的乘积，它反映了能量互换的速率，其单位是乏（var）或千乏（kvar）。

与无功功率相对应，平均功率又称为有功功率。

[例 2-4] 已知一只 0.2H 的电感元件（忽略其电阻），接到频率为 50Hz、电压有效

值为 180V 的正弦电源上,求通过电感线圈的电流和无功功率是多少?若电源的频率改变为 1000Hz,求此时的线圈电流和无功功率。

解 当 $f=50$Hz 时:

$X_L = 2\pi fL = 2 \times 3.14 \times 50 \times 0.2 = 62.8(\Omega)$

$I = U/X_L = 180 \div 62.8 = 2.87(A)$

$Q = UI = 180 \times 2.87 = 516.6(\text{var})$

当 $f=1000$Hz 时:

$X_L = 2\pi fL = 2 \times 3.14 \times 1000 \times 0.2 = 1256(\Omega)$

$I = U/X_L = 180 \div 1256 = 0.143 = 143(\text{mA})$

$Q = UI = 180 \times 0.143 = 25.74(\text{var})$

三、电容元件的交流电路

1. 电容元件

电容元件又称为电容器(简称电容),它的品种和规格很多,但均由两块金属板(极板)间隔以不同的绝缘材料(介质)而制成。在两极板上所储集的电荷量 Q 与其上的电压 u 成正比,即

$$\frac{Q}{u} = C \tag{2-23}$$

式中,C 称为电容,是电容器的参数,它的单位是法拉(F)。法拉单位较大,在实际使用中常用微法(μF)、皮法(pF),它们之间的换算关系为

$$1F = 10^6 \mu F = 10^{12} pF$$

电容器的电磁特性是当极板间的电荷量 Q 或电压 u 发生变化时,在电路中就要引起电流。

2. 电容元件上电压和电流的关系

1) 电容元件上电压和电流的瞬时关系

图 2-10(a)所示是一电容元件交流电路,假设电流、电压参考方向如图所示,则得

$$i = \frac{dQ}{dt} = C\frac{du}{dt} \tag{2-24}$$

当电容器两端加恒定电压时,由式(2-24)可知,$i=0$,电容元件可视为开路。

当 $i = C\dfrac{du}{dt} > 0$ 时,为电容充电储能过程。

当 $i = C\dfrac{du}{dt} < 0$ 时,为电容放电释放能量的过程。

2) 电容元件上电压和电流的大小关系

若在电容器的两端加一正弦电压 $u = \sqrt{2}U\sin\omega t$ (2-25)

则 $i = C\dfrac{du}{dt} = \sqrt{2}U\omega C\cos\omega t = \sqrt{2}U\omega C\sin(\omega t + 90°)$ (2-26)

式中, $I_m = \omega C U_m$ 或 $U_m/I_m = U/I = 1/\omega C$ (2-27)

式(2-27)表示在电容元件的电路中,电压的幅值(或有效值)与电流的幅值(或有效值)

之比为 ωC 的倒数（即 $\dfrac{1}{\omega C}$），它的单位还是欧姆（Ω）。当电压 u 一定时，$\dfrac{1}{\omega C}$ 越大，则电流 i 越小，可见它对电流也起阻碍作用，因而也称为容抗，用 X_C 表示。

$$X_C = \dfrac{1}{\omega C} = \dfrac{1}{2\pi f C} \qquad (2-28)$$

容抗 X_C 与电容 C、频率 f 成反比。因此，对直流电路 X_C 趋向于无穷大，因此电容元件对直流有隔断作用，可视为开路状态。

3）电容元件上电流和电压之间的相位关系

对比 u、i 表达式可以看出：u、i 都是同频率的正弦量，在相位上 i 超前 u90°（即 $\phi=-90°$）。

3. 电容元件的功率

1）瞬时功率

在电容元件的正弦交流电路 [图 2-10（a）] 中，其瞬时功率 p 也是时刻变化的。

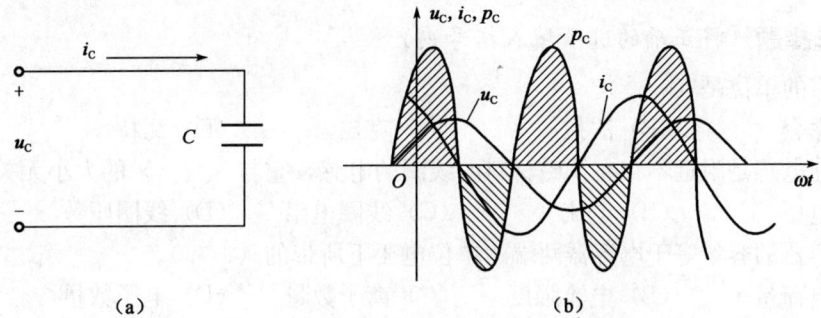

图 2-10 电容元件电压、电流和瞬时功率的关系
（a）电路图；（b）波形图

$$\begin{aligned}p &= i \cdot u = U_m I_m \sin\omega t \sin(\omega t + 90°) \\ &= \dfrac{U_m I_m}{2}\sin2\omega t = UI\sin2\omega t \end{aligned} \qquad (2-29)$$

表示电压、电流和瞬时功率 p 的波形如图 2-10（b）所示。

2）平均功率

电容元件的正弦交流电路的平均功率 P 为

$$P = \dfrac{1}{T}\int_0^T p\,dt = \dfrac{1}{T}\int_0^T UI\sin(2\omega t)\,dt = 0 \qquad (2-30)$$

式（2-30）表明，电容元件的正弦交流电路中，没有能量的消耗，与电源间不断地进行能量交换。

3）无功功率

电源与电容元件间的能量互换，是一个可逆的能量转换过程，通常用无功功率 Q 来衡量其能量互换的大小，即

$$Q = -UI = -I^2 X_C = -\dfrac{U^2}{X_C} \qquad (2-31)$$

与电感元件的正弦交流电路相比，电容元件的正弦交流电路中的无功功率，一般规定 Q 是负值，但其大小还是瞬时功率的幅值。

[例2-5] 将一只 20μF 的电容接到频率为 50Hz、电压有效值为 180V 的正弦电源上,求通过电容的电流和无功功率?若电源的频率改变为 1000Hz,求此时的电流和无功功率。

解 当 $f=50$Hz 时:

$X_C=1/2\pi fC=1\div 2\times 3.14\times 50\times (20\times 10^{-6})=159.2$(Ω)

$I=U/X_C=180\div 159.2=1.13$(A)

$Q=UI=180\times 1.13=203.4$(var)

当 f=1000Hz 时:

$X_C=1/2\pi fC=1\div 2\times 3.14\times 1000\times (20\times 10^{-6})=7.96$(Ω)

$I=U/X_C=180\div 7.96=22.6$(A)

$Q=UI=180\times 22=4068=4.068$(kvar)

练习与思考

一、**选择题**(将正确的选项填入括号内)

1. 电容的单位是( )。
(A) 库仑   (B) 法拉   (C) 克拉   (D) 瓦特

2. 线性电感是附近不存在铁磁材料的线圈的电感,它与( )的大小无关。
(A) 电压   (B) 电流   (C) 线圈电阻   (D) 线圈匝数

3. 电容器的容量等于电容器两端的单位电压下所带的( )。
(A) 电荷量   (B) 电流强度   (C) 离子数量   (D) 电子数量

4. 电感是通电线圈的磁通量与通过线圈的( )之比。
(A) 磁感强度   (B) 磁性大小   (C) 电流   (D) 电压

5. 楞次定律说明,当原磁通增加时,感应电流产生的通过回路的磁通方向与原磁通的方向( )。
(A) 相同   (B) 相反   (C) 垂直   (D) 无关

6. 电阻是( )的电器元件。
(A) 储能   (B) 供应电能   (C) 耗能   (D) 将非电能转换为电能

7. 能够储存电能的元件是( )。
(A) 电阻   (B) 变压器   (C) 电感   (D) 电容

8. 电感的单位是( ),用字母 H 表示。
(A) 法拉   (B) 伏特   (C) 亨利   (D) 欧姆

9. 电容器按容量能否改变分类可分为可变电容、( )。
(A) 瓷介电容   (B) 电解电容   (C) 云母电容   (D) 固定电容

10. 在纯电感电路中,加在电感线圈两端的电压超前电流( )。
(A) 90°   (B) 180°   (C) 270°   (D) 360°

11. 在交流电感电路中,感抗的大小与电感量成( )关系。
(A) 正比   (B) 对数   (C) 反比   (D) 指数

12. 在纯电感交流电路中,电感对电流的阻碍作用称为( )。

(A) 电阻　　　　(B) 感抗　　　　(C) 容抗　　　　(D) 阻抗

13. 纯电容电路中，电压和电流同频率时，电流相位比电压相位（　　）。
(A) 超前 90°　(B) 滞后 90°　(C) 超前 45°　(D) 滞后 45°

14. 在市电状态下，已知电容量为 0.1F，则电容的容抗值为（　　）。
(A) 3.14Ω　　　(B) 31.4Ω　　　(C) 1/3.14Ω　　　(D) 1/31.4Ω

15. 在纯电阻元件中，流过的电流与电压的关系是（　　）。
(A) 同频率、同相位　　　　　　(B) 同频率、不同相位
(C) 同频率、电流超前电压　　　(D) 同频率、电流滞后电压

二、判断题（正确的打"√"，错误的打"×"）

1. （　　）1 法拉（F）＝10^6 微法（μF）。
2. （　　）当线圈通过直流电流时，它相当于一个导线。
3. （　　）当线圈附近不存在铁磁材料，电感与电流的大小无关，此电感为线性电感。
4. （　　）电阻是产生电能，同时将电能转换成非电能的一种电路元件。
5. （　　）在交流电路中，电感对交流电的阻碍作用称为感抗。
6. （　　）电容具有充放电作用和隔交流通直流的作用。
7. （　　）500mH 的电感线圈，通以 50Hz 的交流电，其感抗约为 25Ω。
8. （　　）电容器是耗能元件。
9. （　　）1 亨利（H）＝10^3 毫亨（mH）

第三节　电阻、电感与电容串联的交流电路

一、电压与电流关系

图 2-11 所示是由电阻 R、电感 L 和电容 C 相互串联的正弦交流电路，这三个元件流过同一个电流 i。电流与各个电压的参考方向如图 2-11 所示。根据基尔霍夫电压定律可列出方程式。设电流

$$i = \sqrt{2}I\sin\omega t \quad (2-32)$$

$$u_R = RI_m\sin\omega t = U_{Rm}\sin\omega t \quad (2-33)$$

$$u_L = \omega L I_m \sin(\omega t + 90°) = U_{Lm}\sin(\omega t + 90°) \quad (2-34)$$

$$u_C = \frac{1}{\omega C}I_m\sin(\omega t - 90°) = U_{Cm}\sin(\omega t - 90°) \quad (2-35)$$

电阻元件上的电压 u_R 与电流 i 同相；电感元件上的电压 u_L 超前电流 i 90°；电容元件上的电压 u_C 滞后电流 i 90°。

$$u = u_R + u_L + u_C = iR + L\frac{di}{dt} + \frac{1}{C}\int i dt$$

$$u = \sqrt{2}IR\sin\omega t + \sqrt{2}I(\omega L)\sin(\omega t + 90°) + \sqrt{2}I(\frac{1}{\omega C})\sin(\omega t - 90°)$$

$$= U_m\sin(\omega t + \psi_u) \quad (2-36)$$

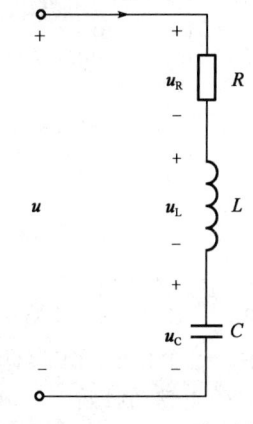

图 2-11　R、L、C 串联电路

1. 相量图

u_R、u_L、u_C 和电流 i 都是同频率的正弦量。同频率的正弦量相加仍等于同频率的正弦量,可以借助相量图求得 U_m 和 ψ,进而研究电阻 R、电感 L 和电容 C 相互串联的正弦交流电路电压与电流关系。

正弦量可用旋转有向线段表示,设正弦量 $u = U_m\sin(\omega t + \psi)$,若:有向线段长度=最大值 U_m,有向线段与横轴夹角等于初相位 ψ,有向线段以角速度 ω 按逆时针方向旋转,则:该旋转有向线段每一瞬时在纵轴上的投影即表示相应时刻正弦量的瞬时值,如图 2-12 所示。

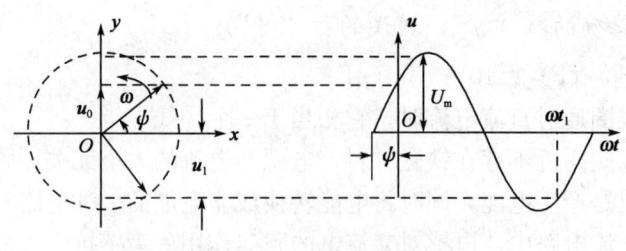

图 2-12 正弦电压和电流

旋转有向线段具有正弦量的三个特征,可以表示一个正弦量。把旋转有向线段表示在平面上的图形称为相量图。

2. 电压和电流的大小关系

相量图可以直观地表示各正弦量之间的相位关系,如图 2-13 所示。可以用相量图进行加减运算;只有同频率的正弦量画在同一相量图中。因此 u、u_R、u_L、u_C 和 i 可用相量图表示,从图 2-13 可以看出,$\dot{U}$、$\dot{U}_R$、$(\dot{U}_L + \dot{U}_C)$ 组成一个直角三角形,称为电压三角形。利用这个三角形,可求得电源电压的有效值 U,即

$$U = \sqrt{U_R^2 + (U_L - U_C)^2} = I\sqrt{R^2 + (X_L - X_C)^2}$$
$$= I\sqrt{R^2 + X^2} = I|Z|$$

或 $$|Z| = \frac{U}{I} = \sqrt{R^2 + (X_L - X_C)^2} \qquad (2-37)$$

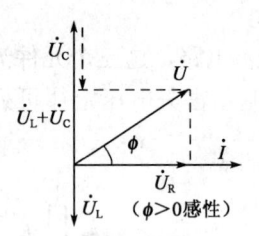

图 2-13 电压、电流相量图

式(3-37)表示了电阻、电感、电容元件串联的等效电阻,它的单位也是欧姆(Ω)。它对电流也起阻碍作用,称为阻抗模,用 $|Z|$ 表示,即

$$|Z| = \sqrt{R^2 + (X_L - X_C)^2} \qquad (2-38)$$

其中 $$R = |Z|\cos\phi$$
$$X = |Z|\sin\phi$$

可见,$|Z|$、R、$(X_L - X_C)$ 三者之间的关系也可用一个直角三角形来表示,如图 2-14 所示。这个直角三角形称为阻抗三角形。

3. 电路的性质

电源电压 u 和电流 i 之间的相位差 ϕ 可从图 2-14 所示的电压三角形中求得,即

$$\phi = \arctan\frac{U_L - U_C}{R} = \arctan\frac{X_L - X_C}{R}$$

(2-39)

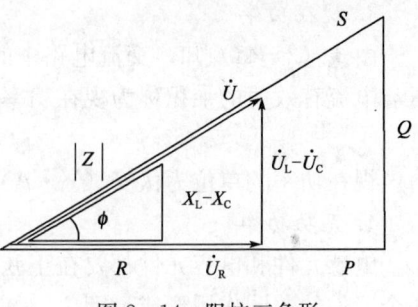

图 2-14 阻抗三角形

从式（2-39）可以得知，当频率一定时，ϕ 的大小是由电路负载的参数决定的，随着电路的参数不同，ϕ 也就不同。也就是说电流与电压是超前还是滞后，由电路参数决定。

(1) 若 $X_L > X_C$，则 $\phi > 0$，此时电压超前电流 ϕ 角，电路呈电感性；当 $0 < \phi < 90°$ 时，电路可视为电阻、电感负载，相量图如图 2-15（a）所示；当 $\phi = 90°$ 时，电路可视为纯电感负载。

(2) 若 $X_L < X_C$，则 $\phi < 0$，此时电压滞后电流 ϕ 角，电路呈电容性；当 $0 > \phi > -90°$ 时，电路可视为电阻、电容负载，相量图如图 2-15（b）所示；当 $\phi = -90°$ 时，电路可视为纯电容负载。

(3) 若 $X_L = X_C$，则 $\phi = 0$，此时电压与电流同相位，电路呈电阻性，相量图如图 2-15（c）所示。

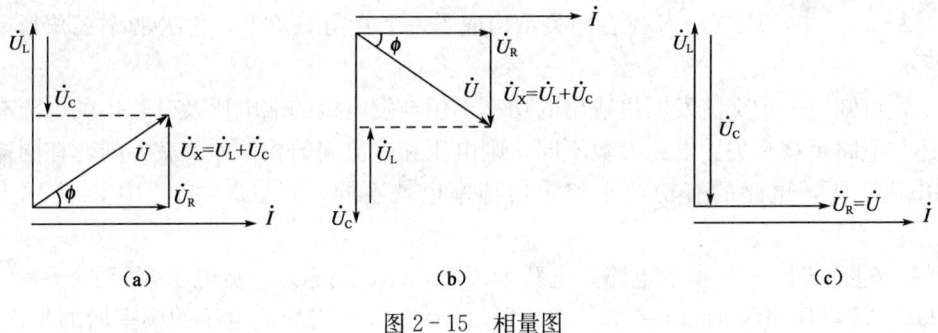

图 2-15 相量图

二、功率关系

1. 瞬时功率

在电阻、电感与电容元件串联的正弦交流电路中，瞬时功率 p 可由下式计算求得，即

$$p = u \cdot i = U_m \sin(\omega t + \phi) \cdot I_m \sin\omega t = U_m I_m \left[\frac{1}{2}\cos\phi - \frac{1}{2}UI\cos(2\omega t + \varphi)\right]$$
$$= UI[\cos\phi - \cos(2\omega t + \phi)]$$

2. 有功功率

有功功率（平均功率）P 为

$$P = \frac{1}{T}\int_0^T p\,dt = \frac{1}{T}\int_0^T [UI\cos\phi - UI\cos(2\omega t + \phi)]dt$$
$$= UI\cos\phi$$

(2-40)

从电压三角形关系可得

$$U\cos\phi = U_R = IR$$

则
$$P = UI\cos\phi = U_R I = I^2 R$$

(2-41)

3. 视在功率

由式（2-41）知，交流电路中的平均功率一般不等于电压与电流有效值的乘积，把电压与电流有效值的乘积称为视在功率，用 S 表示，即

$$S = UI = |Z|I^2 \tag{2-42}$$

视在功率的单位为伏安（V·A）或千伏安（kV·A）。

4. 无功功率

电感元件和电容元件都要在正弦交流电路中进行能量的互换，相应的无功功率 Q 为这两个元件的共同作用形成，即

$$Q = U_L I - U_C I = (U_L - U_C)I = I^2(X_L - X_C) = UI\sin\phi \tag{2-43}$$

5. P（有功功率）、S（视在功率）和 Q（无功功率）三者之间的关系

P（有功功率）、S（视在功率）和 Q（无功功率）在交流电路中代表不同的意义，但三者之间有一定的联系，其关系为

$$\left.\begin{array}{l} P = UI\cos\phi \\ Q = UI\sin\phi \\ S = \sqrt{P^2 + Q^2} \end{array}\right\} \tag{2-44}$$

式（2-44）中，P、Q、S 三者的关系构成了一个直角三角形，称为功率三角形，如图 2-14 所示。

由上述可知，一个交流发电机输出的功率不仅与发电机的端电压及其输出的电流有效值有关，还与电路负载有关。电路参数不同，则电压和电流间的相位差 ϕ 就不同，在同样的电压 U 和电流 I 下，电路的有功功率和无功功率也就不同，式（2-41）中 $\cos\phi$ 称为功率因数。

[例 2-6] 图 2-16 所示电路，电感为理想元件，当输入直流电压 6V 时，$I=2A$；当 u 为 50Hz 交流电压 10V 时，$I=2A$。求：(1) $L=?$ (2) 当交流电压的频率增加 1 倍时，I 为多少？

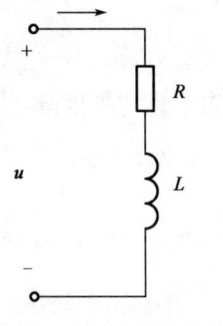

图 2-16 R、L 串联电路

解 当输入直流电压时，L 可视为短路，此时可求得电阻值为

$R = U/I = 6 \div 2 = 3$（Ω），

当 u 为交流电压时 L 可视为短路，此时可求得电路阻抗模为

$|Z| = U/I = 10 \div 2 = 5$（Ω）

$|Z| = \sqrt{R^2 + X_L^2}$

得 $X_L = \omega L = 4$（Ω）

则 $L = 4 \div 314 = 0.0127 = 12.7$（mH）

当频率增加 1 倍，即 $f = 100$Hz 时，$X_L = \omega L = 8$（Ω）

则 $|Z| = \sqrt{R^2 + X_L^2} = \sqrt{3^2 + 8^2} = 8.544$（Ω）

所以此时的电流有效值 I 为

$I = U/|Z| = 10 \div 8.554 = 1.17$（A）

[例 2-7] 图 2-11 所示 R、L、C 串联电路，已知 $R = 20Ω$，$L = 100$mH，$C = 40\mu F$，

电源电压 $u=311\sin(314t+30°)$ V。求（1）：电流的瞬时值 i 及有效值 I；（2）求各部分电压的瞬时值及有效值；（3）求 P 和 Q。

解 求电路的阻抗：

$X_L=\omega L=314\times 100\times 10^{-2}=31.4$ （Ω）

$X_C=1/\omega C=314\times 40\times 10^{-6}=80$ （Ω）

$|Z|=\sqrt{20^2+48.6^2}=52.5$ （Ω） 则 $I=U/|Z|=220\div 52.5=4.2$ （A）

$\phi=\arctan\dfrac{X_L-X_C}{R}=\arctan\dfrac{31.4-80}{20}=-67.6°$

$i=4.2\sqrt{2}\sin(314t+30°+67.6°)=5.94\sin(314t+97.6°)$ （A）

电阻上的电压与流过的电流同相，则为

$U_R=RI=20\times 4.2=84$ （V）

$u_R=84\sqrt{2}\sin(314t+97.6°)$ （V）

电感上的电压超前流过的电流 90°，则为

$U_L=X_L I=31.4\times 4.2=131.9$ （V）

$u_L=131.9\sqrt{2}\sin(314t+97.6°+90°)=186.5\sin(314t+187.6°)$ （V）

电容上的电压滞后流过的电流 90°，则为

$U_C=X_C I=80\times 4.2=336$ （V）

$U_C=336\sqrt{2}\sin(314t+97.6°-90°)=475\sin(314t+7.6°)$ （V）

有功功率 P、无功功率 Q 分别为

$P=UI\cos\phi=220\times 4.2\times\cos(-67.6°)=352$ （W）

$Q=UI\sin\phi=220\times 4.2\times\sin(-67.6°)=-854$ （var）

练习与思考

一、判断题（正确的打"√"，错误的打"×"）

1.（ ）正弦交流电可用相量图表示。
2.（ ）在正弦交流电的波形图中，可以看出交流电的最大值、初相位和周期。
3.（ ）在交流电路中，电流和电压的最大值的乘积称为视在功率。
4.（ ）视在功率的单位为 V·A 或 kV·A。

二、问答题

R、L 串联电路，R、C 串联电路，R、L、C 串联电路的电压和电流的大小关系、相位关系和功率关系？

第四节 电路的谐振

在具有电感和电容元件的交流电路中，一般情况下电流与电压是不同相位的，如果相位相同了，该电路就会发生谐振。所以简单讲谐振发生的条件是：在具有电感和电容元件的交

流电路中,电流与电压相位相同。

电路的谐振现象,有时在生产中要利用;有时又要预防它对电路所产生的危害。因此,充分了解谐振现象的特征是很必要的。按发生谐振的电路不同,谐振分为串联谐振和并联谐振两种

一、串联谐振

如图 2-11 所示的 R、L、C 串联电路中,当 $X_L = X_C$ 时,电源电压与电流同相,发生谐振现象。因是发生在串联电路中的,因此称为串联谐振。此时电路的频率称为谐振频率,用 f_0 表示。

$X_L = X_C$ 是发生串联谐振的条件,其谐振频率为

$$2\pi f_0 L = \frac{1}{2\pi f_0 C}$$

$$f = f_0 = \frac{1}{2\pi \sqrt{LC}} \tag{2-45}$$

从式(2-45)可知,电路发生谐振是通过改变电路的频率和电路的参数来实现的。

电路发生串联谐振时具有以下几个特征:

(1) 电路的阻抗模最小,电流达到最大。

$$|Z| = \sqrt{R^2 + (X_L - X_C)^2} = \sqrt{R^2 + (\omega L - 1/\omega C)^2} = R \tag{2-46}$$

因此,在电源电压 U 不变的情况下,电路中的电流将达到最大,即 $I = I_0 = U/|Z| = U/R$。

图 2-17 所示为阻抗和电流随频率变化的曲线。

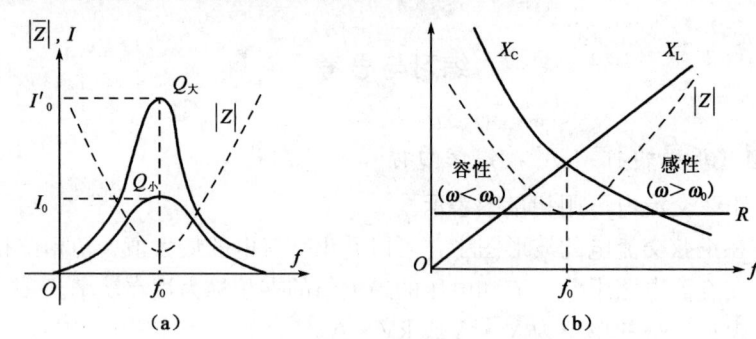

图 2-17 阻抗和电流随频率变化曲线

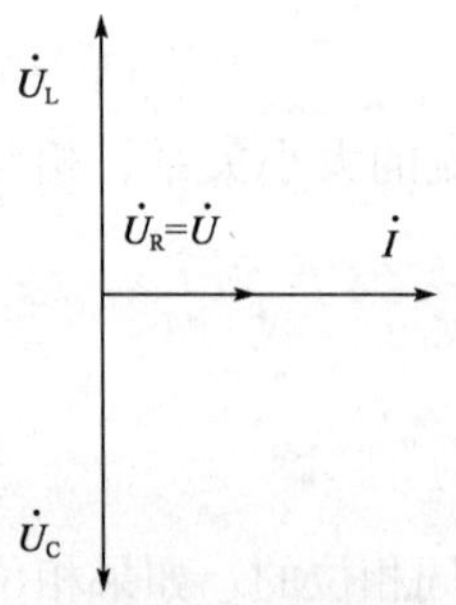

(2) 电路对电源呈电阻性。

由于电源电压与电路中的电流同相($\phi = 0$),其相量图如图 2-18 所示,因此电路呈电阻性,电源供给的电能全部被电阻消耗,电源与电路之间不发生能量的互换,能量的互换只发生在 L 和 C 之间。

(3) $\dot{U}_L = \dot{U}_C$ 且相位相反,相互抵消,对整个电路不起作用,即 $\dot{U} = \dot{U}_R$,如图 2-18 所示。但 $\dot{U}_L$ 和 $\dot{U}_C$ 的单独作用不可忽视,因为

$$U_L = X_L I_0$$

图 2-18 相量图

$$U_C = X_C I_0 \qquad (2-47)$$

当 $X_L = X_C \gg R$ 时，电感和电容元件的两端电压都高于电源电压，甚至可能超过许多倍，因此串联谐振又称为电压谐振。

U_L 和 U_C 与电源电压 U 的比值，通常用 Q 表示，即

$$Q = \frac{U_L}{U} = \frac{U_C}{U} = \frac{\omega_0 L}{R} = \frac{1}{\omega_0 CR} \qquad (2-48)$$

Q 称为电路的品质因数，或简称 Q 值。它表示在发生谐振时，电容或电感元件上的电压是电源电压的 Q 倍。

串联谐振在无线电中应用较多，如在收音机中被用来选择频道。

二、并联谐振

谐振发生在并联电路中，所以称为并联谐振。

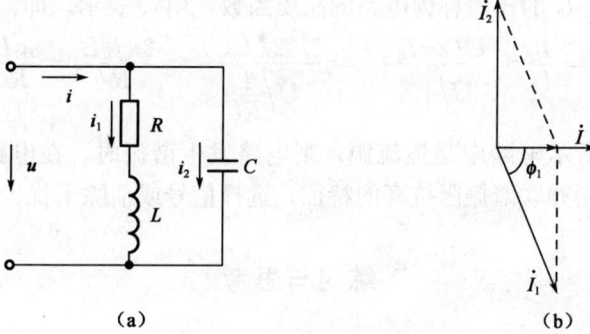

图 2-19 并联谐振电路
(a) 电路图；(b) 相量图

如图 2-19（a）所示是 R、L 与 C 并联的电路，并联电路发生谐振的条件为

$$X_L = X_C$$
$$\omega C = 1/\omega L \qquad (2-49)$$

由此可得谐振频率 f_0 为

$$f = f_0 = \frac{1}{2\pi\sqrt{LC}} \qquad (2-50)$$

与串联谐振频率近似相等。

电路发生并联谐振时具有以下几个特征：

(1) 电路的阻抗模达到最大值，电流为最小值。

$$|Z_0| = \frac{L}{RC} \qquad (2-51)$$

在电源电压一定的情况下，电路的电流 I 在谐振时最小，即

$$I = I_0 = \frac{U}{L/RC} = \frac{U}{|Z_0|} \qquad (2-52)$$

(2) 电路对电源呈电阻性。

由于电源电压与电路中的电流同相（$\phi=0$），所以，电路对电源呈电阻性。$|Z_0|$相当于一个电阻。

(3) 并联谐振又称电流谐振，其并联支路电流远远高于总电流。

并联谐振时，各支路电流为

$$I_L = \frac{U}{\sqrt{R^2 + (2\pi f_0 L)^2}} \approx \frac{U}{2\pi f_0 L}$$

$$I_C = \frac{U}{\dfrac{1}{2\pi f_0 C}} = U \cdot 2\pi f_0 C$$

$$I_1 \approx I_C = QI_0 \gg I_0$$

I_L 或 I_C 与总电流 I_0 的比值称为电路的品质因数，用 Q 表示，即

$$Q = \frac{I_C}{I_0} = \frac{U(2\pi f_0 C)}{U/|Z_0|} = \frac{U(2\pi f_0 C)}{U\dfrac{L}{RC}} = \frac{2\pi f_0 L}{R} = \frac{\omega_0 L}{R} \tag{2-53}$$

(4) 若图 2-19 所示电路中是恒流源，则电路发生谐振时，在电路两端产生较大的电压。实际应用中常利用并联谐振阻抗高的特征，选择信号或消除干扰。

练习与思考

1. 简述串联谐振发生的条件及特征。
2. 简述并联谐振发生的条件及特征。

第五节 功率因数的提高

由于交流电路中，电压和电流之间有相位差 ϕ，因此有功功率 P 不等于电压有效值和电流有效值的乘积，为 $P = UI\cos\phi$，当电压和电流同相位（$\phi=0$）时，$\cos\phi=1$，$P=UI$。$\cos\phi$ 是电路的功率因数。$\cos\phi$ 的大小由电路的参数决定，对纯电阻负载电路，电压和电流同相位 $\phi=0$，$\cos\phi=1$，其他负载电路，电压和电流不同相，$\cos\phi$ 介于 $0\sim1$。

电路功率因数过低，会引起两个方面不良后果：一是发电设备的容量不能充分利用；二是线路损耗增加。

发电设备输出的有功功率 $P = U_N I_N \cos\phi$。显然，发电设备在保证其输出的电压和电流不超过其额定值的情况下，$\cos\phi$ 越低，发电设备输出的有功功率就越小，相应的其无功功率就越大，在电路中负载与发电设备的能量互换的规模增大，则设备容量利用不充分。

例如，一台 25000kV·A 的发电机，若电路的 $\cos\phi=1$，则发电机能输出 25000kW 的有功功率，若 $\cos\phi$ 下降至 0.6 时，其最多只能输出 15000kW。

当负载的有功功率 P 和电压 U 一定时，线路中的电流增大，该电流为 $I = \dfrac{P}{U\cos\phi}$。可

见 cosφ 越小，则线路中电流 I 就越大，消耗在输电线路和设备上的功率损耗就越大；反之，提高功率因数会大大降低线路损耗。因此，提高功率因数是有很大的经济意义。

我国供电规则中要求，高压供电企业的功率因数不低于 0.95，其他用电单位不低于 0.9。

要提高功率因数 cosφ 的值，必须尽可能减小阻抗角 ϕ，常用的方法是在电感性负载端并联电容，如图 2-20 所示。该电容称为（功率）补偿电容。

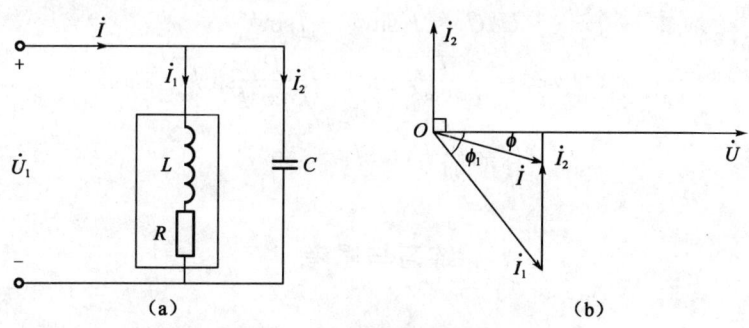

图 2-20 提高功率因数电路
(a) 电路图；(b) 相量图

(1) 提高功率因数的原则：必须保证原负载的工作状态不变，即加至负载上的电压和负载的有功功率不变。

(2) 提高功率因数的措施：在感性负载两端并电容。

下面通过一个例子说明。

[例 2-8] 若已知感性负载的功率 $P=100$W，功率因数 cosφ=0.6，接到 $U=100$V、$f=50$Hz 的交流电源上，要将功率因数提高到 0.9，求并接电容器的电容值。

解 (1) 电容并接前：

$$I_1 = \frac{P}{U\cos\phi_1} = \frac{100}{100 \times 0.6} = 1.667(\text{A})$$

电流 I_1 落后电压 U 的角度 $\phi_1=52.12°$（cosφ=0.6，φ=52.12°）。

(2) 电容并接后，流过电感负载的电流、负载吸收的有功功率 P 和无功功率 Q 都没有变化，而流过电容的电流将比电压超前 90°。图 2-20(b) 所示为电路中电流和电压的相量图。

根据电容并接前后 P 相等，可得

$$UI_1\cos\phi_1 = UI\cos\phi$$

故并联后的电路总电流 I 为

$$I = UI_1\cos\phi_1/U\cos\phi = 0.6 \times 1.667 \div 0.9 = 1.11 \text{ (A)}$$

$$I_2 = I_1\sin\phi_1 - I\sin\phi = 1.667 \times \sin53.13° - 1.11\sin25.84° = 0.85(\text{A})$$

根据相量图，I_2 可由下式求得，即

$$I_2 = \frac{U}{X_C} = U\omega C \Rightarrow C = \frac{I_2}{\omega U}$$

$$C = 0.85/2 \times 3.14 \times 50 \times 100 = 27 \times 10^{-6} \text{ (F)} = 27 \text{ }(\mu F)$$

并联电容值可由下式直接计算，即

$$C = \frac{P}{\omega U^2}(\tan\phi_1 - \tan\phi) \qquad (2-54)$$

对式（2-54）证明如下：

$$I_C = I_1 \sin\phi_1 - I\sin\phi$$

$$U\omega C = I_1 \sin\phi_1 - I\sin\phi$$

$$U\omega C = \frac{P}{U\cos\phi_1}\sin\phi_1 - \frac{P}{U\cos\phi}\sin\phi$$

$$C = \frac{P}{\omega U^2}(\tan\phi_1 - \tan\phi)$$

练习与思考

一、选择题（将正确的选项填入括号内）

提高电网的功率因数是为了（　　）。

（A）增大视在功率　　　　（B）减小有功功率

（C）提高有功功率　　　　（D）增大无功电能消耗

二、判断题（正确的打"√"，错误的打"×"）

1.（　　）提高电路的功率因数，可以延长电气设备的使用寿命。

2.（　　）在感性负载两端并联电容器就能提高电路的功率因数。

3.（　　）提高企业用电的功率因数可使企业节约电能。

三、问答题

1. 简述提高功率因数的意义。

2. 当电路呈电感性负载时，$(X_L - X_C) > 0$，如何提高功率因数？当电路呈电容性负载时，$(X_L - X_C) < 0$，如何提高功率因数？

习　题

1. 交流电完成一个循环变化所用的时间称为（　　）。

（A）幅度　　　（B）频率　　　（C）速度　　　（D）周期

2. 工业交流电的电压是随时间做（　　）规律变化的。

（A）无　　　（B）余切　　　（C）正切　　　（D）正弦

3. 单位时间内交流电重复变化的（　　）称为频率。

（A）幅度　　　（B）时间　　　（C）速度　　　（D）周期性

4. 频率或（　　）是用来衡量交流电变化快慢的物理量。

（A）时间　　　（B）速度　　　（C）振幅　　　（D）周期

5. 我国工业用电频率定为 50Hz，是指交流电做周期性变化的速度为（　　）。
(A) 每分钟 50 周　　(B) 每秒钟 20 周　　(C) 每秒钟 50 周　　(D) 每小时 50 周

6. 电容对交流的阻碍作用称为容抗。容抗的大小与交流电频率呈（　　）关系。
(A) 正比　　　　　(B) 对数　　　　　(C) 反比　　　　　(D) 指数

7. 电容器具有（　　）直流和分离各种交流频率的能力。
(A) 通过　　　　　(B) 隔离　　　　　(C) 耦合　　　　　(D) 转换

8. 纯电感电路中，电压和电流同频率时，电压相位比电流相位（　　）。
(A) 超前 90°　　　(B) 滞后 90°　　　(C) 超前 45°　　　(D) 滞后 45°

9. 感抗的计算公式为（　　）。
(A) $X_L = 2\pi fL$　　(B) $X_L = 2\pi fC$　　(C) $X_L = \pi fL$　　(D) $X_L = 1/2\pi fL$

10. （　　）我国工频交流电的频率规定为 60Hz。

11. （　　）交流电的周期和频率都是衡量交流电幅度大小的物理量。

12. （　　）正弦交流电的三要素是指交流电的瞬时值、角频率和初相角。

13. （　　）交流电的周期和频率互为倒数关系。

14. （　　）交变电流的有效值就是在热效应方面和它相当的直流值。

15. （　　）电感的单位是亨利，用字母 H 表示。

16. （　　）电容对交流电压或电流的阻碍作用称为阻抗。

17. （　　）电感线圈电感量的大小取决于线圈的结构。

18. （　　）在纯电感电路中，加在电感线圈两端的电压与电流的相位差为 180°。

19. （　　）电容器的容量单位是亨利（H）。

20. （　　）电容器并联后的容量是各个电容器容量之和。

21. 已知一个电阻的阻值为 10Ω，其两端的电压为 $u = 31.1\sin(\omega t - 90°)$ V，求：(1) 流过电阻的电流瞬时值及有效值；(2) 电阻上消耗的功率 P。

22. 图 2-21 所示为 $\omega t = 30°$ 时电压和电流的相量图，已知 $U = 100$V，$I_1 = 8$A，$I_2 = 16$A，试分别用三角函数式表示各正弦量。

23. 在图 2-22 所示电路中，线圈的电阻忽略不计，当输入 8V 直流电压时，流过线圈的电流为 2A；当输入 10V 交流电压时（$f = 50$Hz），流过线圈的电流还是 2A。问：(1) 线圈的电感量 L 为多少？(2) 若频率提高为 $f = 100$Hz，此时流过线圈的电流为多少？

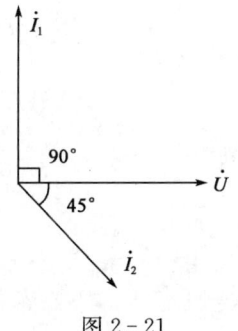

图 2-21

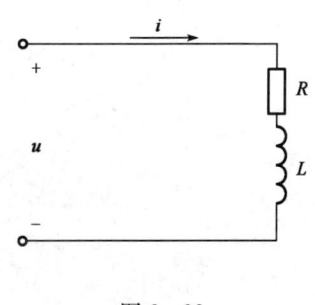

图 2-22

24. 一个 220V、100W 灯泡接在 $u=220\sqrt{2}\sin(314t+60°)$ V 的电源上,求灯泡的电流,并画出电压和电流相量图。

25. 将线圈接在电压 $u=100\sqrt{2}\sin(\phi+45°)$ V 的电源上,已知线圈仅有电感,其值为 20mH。求:(1) 当 $\omega=314$rad/s 时,求线圈中的电流;(2) 当 $\omega=500$rad/s 时,求线圈中的电流值及与电压的相位差。

26. 电阻电容串联电路,已知:$R=20\Omega$,$C=80\mu F$,电源电压 $U=200$V、$f=50$Hz。求:(1) 电路中电流的大小,并做电压、电流相量图;(2) P、Q 和 S。

27. 图 2-22 所示电阻电感串联电路,已知功率因数为 0.555、$R=4\Omega$、$X_L=6\Omega$,接在有效值为 10V 的交流电源上,欲使功率因数提高到 0.9,需并接多大的电容?

第三章 三相交流电路

电力系统所采用的供电方式，绝大多数是采用三相制，即由三个同频率、同幅值、初始相位依次相差120°的正弦电压源按一定方式连接而成的对称电源向用电设备供电。

三相制供电比单相制供电的优越性：

在发电方面：三相交流发电机比相同尺寸的单相交流发电机容量大。

在输电方面：如果以同样电压将同样大小的功率输送到同样距离，三相输电线比单相输电线节省材料。

在用电设备方面：三相交流电动机比单相电动机结构简单、体积小、运行特性好。

因此，三相制是目前世界各国的主要供电方式。

工程中，三相电路中负载的连接主要有两种形式：星形连接和三角形连接。本章主要介绍这两种负载连接的三相电路中电压和电流之间的关系，讨论功率的问题。

第一节 三相电压

一、三相电压的产生

三相电压是三相交流发电机输出的电压，图3-1是三相交流发电机的原理，它的组成部分主要是电枢和磁极。

电枢是固定的，所以也称定子。定子铁心的内表面冲有槽，用来嵌放三相电枢绕组。每相绕组结构一样，如图3-2所示，每相绕组始末端彼此间隔120°。习惯上，绕组的起始端标以 U_1、V_1、W_1，对应的末端标以 U_2、V_2、W_2。

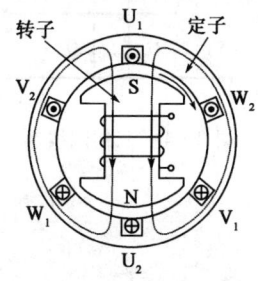

图3-1 三相交流发电机示意图

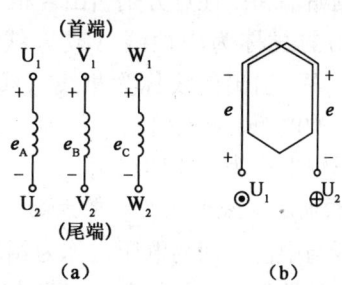

图3-2 三相绕组示意图

磁极是转动的，所以也称转子。转子铁心表面绕有线圈，用作直流励磁，称为励磁绕组。定子与转子间有一定的间隙，若其极面的形状和励磁绕组的布置恰当，可使气隙中磁感应强度按正弦规律分布。

当转子以均匀的速度顺时针转动时,则在每相绕组中产生频率相同、幅值相等的正弦电动势 e_1、e_2、e_3,参考方向选定为由末端指向始端,如图 3-2(a)所示。

由图 3-1 可见,当 N 极的轴线转到 U_2 处时,U 相的电动势达到正幅值;经过 120°后 N 极的轴线转到 V_2 处时,V 相的电动势达到正幅值;在经过 120°,N 极的轴线转到 W_2 处时,W 相的电动势达到正幅值。所以,e_1 超前 e_2 120°,e_2 超前 e_3 120°,e_1 超前 e_3 240°(或 e_1 滞后 e_3 120°),这个过程是一个连续的过程。以 U 相为参考,则

$$\left.\begin{array}{l} e_1 = E_m \sin\omega t \\ e_2 = E_m \sin(\omega t - 120°) \\ e_3 = E_m \sin(\omega t + 120°) \end{array}\right\} \quad (3-1)$$

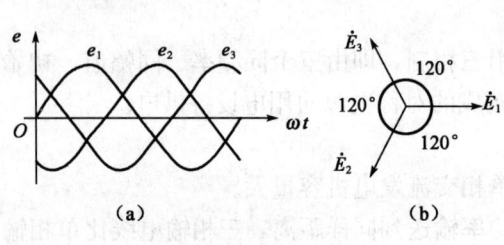

图 3-3 三轴电动势
(a)波形图;(b)相量图

三相电动势用相量图和正弦波形表示,如图 3-3 所示。

三相交流电出现正幅值的顺序称为相序。相序为;U→V→W 称为正序,相序为 U→W→V 称为逆序。通常无特殊说明,三相电源为正序。

三相电动势的幅值相等,频率相同,彼此间的相位差也相等。这种电动势称为三相对称电动势。它们的瞬时值(或相量的和)为零,即

$$e_1 + e_2 + e_3 = 0$$

二、电源的星形(Y)连接

下面学习三相电路的几个重要概念。

1. 三相四线制

若将三相绕组的末端连在一起,如图 3-4 所示,这种连接方法称为电源的星形连接。其中,连接点称为中性点(或零点),这样可从三个绕组的始端和中性点分别引出 4 根导线,从中性点引出的线称为中性线(或零线),从始端 U_1、V_1、W_1 引出的线称为相线(或火线)。共有三相对称电源、4 根引出线,因此这种电源连接方式习惯上称为三相四线制。

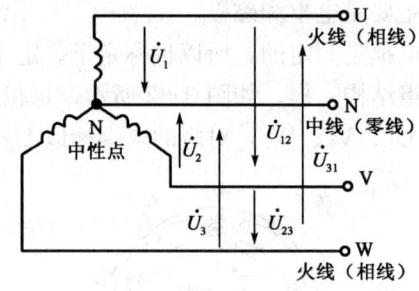

图 3-4 三相四线制

2. 相电压、线电压及参考方向

相线与中性线间的电压,称为相电压,即每相绕组的始端与末端间的电压,可表示为

$$\left.\begin{array}{l} u_1 = \sqrt{2} U_P \sin\omega t \\ u_2 = \sqrt{2} U_P \sin(\omega t - 120°) \\ u_3 = \sqrt{2} U_P \sin(\omega t + 120°) \end{array}\right\} \quad (3-2)$$

其有效值用 U_1、U_2、U_3 表示（或用 U_P 表示）。

任意两根相线间的电压，称为线电压，即绕组始端间的电压，其有效值用 U_{12}、U_{23}、U_{31} 等表示（或用 U_L 表示）。

在图 3-4 中，选定中性点为参考电位，所以相电压的参考方向为绕组的始端指向末端（中性点）。

线电压的参考方向是用双下标来表示的，如 U_{12} 表示自 U_1 端指向 V_1 端。

各相电动势的参考方向如前所述，是自绕组的末端指向始端的。

3. 相电压与线电压的关系

三相电源星形连接时，相电压 U_P 显然不等于线电压 U_L。在图 3-4 中，U、V 间线电压的瞬时值等于 U 相和 V 相电压之差，即

$$\left.\begin{aligned} u_{12} &= u_1 - u_2 \\ u_{23} &= u_2 - u_3 \\ u_{31} &= u_3 - u_1 \end{aligned}\right\} \quad (3-3)$$

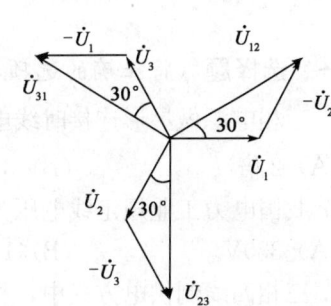

用相量图表示，如图 3-5 所示。

先做出相量 $\dot{U}_1$、$\dot{U}_2$、$\dot{U}_3$，再做出 $\dot{U}_{12}$、$\dot{U}_{23}$、$\dot{U}_{31}$。可见，线电压和相电压一样也是对称的。所以，线电压与相电压的关系为：

图 3-5 三相电源星形连接相量图

(1) 线电压大小是相电压 $\sqrt{3}$ 倍，即

$$U_L = \sqrt{3} U_P \quad (3-4)$$

(2) 线电压超前对应的相电压 30°。

$$\left.\begin{aligned} u_{12} &= \sqrt{3}\sqrt{2} U_P \sin(\omega t + 30°) \\ u_{23} &= \sqrt{3}\sqrt{2} U_P \sin(\omega t - 90°) \\ u_{31} &= \sqrt{3}\sqrt{2} U_P \sin(\omega t + 150°) \end{aligned}\right\} \quad (3-5)$$

需要指出的是，在电力系统中，当发电机、变压器的绕组连接成星形时，不一定都要引出中性线，引出中性线就可以向负载提供两种等级的电压（相电压、线电压），其目的是为了满足用电负载的需要；当三相电源连接成星形，不引出中性线这种供电方式称为三相三线制，负载只能使用线电压，如图 3-6 所示。

三、电源的三角形（△）连接

将三相绕组的相头和相尾依次连接在一起，即 U 接 W，V 接 U，W 接 V，称为三角形连接，如图 6-7（a）所示。这时从三个连接点分别引出的 3 根端线 U、V、W 就是火线，显然三角形连接时，供电方式是三相三线制，负载只能使用线电压，线电压等于相对应相的相电压，即 $\dot{U}_{WV} = \dot{U}_W$，$\dot{U}_{UV} = \dot{U}_U$，$\dot{U}_{VW} = \dot{U}_V$。

由于对称三相电压的相量和等于零[图 6-7（b）相量图]，因此不接负载时，三相线圈组成的闭合回路中不会有电流。

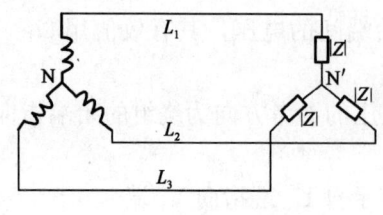 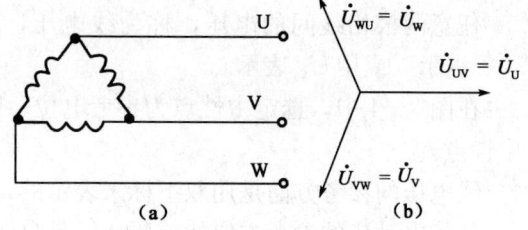

图 3-6 三相三线制　　　　　图 6-7 三相电源三角形连接
　　　　　　　　　　　　　　(a) 三角形连接；(b) 相量图

练习与思考

一、选择题（将正确的选项填入括号内）

1. 三相电源做星形连接时线电压是相电压的（　　）。
(A) 2 倍　　　　(B) 3 倍　　　　(C) $\sqrt{2}$ 倍　　　　(D) $\sqrt{3}$ 倍

2. 我国电力工业规定线电压为（　　），相电压为 220V。
(A) 380V　　　(B) 110V　　　(C) 220V　　　(D) 36V

3. 三相四线制供电方式中，相线俗称（　　）。
(A) 中性线　　　(B) 地线　　　(C) 火线　　　(D) 零线

4. 交流电的传输通常采用（　　）。
(A) 两相制　　　(B) 三相三线制　　　(C) 三相四线制　　　(D) 四相三线制

5. 工频电的有效值为 220V，其最大值约为（　　）。
(A) 220V　　　(B) 156V　　　(C) 311V　　　(D) 380V

二、判断题（正确的打"√"，错误的打"×"）

1. （　　）当三相电源采用星形连接时，线电流和相电流是相等的。
2. （　　）在电源星形连接中，线电压等于相电压的 3 倍。
3. （　　）发电机是把机械能转换为电能的一种装置。

三、问答题

1. 什么是三相四线制、三相三线制？
2. 简述三相电源星形连接时线电压和相电压的关系。
3. 三相电源星形连接时，已知：$u_1 = U_m \sin(\omega t - 30°)$ V，请写出 u_2 和 u_3 表达式，并做出它们的相量图。
4. 三相电源星形连接时，已知：$u_1 = U_m \sin(\omega t - 30°)$ V，请写出 u_2 和 u_3 表达式，并做出它们的相量图。

第二节　负载星形连接的三相电路

负载星形连接的三相电路多为三相四线制电路。

图 3-7 所示电路为一个三相四线制电路，设其线电压为 380V，电路中各负载按其额定

电压的要求连接。如电路中,通常电灯的额定电压为220V,则连接在相电压上;三相电动机的额定电压为380V,则连接在线电压上。

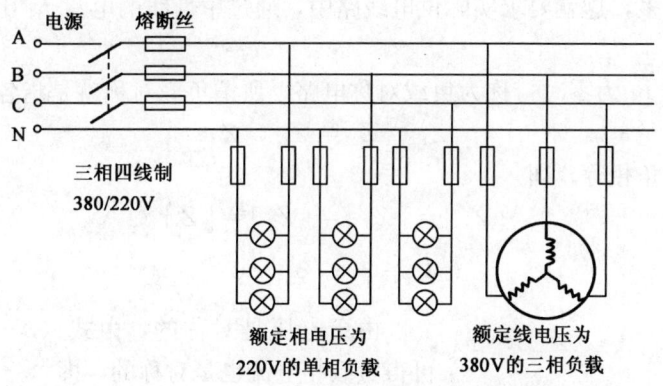

图 3-7 负载星形连接的三相四线制电路

负载星形连接的三相四线制电路在进行电路分析与计算时,通常采用图3-8所示的形式。电压和电流的参考方向也已在图中标出。

三相电路中,电压有相电压和线电压两种,同样,电流也分为相电流和线电流。每相负载中的电流称为相电流,用 I_P 表示;每根相线中的电流称为线电流,用 I_L 表示。

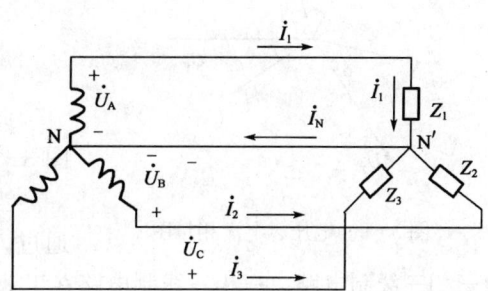

图 3-8 负载星形连接电路

从图3-8所示电路可知,在负载为星形连接时,相电流就是线电流,即有

$$I_L = I_P \tag{3-6}$$

对三相电路应该一相一相地计算,每相负载中电流的有效值分别为

$$\left. \begin{array}{l} I_1 = \dfrac{U_1}{|Z_1|} \\ I_2 = \dfrac{U_2}{|Z_2|} \\ I_3 = \dfrac{U_3}{|Z_3|} \end{array} \right\} \tag{3-7}$$

$|Z_1|$、$|Z_2|$、$|Z_3|$ 分别为每相的阻抗模。

各相负载的电压与电流的相位差分别为

$$\left. \begin{array}{l} \phi_1 = \arctan \dfrac{X_{L1} - X_{C1}}{R_1} \\ \phi_2 = \arctan \dfrac{X_{L2} - X_{C2}}{R_2} \\ \phi_3 = \arctan \dfrac{X_{L3} - X_{C3}}{R_3} \end{array} \right\} \tag{3-8}$$

中性线上的电流,可应用基尔霍夫电流定律得到,即

$$\dot{I}_N = \dot{I}_1 + \dot{I}_2 + \dot{I}_3 \tag{3-9}$$

电力系统中三相四线制线路是由3根相线和1根中性线构成的输电网,通常中性线(零线)比相线要细得多,这就要求实际供电线路中,通过中性线的电流 I_N 比相线的电流 I_P 小得多。

中性线的电流 I_N 为零时,称为负载对称电路。所谓负载对称就是指各相阻抗相等,即
$$Z_1 = Z_2 = Z_3 = Z$$
阻抗模和相位角相等,即
$$|Z_1| = |Z_2| = |Z_3| = |Z|$$
$$\phi_1 = \phi_2 = \phi_3 = \phi$$

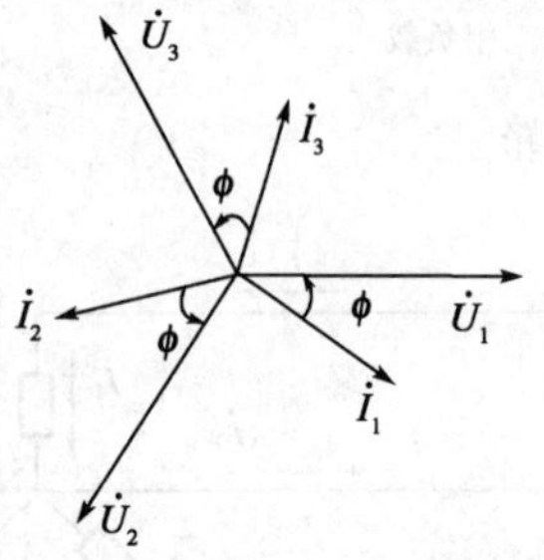

由于电压是对称的,由式(3-7)和式(3-8)可得负载相电流也是对称的,即
$$I_P = I_1 = I_2 = I_3 = \frac{U_P}{|Z|} \tag{3-10}$$
$$\phi_1 = \phi_2 = \phi_3 = \arctan\frac{X_L - X_C}{R}$$

此时,中性线电流为零。其电压和电流相量图如图3-9所示。

当星形连接的三相负载对称时,中性线中无电流通过,因此可省掉中性线。三相四线制电路就可演变为三相三线制电路。三相三线制电路在工业中用得较多,俗称动力线,主要用于三相对称负载,如三相电动机负载。

对称负载三相电路的计算,由于各相对称,计算一相即可推算其余两相,即各相功率相等,电流、电压大小相等、相位互差120°。

[例3-1] 一星形连接的三相电路,电源电压对称。设电源线电压 $u_{AB} = 380\sqrt{2}\sin(314t + 30°)$ V。负载为电灯组,若 $R_A = R_B = R_C = 5\Omega$,求线电流及中性线电流 I_N;做出电压、电流的相量图。

解 $U_l = 380$V、$U_P = 220$V,
$$I_L = I_P = \frac{U_P}{R} = \frac{220}{5} = 44(A)$$
$$I_N = 0$$

电压、电流的相量图如图3-9所示。

图3-9 电压、电流相量图

[例3-2] 照明系统故障分析如图3-10所示,试分析下列情况:

(1) A相短路:中性线未断时,求各相负载电压;中性线断开时,求各相负载电压。

(2) A相断路:中性线未断时,求各相负载电压;中性线断开时,求各相负载电压。

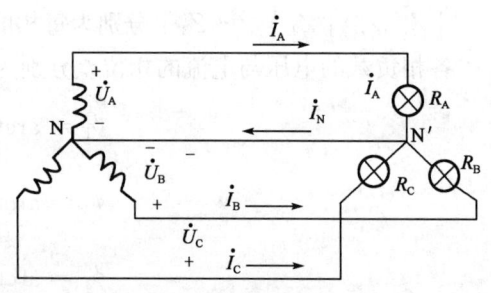

图3-10 照明系统连接图

解 （1）A相短路：

①中性线未断如图3-11所示，此时A相短路电流很大，将A相熔断丝熔断，B相和C相未受影响，其相电压仍为220V，正常工作。

②A相短路，中性线断开时，如图3-12所示，此时负载中性点N′即为A，因此负载各相电压为

$$U'_A = 0, U'_A = 0$$
$$U'_B = U'_{BA}, U'_B = 380V$$
$$U'_C = U_{CA}, U'_C = 380V$$

此情况下，B相和C相的电灯组由于承受电压上所加的电压都超过额定电压220V，这是不允许的。

（2）A相断路：

①中性线未断B、C相灯仍承受220V电压，正常工作。

②中性线断开，变为单相电路，如图3-13所示，由图可求得

$$I = \frac{U_{BC}}{R_B + R_C} = \frac{380}{10 + 20} = 12.7(A)$$

$$U'_B = IR_B = 12.7 \times 10 = 127(V)$$

$$U'_C = IR_C = 12.7 \times 20 = 254(V)$$

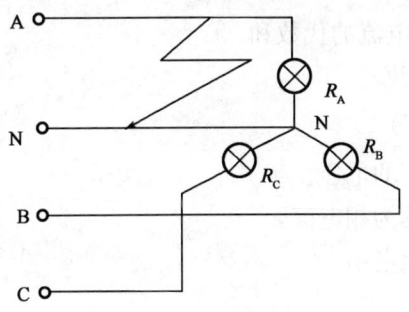

图3-11 A相短路中性线未断

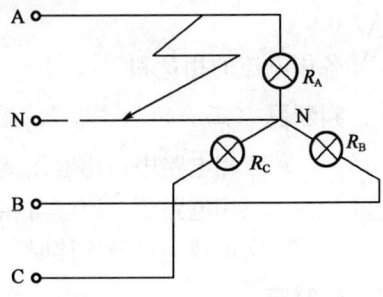

图3-12 A相短路中性线断开

结论：

（1）不对称负载丫形连接又未接中性线时，负载相电压不再对称，且负载电阻越大，负载承受的电压越高。

（2）中线的作用：保证星形连接三相不对称负载的相电压对称。

（3）照明负载三相不对称，必须采用三相四线制供电方式，且中性线（指干线）内不允许接熔断器或刀闸开关。

[例3-3] 某大楼电灯发生故障，第二层楼和第三层楼所有电灯都突然暗下来，而第一层楼电灯亮度不变，试问这是什么原因？这楼的电灯是如何连接的？同时发现，第三层楼的电灯比第二层楼的电灯还暗些，这又是什么原因？

解 （1）本系统供电线路图如图3-14所示。

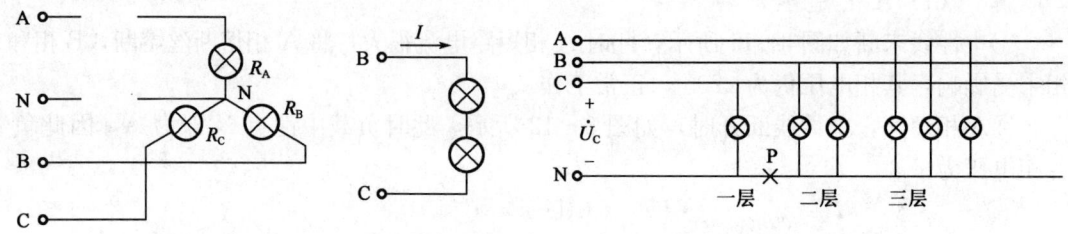

图 3-13　A 相断路中性线断开　　　　　图 3-14　供电线路

（2）当 P 处断开时，二、三层楼的灯串联接 380V 电压，所以亮度变暗，但一层楼的灯仍承受 220V 电压，亮度不变。

（3）因为三楼灯多于二楼灯，即 $R_3<R_2$，所以三楼灯比二楼灯暗。

练习与思考

一、选择题（将正确的选项填入括号内）

1. 负载做星形连接时，每相负载两端承受电源的（　　）。

（A）线电压　　　（B）相电压　　　（C）$\sqrt{3}$ 倍的线电压　　　（D）$\sqrt{3}$ 倍的相电压

2. 负载做星形连接时中线电流等于（　　）。

（A）0　　　　　　　　　　　　　　（B）各相电流的代数和

（C）各相电流的相量和　　　　　　　（D）线电流

二、判断题（正确的打"√"，错误的打"×"）

1. （　　）三相电路中，相电压就是相与相之间的电压。

2. （　　）三相电路中，流过每相负载的电流称为相电流。

3. （　　）当负载为星形连接时，线电压等于相电压。

三、计算题

例 3-2 中（图 3-12 电路），电灯组 $R_A=R_B=R_C=5\Omega$，若中性线上接有熔断器，当 L_1 相发生短路，L_1 相熔断器和中性线上熔断器被同时熔断时，试计算负载电压、电流。

四、问答题

结合例 3-3，回答为什么中性线不接熔断器，也不接开关，负载开关一定要接到相线（火线）上。

第三节　负载三角形连接的三相电路

图 3-15 所示电路为负载三角形连接的三相电路，电压和电流的参考方向如图中所示。

流过每相负载的电流称为相电流，用 $\dot{I}_{AB}$、$\dot{I}_{BC}$、$\dot{I}_{CA}$ 表示；流过火线的电流称为线电流，用 $\dot{I}_A$、$\dot{I}_B$、$\dot{I}_C$ 表示。在负载为三角形连接时，相电压就是线电压，即有

$$U_P = U_L \tag{3-11}$$

但相电流 I_P 和线电流 I_L 是不等的，各相负载电流分别为

$$\left.\begin{array}{l} I_{AB} = \dfrac{U_{AB}}{|Z_{AB}|} \\ I_{BC} = \dfrac{U_{BC}}{|Z_{BC}|} \\ I_{CA} = \dfrac{U_{CA}}{|Z_{CA}|} \end{array}\right\} \tag{3-12}$$

式中，$|Z_{AB}|$、$|Z_{BC}|$、$|Z_{CA}|$ 分别为每相的阻抗模。

各相负载的电压与电流之间的相位差分别为

$$\left.\begin{array}{l} \phi_{AB} = \arctan X_{AB}/R_{AB} \\ \phi_{BC} = \arctan X_{BC}/R_{BC} \\ \phi_{CA} = \arctan X_{CA}/R_{CA} \end{array}\right\} \tag{3-13}$$

负载的线电流可用基尔霍夫电流定律得到，即

$$\left.\begin{array}{l} \dot{I}_A = \dot{I}_{AB} - \dot{I}_{CA} \\ \dot{I}_B = \dot{I}_{BC} - \dot{I}_{AB} \\ \dot{I}_C = \dot{I}_{CA} - \dot{I}_{BC} \end{array}\right\} \tag{3-14}$$

如果负载对称，即

$$|Z_{AB}| = |Z_{BC}| = |Z_{CA}| = |Z|$$

$$\phi_{AB} = \phi_{BC} = \phi_{CA} = \phi$$

则负载的相电流也是对称的，即有

$$I_{AB} = I_{BC} = I_{CA} = I_P = \dfrac{U_P}{|Z|}$$

$$\phi_{AB} = \phi_{BC} = \phi_{CA} = \phi = \arctan \dfrac{X}{R}$$

负载对称时的相电流和线电流的关系从相量图得到，如图 3-16 所示，从图中看出：

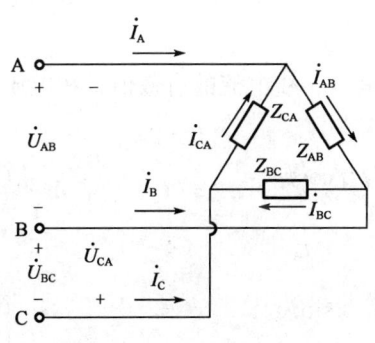

图 3-15 负载三角形连接

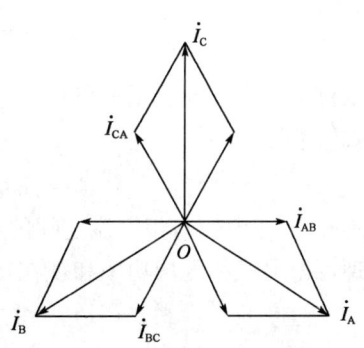

图 3-16 电压、电流相量图

(1) 线电流也是对称的。
(2) 线电流在相位上比对应的相电流滞后 30°。
(3) 在大小上,线电流是相电流的 $\sqrt{3}$ 倍,即

$$I_L = 2I_P\cos 30° = \sqrt{3}I_P \tag{3-15}$$

练习与思考

选择题(将正确的选项填入括号内)

1. 三相对称负载做三角形连接时,线电流是相电流的(　　)。
(A) 2 倍　　　　(B) 3 倍　　　　(C) $\sqrt{2}$ 倍　　　　(D) $\sqrt{3}$ 倍
2. 三相对称负载是指(　　)。
(A) $|Z_{AB}|=|Z_{BC}|=|Z_{CA}|=|Z|$ 　　(B) $\phi_{AB}=\phi_{BC}=\phi_{CA}=\phi$
(C) $Z_A=Z_B=Z_C=Z$ 　　(D) $R_1=R_2=R_3=R$

第四节　三相功率

在负载星形连接和三角形连接的三相电路中,分别计算了对称负载和不对称负载两种情况下的三相有功功率。这里仅对三相功率的计算方法做些小结,并举例加以讨论。

不论三相电路电源或负载是何种连接形式(星形连接或三角形连接),电路总的有功功率必定等于各相有功功率的和。

(1) 对于负载不对称的电路,有功功率为 $P = P_A + P_B + P_C$
(2) 对于负载对称的电路,有功功率为 $P = 3P_P = 3U_P I_P \cos\phi_P$

一种情况:星形连接时,由于 $U_P = \dfrac{1}{\sqrt{3}}U_L$ 　$I_P = I_L$,则 P 可表示为

$$P = 3 \cdot \frac{1}{\sqrt{3}}U_L I_L \cos\phi = \sqrt{3}U_L I_L \cos\phi$$

另一种情况:三角形连接时,由于 $U_P = U_L$ 　$I_P = \dfrac{1}{\sqrt{3}}I_L$,则 P 也可表示为

$$P = 3 \cdot \frac{1}{\sqrt{3}}U_L I_L \cos\phi = \sqrt{3}U_L I_L \cos\phi$$

所以对于对称负载三相电路,有功功率可通过线电压、线电流的有效值或相电压、相电流的有效值求得,即

$$P = 3U_P I_P \cos\phi_P = \sqrt{3}U_L I_L \cos\phi_P \tag{3-16}$$

式中的 ϕ_P 仍为相电压与相电流之间的相位差。

同理可得出三相无功功率和视在功率分别为

$$Q = 3U_P I_P \sin\phi_P = \sqrt{3}U_L I_L \sin\phi_P \tag{3-17}$$

$$S = \sqrt{P^2+Q^2} = 3U_P I_P = \sqrt{3}U_L I_L \tag{3-18}$$

[例3-4]　设三相对称负载 $R=6\Omega$，$X_L=8\Omega$，接在380V线电压上，试求分别为星形（Y）接法和三角形（△）接法时，三相电路的总功率。

解　每相阻抗 $|Z|=\sqrt{6^2+8^2}=10(\Omega)$

Y形接法时的线电流等于相电流，即

$$I_L=I_P=\frac{U_P}{|Z|}=\frac{\frac{U_1}{\sqrt{3}}}{\sqrt{6^2+8^2}}=\frac{\frac{380}{\sqrt{3}}}{10}=22(A)$$

则三相总功率为

$$P_Y=\sqrt{3}U_L I_L\cos\phi=\sqrt{3}\times380\times22\cos53.1°=8.68(kW)$$

△形接法时的线电流为

$$I_L=\sqrt{3}I_P=\sqrt{3}\times\frac{380}{\sqrt{6^2+8^2}}=65.8(A)$$

则三相总功率为

$$P_\triangle=\sqrt{3}U_L I_L\cos\phi=\sqrt{3}\times380\times65.8\cos53.1°=26(kW)$$

计算结果表明，在电源电压不变时，同一负载由星形改接为三角形连接时，功率增加到原来的3倍。所以，要使负载正常工作，负载的接法必须正确。若正常工作是星形连接的负载，误接成三角形时，将因功率过大而烧毁；若正常工作是三角形连接的负载，误接成星形时，则因功率过小而不能正常工作。

练习与思考

一、判断题（正确的打"√"，错误的打"×"）

1. （　　）在三相电路中，不论是星形还是三角形连接，其有功功率为

$$P=3U_P I_P\cos\phi_P=\sqrt{3}U_L I_L\cos\phi_P$$

2. （　　）不论是星形还是三角形连接，三相有功功率为 $P=P_A+P_B+P_C$。

3. （　　）在 $P=\sqrt{3}U_L I_L\cos\phi$ 中，ϕ 角为线电压与线电流之间的相位差。

二、选择题（将正确的选项填入括号内）

在电源电压不变时，同一负载由星形改接为三角形连接时，功率增加到原来的（　　）。
(A) 2倍　　　　　　(B) 3倍　　　　　　(C) $\sqrt{2}$倍　　　　　　(D) $\sqrt{3}$倍

习　题

1. 已知三相电源的线电压为380V，每相负载的电阻为 $R=40\Omega$，感抗 $X_L=30\Omega$，负载星形连接，求相电压 U_P、线电压 U_L 及相电流 I_P 线电流 I_L。

2. 题1中，若负载为三角形连接，则相电压 U_P 线电压 U_L 及相电流 I_P、线电流 I_L 为多

少？

3. 有一台三相电动机的绕组星形连接，每相的等效阻抗 $R=30\Omega$，$X_L=20\Omega$，已知电源的线电压为380V。求：(1) 电动机的相电流 I_P、线电流 I_L；(2) 电动机的有功功率 P；(3) 电路的功率因数 $\cos\phi$。

4. 题3中，三相电动机的绕组三角形连接。求：(1) 电动机的相电流 I_P，线电流 I_L；(2) 电动机的有功功率 P；(3) 电路的功率因数 $\cos\phi$。

5. 有一台变压器，三相绕组星形连接时，误将相序接反（即接为 L_1—L_3—L_2 相序），则此时的 U_{12}、U_{23}、U_{31} 各为多少？（设 $U_P=220V$）

6. 已知三相四线制电源的相电压为220V，三个电阻负载星形连接，负载电阻为 $R_1=40\Omega$，$R_2=20\Omega$，$R_3=40\Omega$。求：

(1) 负载相电压、相电流及中性线电流，并做出它们的相量图；

(2) 如无中性线（即负载中性点不与电源的中性线相连），则负载的相电压及负载中性点的电压；

(3) 如无中性线，当 L_1 相短路时求各相电压和电流，并做出它们的相量图；

(4) 如无中性线，当 L_1 相断路时，其他两相的电压和电流为多少？

7. 题6中，若三个电阻负载三角形连接，则当 L_1 相短路时和断路时的情况如何？试分析计算。

第四章　磁路与变压器

电与磁是密切联系的，电生磁，磁又可生电。同样，磁路与电路是相互关联的，在许多的实际应用中是不能孤立分析的。如电工测量仪表、电动机、变压器、电磁铁等电工设备，它们都是依靠电磁相互作用的原理工作的。本章将学习磁路和变压器。

第一节　磁路及其基本定律

一、磁场的基本物理量

在磁体的周围空间有磁场的存在，磁场的特征可以用磁感应强度、磁通、磁导率、磁场强度等几个物理量来描述。

1. 磁感应强度 B

磁感应强度 B 是表示磁场内某点磁场强弱（磁力线的多少）和磁场方向（磁力线的方向）的物理量。它是有方向的物理量，是矢量。

磁感应强度的大小为

$$B = \frac{F}{lI} \tag{4-1}$$

式中　F——电磁力，N；
　　　l——导体的长度，mm；
　　　I——通过磁体的电流，A。

磁感应强度的方向可用右手螺旋定则确定。

如果磁场内所有点磁感应强度大小相等、方向相同，这样的磁场称为均匀磁场。

磁感应强度 B 的单位是特斯拉（T）。

2. 磁通 Φ

磁感应强度 B 与垂直于磁场方向的面积 S 的乘积，称为通过该面积的磁通 Φ，即

$$\Phi = BS \quad 或 \quad B = \Phi/S \tag{4-2}$$

磁通反映了磁导体某个范围内磁力线的多少，其单位是韦伯（Wb）。

3. 磁导率 μ

不同的介质，其导磁能力不同，磁导率 μ 是描述磁场介质导磁能力的物理量。

如图 4-1 所示的线圈通电后，在其周围产生磁

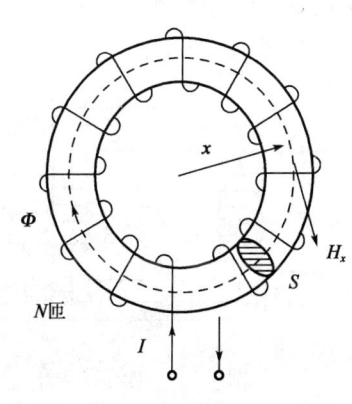

图 4-1　通电线圈

场。磁场强弱与通过线圈的电流 I 和线圈的匝数 N 的乘积成正比。线圈内部 x 处各点的磁感应强度可表示为

$$B_x = \mu H_x = \mu \frac{NI}{l_x} = \frac{NI}{2\pi x} \quad (4-3)$$

式中，l_x 表示 x 点处的磁力线的长度。

可见，某点磁感应强度 B 的大小与介质磁导率 μ、流过电流大小、线圈的匝数及该点的位置有关。

磁导率 μ 的单位是亨/米（H/m）。

4. 磁场强度 H

磁感应强度 B 是表示磁场强弱和方向的物理量，磁场强度 H 是磁感应强度 B 的一个辅助物理量，也是个矢量。

磁场强度 H 为磁场中某一点磁感应强度 B 与该点介质的磁导率 μ 的比值，即

$$H = \frac{B}{\mu} \quad (4-4)$$

由式（4-3）和式（4-4）可得

$$H = \frac{NI}{l_x} = \frac{NI}{2\pi x} \quad (4-5)$$

式（4-5）表明磁场内某点的磁场强度 H 只与电流大小 I、线圈匝数 N 及该点的位置有关，而与该点处介质的磁导率 μ 无关。

引入了磁场强度 H 这个物理量，可方便磁路的计算。

磁场强度 H 的单位是安/米（A/m）。

二、磁路及其基本定律

1. 磁路

在变压器、电动机和各种铁磁元件等电气设备和测量仪表中，为了使较小的励磁电流产生较大的磁感应强度（磁场），常采用磁导率高的磁性材料做成一定形状的铁心。

所谓磁路就是经过这些磁材料构成的磁通路径，它是一个闭合的通路。图 4-2 所示是变压器的磁路，磁通经过铁心闭合，铁心中磁场均匀分布，这种磁路也称为均匀磁路；图 4-3 所示交流发电机和接触器的磁路，磁通都经过铁心和空气隙闭合，磁场分布不均，所以又称为不均匀磁路。

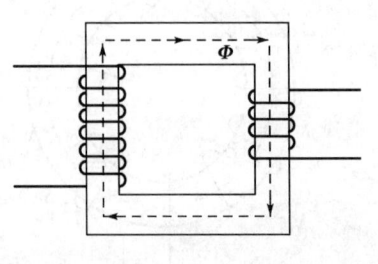

图 4-2 均匀磁路

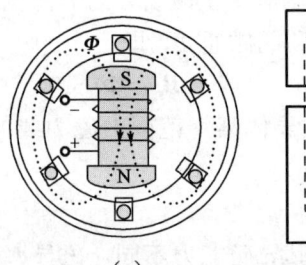 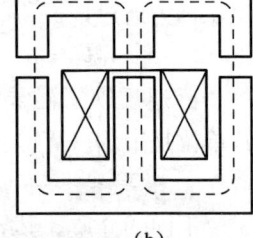

图 4-3 不均匀磁路
(a) 交流发电机的磁路；(b) 接触器的磁路

2. 磁路的欧姆定律

前面讨论过磁场强度 B 与励磁电流 I 的关系，即

$$B_x = \mu H_x = \mu \frac{NI}{l_x} = \mu \frac{NI}{2\pi x}$$

由此式可得

$$NI = Hl = \frac{B}{\mu}l = \frac{\Phi}{\mu S}l \tag{4-6}$$

或

$$\Phi = \frac{NI}{\frac{l}{\mu S}} = \frac{F}{R_m} \tag{4-7}$$

式中，$F=NI$ 称为磁通势，单位 A，由此而产生磁通；$R_m = \frac{l}{\mu S}$ 称为磁阻，表示磁路对磁通具有阻碍作用；l 为磁路的平均长度；S 为磁路的截面积。

式（4-7）在形式上与电路的欧姆定律相似，故也称为磁路的欧姆定律，同电路欧姆定律一样，磁路的欧姆定律是磁路分析与计算的基础。

第二节　磁性材料的磁性能

物质按磁性能来分，可分为非磁性物质和磁性物质。

非磁性物质分子电流的磁场方向杂乱无章，几乎不受外磁场的影响而互相抵消，不具有磁化特性。非磁性材料的磁导率都是常数。

常用的磁性材料主要有铁、镍、钴及其合金等。磁性材料都有很强的导磁性能，还具有饱和性和磁滞性两个特点。

一、导磁性

磁性物质内部形成许多小区域，其分子间存在的一种特殊的作用力，使每一区域内的分子磁场排列整齐，显示磁性，称这些小区域为磁畴。在没有外磁场作用的普通磁性物质中，各个磁畴排列杂乱无章，磁场互相抵消，整体对外不显磁性。在外磁场作用下，磁畴方向发生变化，使之与外磁场方向趋于一致，物质整体显示出磁性来，称为磁化，即磁性物质能被磁化，如图 4-4 所示。

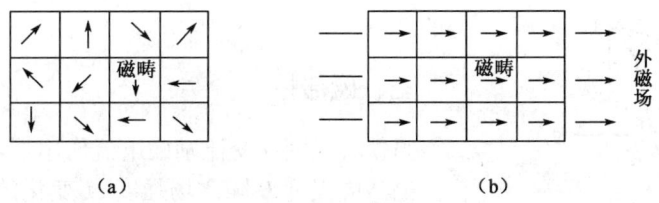

图 4-4　磁性物质的磁化
(a) 磁畴；(b) 外磁场作用下，磁畴转向

不同的介质,其导磁能力不同,而磁性材料具有极高的磁导率μ,其值可达几百、几千甚至几万。磁导率μ和磁场强度B的关系为

$$B = \mu \frac{NI}{l} = \mu H \tag{4-8}$$

由式(4-8)可以看出,当(空心)线圈通有电流时,会产生磁场。若线圈绕制在磁性材料(如铁心)上所构成的线圈通有电流时,会产生极高的磁场B。

反过来,若使线圈达到一定的磁感应强度,则所需的励磁电流I就可以大大地降低。因此在许多电气设备的线圈中都放有一定形状的铁心材料,使得设备的体积、重量大大地降低,同时又解决了既要磁通大,又要励磁电流小的矛盾。

每种磁材料都有一个反映其导磁性的B—H曲线,如图4-5所示。根据此曲线和式(4-8),可以求得磁材料的μ和H的关系,如图4-6所示,它反映了在某磁场强度下,该磁材料的磁导率μ的值。

二、磁饱和性

铁、镍等磁性材料的导磁性能是在其受磁化后表现出来的,但磁性材料由于磁化作用的加强,所产生的磁场强度不会无限制增加,如图4-5所示。从图示可看出,曲线分成三段:

(1) Oa段:B与H差不多按正比例增长。
(2) ab段:随着H的增长,B增长缓慢,此段称为曲线的膝部。
(3) bc段:随着H的进一步增长,B几乎不增长,达到饱和状态。

几乎所有的磁材料都具有磁饱和性,B和H不成正比关系,所以其磁导率μ不是常数,曲线随H变化,如图4-6所示。

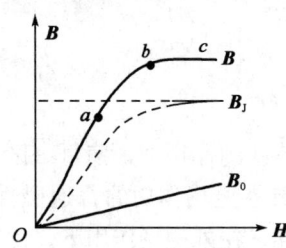

图4-5 磁化曲线(一)

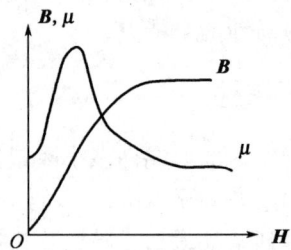

图4-6 磁化曲线(二)

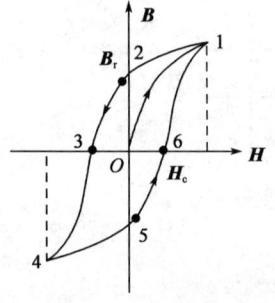

图4-7 磁滞回线

B—H曲线又称为磁化曲线,它是通过实验手段测得的。

三、磁滞性

当铁心线圈在交流励磁电流作用下,铁心受到反复磁化。磁感应强度B随磁场强度H变化的关系如图4-7所示。由图可知,当H回到O时,B的值还未回到O(图示中"2"和"5"点),这种磁感应强度滞后于磁场强度变化的性质称为磁性材料的磁滞性。图4-7所示曲线称

为磁滞回线。

下面讨论磁滞回线。

由式（4-5）可知，H 正比于线圈励磁电流 i 的有效值，所以：

(1) 当线圈中的励磁电流 i 由零向正方向增长时，铁心被磁化，产生的磁感应强度 B 按磁化曲线变化（O—1 段）。

(2) 当线圈中的励磁电流 i 由正方向值降至零时（$H=0$），铁心磁化获得的磁性尚未完全消失，B 按 1—2 段变化，此时，铁心中所保留的磁感应强度称为剩磁 B_r。

(3) 当线圈中的励磁电流 i 过零向反方向增长时，B 按 2—3—4 段变化。

(4) 当线圈中的励磁电流 i 由反方向值降至零时（此时 $H=0$），B 按 4—5 段变化，此时，铁心中也有剩磁 B_r。

(5) 当线圈中的励磁电流由零向正方向增长时，B 按 5—6—1 段变化。

励磁电流 i 如此不断交替变化，B 按 1—2—3—4—5—6—1 不断循环变化，形成图 4-7 所示闭合曲线。

磁性材料都有磁滞性，即当 $H=0$ 时，B 不为零，铁心中有剩磁 B_r。剩磁有时是有用的，有时无用，要使铁心中的剩磁消失，通常改变线圈中励磁电流的方向，也就是改变磁场强度 H 的方向进行反向磁化，如图 4-7 中的 2—3 和 5—6 段。使 $B=0$ 时的值，称为矫顽磁力 H_c。

四、磁性材料分类

按磁性物质的磁性能，磁性材料可分为三种类型。

1. 软磁材料

软磁材料具有较小的矫顽磁力，磁滞回线较窄，一般用来制造电机、电器及变压器等的铁心。常用的有铸铁、硅钢、坡莫合金即铁氧体等。

2. 硬磁材料

硬磁材料具有较大的矫顽磁力，磁滞回线较宽，一般用来制造永久磁铁。常用的有碳钢及铁镍铝钴合金等。

3. 矩磁材料

矩磁材料具有较小的矫顽磁力和较大的剩磁，磁滞回线接近矩形，稳定性良好。在计算机和控制系统中用作记忆元件、开关元件和逻辑元件。常用的有镁锰铁氧体等。

需要指出：磁材料的磁化曲线和磁滞回线是通过实验方法测得的；磁材料不同，其磁化曲线和磁滞回线也不同。

练习与思考

一、**选择题**（将正确的选项填入括号内）

1. 制造永久磁铁的材料应选（　　）。
(A) 软磁材料　　　　(B) 硬磁材料　　　　(C) 矩磁材料　　　　(D) 非铁磁材料

2. 制造变压器的铁心材料应选（　　）。

(A) 软磁材料　　　　(B) 硬磁材料　　　　(C) 矩磁材料　　　　(D) 非铁磁材料

二、判断题（正确的打"√"，错误的打"×"）

1. （　）磁场总是电流产生的。
2. （　）线圈通过的电流越大，所产生的磁场就越强。
3. （　）铁磁材料的磁导率很大，其值是固定的。

第三节　交流铁心线圈

根据铁心线圈的励磁电流不同，把铁心线圈分为直流铁心线圈和交流铁心线圈。

直流铁心线圈的励磁电流是直流电流，铁心中产生的磁通是恒定的，在线圈和铁心中不会产生感应电势，其损耗仅仅是线圈的热损耗（即 RI^2）；而交流铁心线圈的励磁电流是交流电流，铁心中产生的磁通是交变的，在线圈和铁心中会产生感应电势，存在着电磁关系、电压和电流关系及功率损耗等问题。

一、电磁关系

图 4-8 所示是交流铁心线圈的电路图。

当线圈通有励磁电流 i，则在铁心中产生磁通势 Ni，它有两部分组成：主磁通 Φ 和漏磁通 Φ_σ。主磁通 Φ 是流经铁心的工作磁通，漏磁通 Φ_σ 是由于空气隙或其他原因损耗的磁通，它不流经铁心。主磁通和漏磁通都要在线圈中产生感应电动势，一个是主磁电动势 e，另一个是漏磁电动势 e_σ。

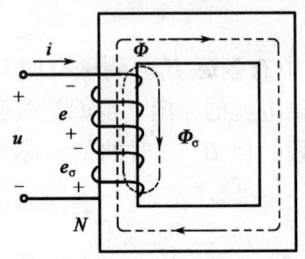

图 4-8　交流铁心线圈的电路

由于主磁通 Φ 是流经铁心的，铁心的磁导率 μ 是随磁场强度 H 而变化的，所以铁心线圈的励磁电流 i 和主磁通 Φ 不呈线性关系；而漏磁通 Φ_σ 不流经铁心，其漏磁电感 L_σ 可近似是个定值，所以励磁电流 i 和漏磁通 Φ_σ 呈线性关系。

二、电压电流关系

电压和电流的关系可由基尔霍夫电压定律得到，即

$$u = Ri - e_\sigma - e \tag{4-9}$$

式（4-9）中，e 是主磁电动势，其值根据法拉第定律得出，即为

$$e = -N\frac{d\Phi}{dt} = -N\frac{d}{dt}(\Phi_m \sin\omega t)$$

e_σ 是漏磁电动势，其值根据法拉第定律得出，即为

$$e_\sigma = -N\frac{d\Phi_\sigma}{dt} = -L_\sigma\frac{di}{dt}$$

R 为铁心线圈的电阻。

所以式（4-9）可表示为

$$u = Ri - e_\sigma - e = Ri + L_\sigma\frac{di}{dt} + (-e) \tag{4-10}$$

若设主磁通 $\Phi = \Phi_m \sin\omega t$，则

$$e = -N\frac{d\Phi}{dt} = -N\frac{d}{dt}(\Phi_m \sin\omega t) = -N\omega\Phi_m \cos\omega t$$
$$= 2\pi f N\Phi_m \sin(\omega t - 90°) = E_m \sin(\omega t - 90°) \tag{4-11}$$

式中，$E = 2\pi f N\Phi_m$ 是主磁电动势 e 的幅值，其有效值为

$$E = \frac{E_m}{\sqrt{2}} = \frac{2\pi f N\Phi_m}{\sqrt{2}} = 4.44 f N\Phi_m \tag{4-12}$$

通常，线圈的电阻 R 和感抗 X_σ 较小，可忽略，于是

$$U \approx E = 4.44 f N\Phi_m = 4.44 f N B_m S (\text{V}) \tag{4-13}$$

可见，当电压、频率、线圈匝数一定时，Φ_m 基本保持不变，即交流铁心线圈具有恒磁通特性。

三、功率损耗

与直流铁心线圈不同，交流铁心线圈的功率损耗除了有铜损 $\Delta P_{cu} = RI^2$，还有由于铁心的交变磁化作用产生的铁损。所以，交流铁心线圈的有功功率（功率损耗）为

$$P = UI\cos\phi = RI^2 + \Delta P_{Fe} \tag{4-14}$$

铜损是由于铁心线圈有电阻 R，当有电流通过时产生的热损耗。

铁损是磁滞损耗 ΔP_h 和涡流损耗 ΔP_e 两部分组成，它们都要引起铁心发热。

磁滞损耗 ΔP_h 是由于铁心材料的磁滞性产生的，减小磁滞损耗的方法是选用磁滞回线狭小的磁性材料做线圈的铁心；涡流损耗 ΔP_e 是由于铁心的涡流产生的。交变的电流产生交变的磁通，一方面在线圈中产生感应电势，另一方面也要在铁心内产生感应电动势和感应电流，这种感应电流称为涡流。减小涡流损耗的方法是，铁心由彼此绝缘的钢片叠成（如硅钢片）。涡流是有害的，它会引起铁心的发热，要加以限制，但在有些场合下，也可以利用，如利用涡流的热效应冶炼金属等。

练习与思考

一、选择题（将正确的选项填入括号内）

1. 交流铁心线圈中电流增加时，在电源电压不变的情况下，磁通（　　）。
（A）变大　　　　　（B）变小　　　　　（C）不变　　　　　（D）不确定

2. （　　）电器的铁心内损耗有磁滞损耗和涡流损耗。

3. （　　）当线圈中存在铁磁材料时，由于电流 I 与总磁通量成正比关系，使得其大小随电流的大小而变化，此电感为非线性电感。

二、问答题

1. 简述磁性材料的磁性能。
2. 什么是磁材料的磁滞性，它是怎样形成的？
3. 简述交流铁心线圈的功率损耗有哪些？它们是怎样产生的？如何减少？

第四节 电 磁 铁

一、电磁铁结构与原理

电磁铁通常有线圈、铁心和衔铁三个主要部分,如图 4-9 示。电磁铁有直流电磁铁和交流电磁铁两大类。直流电磁铁铁心由整块软钢制成,无短路环。交流电磁铁铁心由硅钢片制成,有短路环。其工作原理大致为:当线圈通电后,电磁铁的铁心被磁化,吸引衔铁动作带动其他机械装置发生联动;当电源断开后,电磁铁铁心的磁性消失,衔铁带动其他部件被释放。

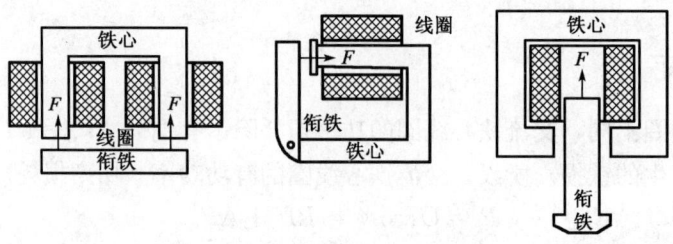

图 4-9 电磁铁结构示意图

二、电磁铁的吸力 F

电磁铁的一个主要参数是吸力 F,即由于线圈得电,铁心被磁化后对衔铁的吸引力。它的大小与铁心和衔铁间空气隙的截面积 S_0,空气隙中磁感应强度 B_0 有关,即

(1) 直流电磁铁吸力为

$$F = \frac{10^7}{8\pi} B_0^2 S_0 \tag{4-15}$$

式中,F 的单位为牛(N)。

(2) 交流电磁铁吸力

交流电磁铁中磁场是交变的,设

$$B_0 = B_m \sin\omega t$$

则吸力为

$$f = \frac{10^7}{8\pi} B_0^2 S_0 = \frac{10^7}{8\pi} B_m^2 S_0 \quad \sin^2\omega t = F_m \sin^2\omega t$$

$$= \frac{1}{2} F_m - \frac{1}{2} F_m \cos 2\omega t \tag{4-16}$$

式中,F_m 是吸力的最大值,其平均值为

$$F = \frac{1}{T} \int_0^T f \, dt = \frac{1}{2} F_m = \frac{10^7}{16\pi} B_m^2 S_0 \tag{4-17}$$

三、电磁铁的应用

电磁铁的工业应用较为普遍,如继电器、接触器等,利用电磁铁来吸合、分离触点。

电磁抱闸是电磁铁应用的典型实例,图 4-10 所示为电磁抱闸和实现制动电动机的原理图,其中电动机和制动轮同轴。

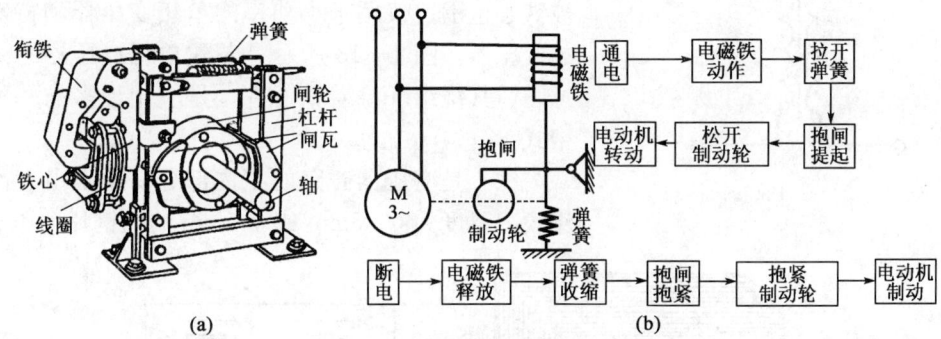

图 4-10 电磁抱闸结构及制动原理
(a) 电磁抱闸;(b) 制动原理

电磁抱闸分为断电制动和通电制动两种。通电制动是指线圈通电时,闸瓦紧紧抱住闸轮,实现制动。而断电制动是指当线圈断电时,闸瓦紧紧抱住闸轮,实现制动。当电路未通电时,闸瓦和闸轮紧紧抱住,使电动机制动。当电动机通电转动时,电磁铁同时通电,吸引衔铁克服弹簧力,使杠杆向上移动,闸瓦和闸轮分开,电动机启动运行。需要停止时,电动机电磁铁同时断电,杠杆在弹簧作用下向上移动,闸瓦抱住闸轮,使电动机迅速停下来。

这种制动方法被广泛运用到起重设备中。其优点是:定位准确,可防止由于电动机突然断电,使重物自行下落而造成事故。

练习与思考

一、问答题

1. 简述电磁铁的工作原理、主要用途及其特点。
2. 举例说明电磁铁在日常生活中的应用。

二、判断题(正确的打"√",错误的打"×")

1.( )为了减小衔铁振动,交流电磁铁铁心都装有短路环。
2.( )电磁抱闸制动器广泛用于起重机械上。

第五节 变 压 器

变压器具有变换电压、变换电流和变换阻抗的功能,在电工技术、电子技术、自动控制等诸多领域中获得了广泛的应用。

一、变压器的基本结构

不同类型的变压器,尽管它们在具体结构、外形、体积和重量上有很大的差异,但是它们的基本结构都是相同的,主要由铁心和绕组两部分构成。图 4-11 所示是变压器符号。

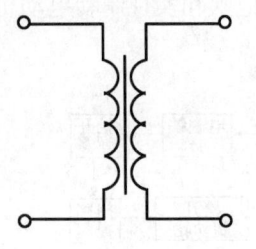

图4-11 变压器图形符号

普通双绕组变压器的结构有壳式和芯式两种。图4-12所示为壳式单相变压器的结构示意图,其绕组被铁心包围,仅用于小功率的单相变压器和特殊用途的变压器。图4-13所示是芯式单相变压器的结构示意图,其绕组环绕着铁心柱,是应用最多的一种结构型式。

铁心是变压器磁路的主体部分,通常由表面涂有漆膜、厚度为0.35mm或0.5mm的硅钢片冲压成一定

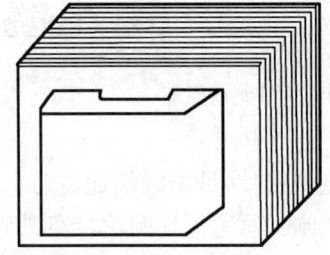

图4-12 壳式单相变压器结构示意图

形状后叠装而成,起着变压器原、副边的电磁耦合作用。

绕组是变压器电路的主体部分,起着输入和输出电能的作用。变压器与电源相接的一侧称为"原边",相应绕组称为原绕组(或一次绕组),其电磁量用下标数字"1"表示;而与负载相接的一侧称为"副边",相应绕组称为副绕组(或二次绕组),其电磁量用下标数字"2"表示。通常原、副绕组的匝数不相等,匝数多的电压较高,称为高压绕组;匝数少的电压较低,称为低压绕组。为了加强绕组间的磁耦合作用,原、副绕组同心地套在一铁心柱上的绕组结构型式,称为同芯式绕组。为了有利于处理绕组和铁心之间的绝缘,通常总是将低压绕组安放在靠近铁心的内层,而高压绕组则套在低压绕组外面,如图4-13所示。同芯式绕组是变压器中最常用的一种绕组结构型式。

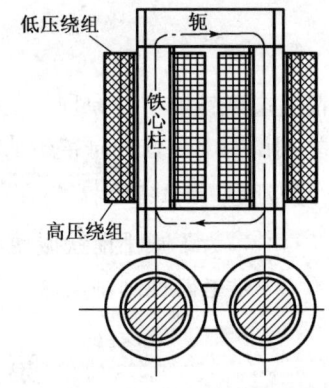

二、变压器的工作原理

1. 变压器的空载运行

变压器的原绕组施加额定电压,副绕组开路(不接负载)的情况,称为空载运行。图4-14所示是普通双绕组单相变压器空载运行的示意图,为了分析方便,把原、副绕组分别画在两个铁心柱上。当一次绕组接电源电压u_1,一次绕组中通过的电流称为空载电流,用符号i_{10}表示。i_{10}建立变压器铁心中的磁场,故又称为励磁电流。由于变压器铁心由硅钢片叠成,而且是闭合的,即气隙很小,因此建立工作磁通(主磁通),所需的励磁电流i_{10}并不大,其有效值约为一次绕组额定电流(长期连续工作允许通过的最大电流)的2.5%~10%。主磁通在一次绕组中产生的感应电动势为e_1,同

图4-13 芯式变压器结构示意图

理，在二次绕组中的感应电动势为 e_2。

$u \approx -e_1$ 则有效值 $U_1 \approx E_1$，由于二次绕组开路，$i_2=0$，因此开路电压（空载电压）$u_{20}=e_2$，或写成有效值 $U_{20}=E_2$。

因为
$$U_1 = 4.44fN_1\Phi_m \quad U_{20} = 4.44fN_2\Phi_m$$

所以
$$\frac{U_1}{U_{20}} \approx \frac{E_1}{E_2} = \frac{N_1}{N_2} = K \tag{4-18}$$

式（4-18）表明：一次、二次绕组的电压比等于匝数比，只要改变一次、二次绕组的匝数比，就可以进行电压变换，哪个绕组的匝数多，其电压就高。

2. 变压器的负载运行

变压器的一次绕组接上电压 u_1，二次绕组接上负载 Z_L 时的运行情况，称为变压器的负载运行，电路如图 4-15 所示。

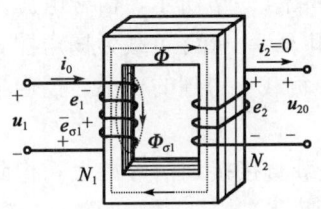

图 4-14 单相变压器空载运行

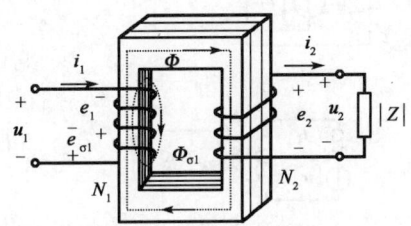

图 4-15 变压器负载运行

由于变压器接通负载，感应电动势 e_2 将在二次绕组中产生电流 i_2，一次绕组中的电流由 i_{10} 变化为 i_1。因此，负载运行时，变压器铁心中的主磁通 Φ 由磁动势 i_2N_2 和 i_1N_1 共同作用产生。根据常磁通概念，由于负载和空载时一次电压 u_1 不变，因此铁心中主磁通的最大值 Φ_m 不变，即

$$i_1N_1 + i_2N_2 \rightarrow \Phi_m$$
$$i_0N_1 \rightarrow \Phi_m$$

故磁动势
$$i_1N_1 + i_2N_2 = i_0N_1$$

这是变压器接负载时的磁动势平衡方程式。由于空载电流比较小，与负载时电流相比，可以忽略空载磁动势 i_0N_1，因此有

$$i_1N_1 + i_2N_2 \approx 0$$

写成有效值为
$$\frac{I_1}{I_2} \approx \frac{N_2}{N_1} = \frac{1}{K} \tag{4-19}$$

式（4-19）反映了变压器变换电流的功能，即一次、二次绕组的电流比等于匝数比的倒数。

3. 变压器的阻抗变换作用

在电子线路中，常利用变压器的阻抗变换功能来达到阻抗匹配的目的。

在图 4-16（a）中，负载阻抗 Z 接在变

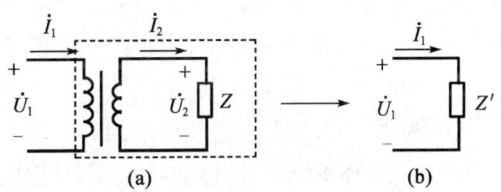

图 4-16 变压器阻抗变换电路

压器副边，而图中虚线框的部分可以用一个等效的阻抗 Z' 来代替，如图 4–16（b）所示。所谓等效，就是在电源相同情况下，电源输入电路的电压、电流和功率保持不变，且

$$|Z| = \frac{U_2}{I_2}$$

$$|Z'| = \frac{U_1}{I_1}$$

$$|Z'| = \frac{U_1}{I_1} = \frac{KU_2}{\frac{I_2}{K}} = K^2 \frac{U_2}{I_2} = K^2|Z| \tag{4-20}$$

式（4–20）表明，接在变压器副边的阻抗 $|Z_L|$，对原边电流而言，相当于接上等效阻抗为 $K^2|Z_L|$ 的负载，这就是变压器变换阻抗的作用。

[**例 4–1**] 如图 4–17 所示，信号电压的有效值 $U_1=50\text{V}$；信号内阻 $R_s=100\Omega$ 负载为扬声器，其等效电阻 $R_L=8\Omega$。求：负载上得到的功率，扬声器上如何得到最大输出功率？

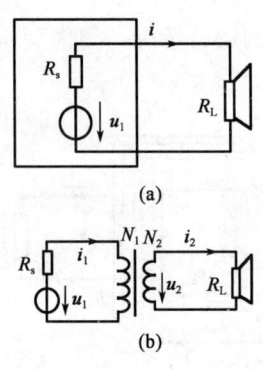

图 4–17 扬声器电路

解 （1）将负载直接接到信号源上，得到的输出功率为

$$p_L = \left(\frac{U}{R_s + R_L}\right)^2 R_L = \left(\frac{50}{108}\right)^2 \times 8 = 1.7(\text{W})$$

（2）将负载通过变压器接到信号源上，设变比

$$K = \frac{N_1}{N_2} = 3.5$$

则

$$R'_L = (3.5)^2 \times 8 = 98\,(\Omega)$$

输出功率为

$$p_L = \left(\frac{U}{R_s + R'_L}\right)^2 R'_L = \left(\frac{50}{100+98}\right)^2 \times 98 = 6.25(\text{W})$$

结论：由此例可见加入变压器以后，输出功率提高了很多，原因是满足了电路中获得最大输出的条件（信号源内、外阻抗差近似相等）。

三、变压器的外特性、损耗和效率

1. 外特性

由于变压器原、副绕组都具有电阻和漏磁感抗，根据图 4–15 所示原、副绕组电路图及相应电压平衡方程式可知，当原绕组外加电压 U_1 保持不变，负载 Z_L 变化时，副边电流或功率因数改变，将导致原、副绕组的漏阻抗压降发生变化，使变压器副边输出电压 U_2 也随之发生变化。

U_1 为额定值不变，负载功率因数为常数时，$U_2=f(I_2)$ 的关系曲线称为变压器的外特性，如图 4–18 所示。特性曲线表明，变压器副边电压随负载的增加而下降；对于相同的负载电流，感性负载的功率因数越低，副边电压下降越多。

变压器带负载后副边电压下降程度，用电压调整率 $\Delta U\%$ 表示。电压调整率 $\Delta U\%$ 的规定：原边为额定电压，负载功率因数为常数时，副边空载电压 U_{20} 与负载时副边电压 U_2 之差相对空载电压 U_{20} 的百分值定义为 $\Delta U\%$，即

$$\Delta U\% = \frac{U_{20} - U_2}{U_{20}} \times 100\% \qquad (4-21)$$

普通变压器绕组的漏阻抗很小，因此 $\Delta U\%$ 值不大。通常，电力变压器的电压调整率约为 3%～5%。

2. 损耗和效率

变压器在传递能量的过程中自身会产生铜损和铁损两种损耗。铜损是电流 I_1、I_2 分别在原、副绕组电阻上产生的损耗，它随负载电流的变化而变化，故又称为可变损耗。

铁损包括磁滞损耗和涡流损耗。涡流乃交变主磁通中在铁心中产生的电流，这种电流在垂直磁通方向的平面内环绕磁力线成漩涡状流动，如图 4-19 所示。交流励磁变压器的铁心采用表面涂有绝缘漆膜的硅钢片，且按顺主磁通的方向叠装，就是为了降低铁心中的铁损。硅钢属软磁材料，磁滞损耗小；掺入少量的硅增加了铁心的电阻率；采用片状叠装增加了涡流路径长度，可减小涡流损耗。可以证明，铁损近似与铁心中磁感应强度的最大值 B_m 的平方成正比，故设计制造变压器时，其铁心磁感应强度额定最大值 B_{mN} 不宜选得过大，器件实际运行时铁心中的 B_m 值不允许长时间超出额定值 B_{mN} 过多，否则铁心将因铁损增加过多而过热，并殃及线圈。对运行中的变压器而言，因其中 Φ_m 或 B_m 基本不变，铁损也就基本不变，因此铁损又称为不变损耗。

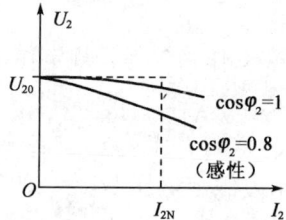

图 4-18 变压器的外特性

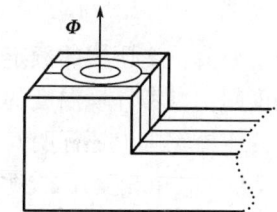

图 4-19 涡流损耗

变压器输出功率 P_2 和输入功率 P_1 之比称为变压器的效率，通常用百分数表示，即

$$\eta = \frac{P_2}{P_1} = \frac{P_2}{P_2 + \Delta P_{Cu} + \Delta P_{Fe}} \times 100\% \qquad (4-22)$$

由于变压器没有转动部分，其效率是较高的，η 值一般在 9.5% 以上，大型变压器的 η 值可达 9.8%～9.9%。

四、变压器的额定值

使用任何电气设备或元器件时，其工作电压、电流、功率等都是有一定限度的。例如，流过变压器原、副绕组的电流不能无限增大，否则将造成绕组导线及其绝缘的过热损坏；施加到原绕组的电压也不能无限升高，否则将产生原、副绕组之间或绕组匝间或绕组与铁心之间的绝缘击穿事故，造成变压器损坏，甚至危及人身安全。为确保电气产品安全、可靠、经济、合理运行，生产厂家为用户提供其在给定的工作条件下能正常运行而规定的容许工作数

据，称为额定值，它们通常标注在电气产品的铭牌和说明书上，并用下标"N"表示，如额定电压 U_N、额定电流 I_N 额定功率 P_N 等。

变压器的额定值标注在铭牌上或书写在使用说明书中。额定值主要有：

（1）额定电压。额定电压是根据变压器的绝缘强度和允许温升而规定的电压值，以伏或以千伏为单位。变压器的额定电压有原边额定电压 U_{1N} 和副边额定电压 U_{2N}。U_{1N} 指原边应加的电源电压，U_{2N} 指原边加上 U_{1N} 时副绕组的空载电压。应该注意，三相变压器原边和副边的额定电压都是指其线电压。使用变压器时，不允许超过其额定电压。

（2）额定电流。额定电流是根据变压器允许温升而规定的电流值，以安或千安为单位。变压器的额定电流有原边额定电流 I_{1N}，和副边额定电流 I_{2N}。同样应注意，三相变压器中 I_{1N} 和 I_{2N} 都是指其线电流。使用变压器时，不要超过其额定电流值。变压器长期过负荷运行将缩短其使用寿命。

（3）额定容量。变压器额定容量是指其副边的额定视在功率 S，以伏安或千伏安为单位。额定容量反映了变压器传递电功率的能力。S_N 和 U_{2N}、I_{2N} 之间的关系，对单相变压器为

$$S_N = U_{2N} I_{2N} \quad (4-23)$$

对于三相变压器为

$$S_N = \sqrt{3} U_{2N} I_{2N} \quad (4-24)$$

（4）额定频率 f_N。我国规定标准工频频率为 50Hz，有些国家则规定为 60Hz，使用时应注意。改变使用频率会导致变压器某些电磁参数、损耗和效率发生变化，影响其正常工作。

（5）额定温升。变压器的额定温升是以环境温度为 +40℃ 作为参考，规定在运行中允许变压器的温度超出参考环境温度的最大温升。

此外，变压器铭牌上还标明其他一些额定值，就不一一举例了。

[例 4-2] 某单相变压器额定容量 $S_N=5kV·A$，原边额定电压 $U_{1N}=220V$，副边额定电 $U_{2N}=36V$，求原、副边额定电流。

解 副边额定电流为

$$I_{2N} = \frac{S_{2N}}{U_{2N}} = \frac{5 \times 10^3}{36} = 138.9(A)$$

由于 $U_{2N} \approx U_{1N}/K$，$I_{2N}=KI_{1N}$，所以 $U_{2N}I_{2N}=U_{1N}I_{1N}$，变压器额定容量 S_N 也可以近似用 I_{1N} 和 U_{1N} 的乘积表示，即 $S_N=U_{1N} \times I_{1N}$。

故原边额定电流为

$$I_{1N} \approx \frac{S_N}{U_{1N}} = \frac{5 \times 10^3}{220} = 22.7(A)$$

[例 4-3] 一台三相油浸自冷式铝线变压器，$S_N=100kV·A$，$U_{1N}/U_{2N}=10/0.4kV$，试求原、副绕组的额定电流 I_{1N}、I_{2N}。

解 原绕组的额定电流为

$$I_{1N} \approx \frac{S_N}{\sqrt{3} U_{1N}} = \frac{100 \times 10^3}{\sqrt{3} \times 10 \times 10^3} \approx 5.77(A)$$

副绕组的额定电流

$$I_{2N} \approx \frac{S_N}{\sqrt{3}U_{2N}} = \frac{100 \times 10^3}{\sqrt{3} \times 0.4 \times 10^3} \approx 144(A)$$

五、变压器绕组的极性

要正确使用变压器,还必须了解绕组的同名端(或称同极性端)概念。绕组同名端是绕组与绕组间、绕组与其他电气元件间正确连接的依据,并可用来分析原、副绕组间电压的相位关系。

在变压器绕组接线及电子技术的放大电路、振荡电路、脉冲输出电路等的接线与分析中,都要用到同名端概念。

绕组的极性,是指绕组在任意瞬时两端产生的感应电动势的瞬时极性,它总是从绕组的相对瞬时电位的低电位端(用符号"一"表示),指向高电位端(用符号"+"表示)。两个磁耦合作用联系起来的绕组,例如变压器的原、副绕组,当某一瞬时原绕组某一端点的瞬时电位相对于原绕组的另一端为正时,副绕组必定有一个对应的端点,其瞬时电位相对于副绕组的另一端点也为正。

把原、副绕组电位瞬时极性相同的端点称为同极性端,也称为同名端。绕组的同名端可标以符号标记"·",以便识别。

为了便于分析,把图 4-20(a)中变压器的副绕组 ax 与原绕组 AX 画在同一铁心柱上,由图可知,两个绕组在铁心柱上的绕向是相同的,当磁通 **Φ** 的变化使绕组中产生感应电动势时,A 与 a 或 X 与 x 端子的相对瞬时电位的极性必然相同。例如,设某一瞬时磁通 **Φ** 按图中正方向正向增大,根据楞次定律可判别两绕组中感应电动势 e_1、e_2 的极性(或方向),如图所示。此时,AX 绕组端子的瞬时电位极性 A 为"+",X 为"一",ax 绕组则 a 为"+",x 为"一"。反之,设某一瞬时磁通 **Φ** 按图中正方向减小,采用同样的分析方法可得 AX 绕组此时 A 为"一",X 为"+",而 ax 绕组 a 为"一",x 为"+"。可见,A 与 a 或 X 与 x 端子的相对瞬时电位的极性始终相同,A 与 a 或 X 与 x 为同名端,画上标记符号"·"表示。图 4-20 为变压器绕组极性的表示方法。

如果副绕组和原绕组在铁心柱上的绕向相反,如图 4-20(b)所示,则用同样的方法可判别 A 与 x 或 X 与 a 是同名端。可见,变压器绕组的同名端与两个绕组在铁心柱上的绕向有关,已知绕组的绕向是很容易判别绕组的同名端的。

已制成的变压器、互感器等,通常都无法从外观上看出绕组的绕向,如果使用时需要知道它的同名端,可通过实验方法测定同名端。

图 4-21 所示是采用直流电感法测定变压器绕组极性的电路图。将变压器的一个绕组(图中为 AX)通过开关 S 与电池相连,另一个绕组与直流毫安表相连,图中 a 端接毫安表正端,x 接毫安表的负端。开关 S 接通瞬间,如果毫安表指针正向偏转,则 AX 绕组与电池正极相连的端子(图中为 A)和 ax 绕组与毫安表正极相连的端子(图中为 a)为同名端;如果毫安表指针反偏,则 A 和 x 为同名端。

这是因为开关 S 接通瞬间,AX 绕组中将流过一个从 A 流向 X 的正向增长的电流,根据楞次定律,AX 绕组中将产生由 X 指向 A 的感应电动势 e_1。如果 a 与 A 是同名端,则 ax

绕组中的感应电动势 e_2 的方向应由 x 指向 a，故毫安表指针正向偏转，如图 4-22 所示。如果 x 与 A 是同名端，则 e_2 的方向应由 a 此向 x，故毫安表指针反向偏转。

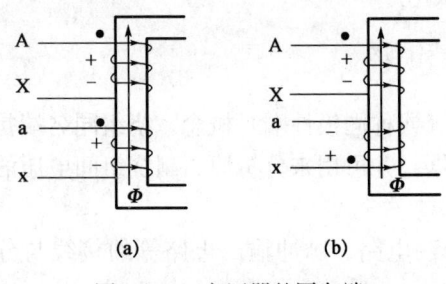

图 4-20 变压器的同名端

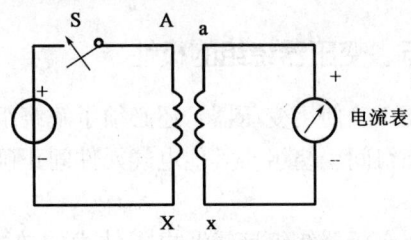

图 4-21 测定变压器绕组极性的电路

六、三相变压器

三相电力变压器广泛应用于电力系统输、配电的三相电压变换。此外，三相整流电路、三相电炉设备等也采用三相变压器进行三相电压的变换。

三相变压器原理结构如图 4-23 所示，它有三个铁心柱，每一相的高低绕组同心地套装在一个铁心柱上构成一相，三相绕组的结构是相同的，即对称的。为了识别绕组的接线端子，三相高压绕组的首端和末端分别用大写字母 U_1、V_1、W_1 和 U_2、V_2、W_2 标示；三相低压绕组的首端和末端分别用小写字母 u_1、v_1、w_1 和 u_2、v_2、w_2 标示。

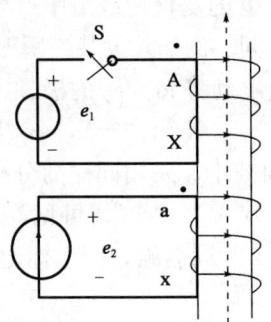

图 4-22 感应电动势的极性

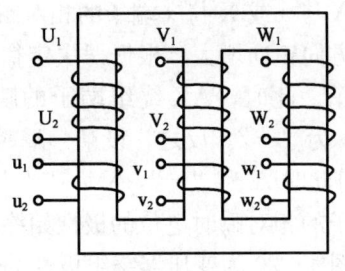

图 4-23 三相变压器原理结构示意图

三相变压器的高压绕组和低压绕组均可以连成星形或三角形，星形接法用符号"Y"表示，三角形接法用符号"△"表示，若星形接法中性点引出中线时，用符号"Y_0"表示。

三相变压器有 Y/Y、Y/Y_0、Y_0/Y、Y/△、Y_0/△ 等几种基本接法，符号中的分子表示高压绕组的接法，分母表示低压绕组的接法。当绕组接成星形时，每相绕组的相电流等于线电流，相电压只有线电压的 $1/\sqrt{3}$ 倍，相电压较低有利于降低绕组绝缘强度的要求，因此变压器高压侧多采用"Y"接法。当绕组接成三角形时，每相绕组的相电压等于线电压，但相电流只有线电流的 $1/\sqrt{3}$ 倍。这样，在输送相同的线电流时，绕组导线的截面积可以减小，故"△"接法多用于变压器低压侧（低压侧电流较大）。目前我国生产的三相电力变压器，通常采用 Y/Y_0、Y/△、Y_0/△ 三种接法。三相变压器绕组的接法通常标明在它的铭牌上。

三相变压器原、副边线电压的比值，不仅与原、副绕组每相的匝数比有关，而且与原、副绕组的连接方式有关。

当原、副边三相绕组均为星形连接时,有

$$\frac{U_{L1}}{U_{L2}} = \frac{\sqrt{3}U_{P1}}{\sqrt{3}U_{P2}} = \frac{U_{P1}}{U_{P2}} = \frac{N_1}{N_2} = K \tag{4-25}$$

当原边三相绕组为星形连接,副边三相绕组为三角形连接时,有

$$\frac{U_{L1}}{U_{L2}} = \frac{\sqrt{3}U_{P1}}{U_{P2}} = \frac{\sqrt{3}U_{P1}}{U_{P2}} = \frac{\sqrt{3}N_1}{N_2} = \sqrt{3}K \tag{4-26}$$

式(4-25)和式(4-26)中,U_{L1}、U_{L2}分别为原、副绕组的线电压,而U_{P1}/U_{P2}则分别为原、副绕组的相电压。

七、特殊变压器

特种变压器指的是在特殊场合使用的专用电力变压器,其工作原理和基本性能与普通电力变压器相同,但在结构、绕组连接和技术资料上有其特殊性。由于用途各异,特种变压器的种类很多,本节只介绍比较常用的几种。

1. 电压互感器

(1) 电压互感器的作用:

①与测量仪表配合,对线路的电压、电流、电能进行测量;与继电器配合,对电力系统和设备进行过电压、过电流、过负载和单相接地等保护。

②使测量仪表、继电保护装置与线路的高电压隔开,以保证操作人员和设备的安全。

③将电压和电流变换成统一的标准值,以利于仪表和继电器的标准化。

电压互感器在电力系统中的接线原理如图4-24所示。

常用的电压互感器是利用电磁感应原理工作的,其基本构造与普通变压器相同,主要由铁心、一次绕组、二次绕组组成。电压互感器一次绕组匝数较多,二次绕组匝数较少,使用时一次绕组与被测量电路并联,二次绕组与测量仪表或继电器等电压线圈并联。

在高电压的交流电路中,用电压互感器将高电压转变为一定数值的低电压,通常为100V,供测量、继电保护及指示电路使用,实现用低量程的电压表测量高电压。

被测电压=电压表读数×N_1/N_2

$$\frac{U_1}{U_2} = \frac{N_1}{N_2} = K \tag{4-27}$$

(2) 使用注意事项:

①二次侧不能短路,以防产生过流。

②铁心、低压绕组的一端接地,以防在绝缘损坏时,在二次侧出现高压。

2. 电流互感器

电流互感器在电力系统中的接线原理如图4-25所示。

电流互感器原绕组线径较粗,匝数很少,与被测电路负载串联;副绕组线径较细,匝数很多,与电流表及功率表、电度表、继电器的电流线圈串联,实现用低量程的电流表测量大电流。

被测电流=电流表读数×N_2/N_1

$$\frac{I_1}{I_2} = \frac{N_2}{N_1} = \frac{1}{K} \tag{4-28}$$

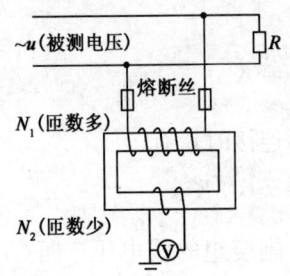

图 4-24 电压互感器的接线

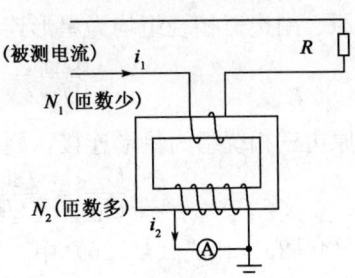

图 4-25 电流互感器的接线

使用注意事项:

(1) 二次侧不能开路,以防产生高电压。

(2) 铁心、低压绕组的一端接地,以防在绝缘损坏时,在二次侧出现过压。

3. 自耦变压器

自耦变压器原理如图 4-26 所示。

$$\frac{U_1}{U_2}=\frac{N_1}{N_2}=K,\frac{I_1}{I_2}=\frac{N_2}{N_1}=\frac{1}{K}$$

特点:副绕组是原绕组的一部分,原、副压绕组不但有磁的联系,也有电的联系。

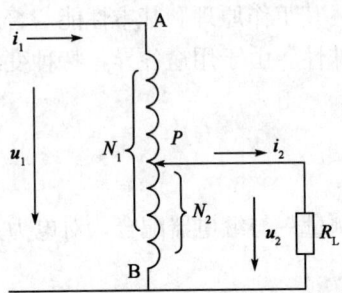

图 4-26 自耦变压器原理图

使用时,改变滑动端的位置,便可得到不同的输出电压。实验室中用的调压器就是根据此原理制作的。

注意:一次、二次侧千万不能对调使用,以防变压器损坏,因为 N 变小时,磁通增大,电流会迅速增加。火线 L、零线 N 千万不能对调使用。

练习与思考

一、选择题(将正确的选项填入括号内)

1. 降压变压器用来( )。

(A) 降低电压、电流 　　　　　　(B) 降低电压,升高电流

(C) 降低电压,升高功率 　　　　(D) 降低电压和功率

2. 电力变压器的额定电压是指( )。

(A) 线电压有效值 　　　　　　　(B) 相电压有效值

(C) 线电压最大值 　　　　　　　(D) 相电压最大值

3. 厂矿及家庭用电时,往往通过变压器降低远距离输送来的高压电压,这既有利于安全,又能( )。

(A) 保证供电 　　　　　　　　　(B) 防止乱接线

(C) 降低对设备的绝缘要求 　　　(D) 节约电能

4. 变压器可用来改变交流电的（　　）。
(A) 频率　　　　(B) 电抗　　　　(C) 电压　　　　(D) 功率

5. 在电子设备中，常利用变压器进行阻抗变换，以便在负载上获得最大功率，我们称其为（　　）匹配。
(A) 容抗　　　　(B) 感抗　　　　(C) 功率　　　　(D) 阻抗

6. 交流电在远距离传输时，通常采用升高电压减小电流的方法，目的是（　　）。
(A) 保证供电安全　　　　(B) 防止乱接线
(C) 减少线路损耗　　　　(D) 降低对设备的绝缘要求

二、判断题（正确的打"√"，错误的打"×"）

1. （　　）变压器即可以变换电压、电流和阻抗，又可以变换频率和功率。
2. （　　）变压器一次绕组中的电流越大，磁路中的磁通 Φ 就越强。
3. （　　）电流互感器的作用主要是扩大电压表的量程。
4. （　　）变压器输出功率的大小取决于本身的容量。

习　题

1. 变压器的额定电流，是指在额定运行情况下原、副边电流的（　　）。
(A) 最大值　　　　(B) 瞬时值　　　　(C) 有效值　　　　(D) 初始值

2. 变压器铁心采用硅钢片的目的是（　　）。
(A) 减小铜损　　　(B) 减小铁损　　　(C) 减小磁阻　　　(D) 减小电流

3. 变压器不能用来变（　　）。
(A) 电流　　　　(B) 电压　　　　(C) 阻抗　　　　(D) 容量

5. 把某一数值的交变电压变换为同频率的另一数值的交变电压的装置是（　　）。
(A) 电容器　　　(B) 变压器　　　(C) 电感器　　　(D) 电阻器

6. 变压器初、次级电压之比与变压器初、次级绕组匝数之比（　　）。
(A) 相等　　　　(B) 不相等　　　(C) 成反比　　　(D) 无关

7. 电压互感器一次绕组应和电源（　　）。
(A) 并接　　　　(B) 串接　　　　(C) 混接

8. 变压器接电源的绕组称为（　　）。
(A) 一次绕组　　(B) 二次绕组　　(C) 电压绕组　　(D) 电流绕组

9. 变压器的损耗有（　　）。
(A) 铜损和铁损　　　　　　(B) 磁滞损耗和涡流损耗
(C) 铜损和涡流损耗　　　　(D) 铜损和磁滞损耗

10. 某理想变压器 $K=10$，当一次绕组匝数 $N_1=100$ 时，二次绕组匝数 N_2 等于（　　）。
(A) 10　　　(B) 50　　　(C) 100　　　(D) 1000

11. 某理想变压器 $K>1$ 时，$N_1>N_2$，该变压器的作用是（　　）。
(A) 升压　　　(B) 降压　　　(C) 隔离　　　(D) 阻抗匹配

12. （　　）变压器是可以把一种数值某一频率的电压或电流变换成另一频率的电压或

电流的电器。

13. （　）对于三相变压器，额定电流是指相电流。
14. （　）变压器的变比是指高压侧与低压侧的额定电压比。
15. （　）变压器的负载电流增大时，副边端电压就一定会降低。
16. （　）在测量上可以利用仪用变压器扩大交流电压、电流的测量范围。
17. （　）变压器初、次级的电压之比与初、次级绕组的匝数无关。
18. （　）变压器是根据电磁感应原理制成的。
19. （　）直流电和交流电都可以通过变压器来升高或降低电压。
20. （　）电流互感器运行时，二次侧不允许短路。
21. （　）变压器是用来改变交流电压大小的电气设备。
22. （　）变压器原、副绕组的电压比等于原、副绕组的匝数比。
23. （　）变压器的原边就是高压侧，副边就是低压侧。
24. （　）变压器的效率是输入的有功功率与输出的有功功率之比。
26. （　）电压互感器运行时，二次侧不允许短路。
27. （　）在电子仪器中互感器提供多种电压。

28. 某单相变压器额定容量为 50V·A（伏安），额定电压为 220/36V，试求：（1）原、副绕组的额定电流；（2）如果把 36V 的副绕组误接在 220V 的交流电源上，会产生什么后果？简述理由。

29. 图 4-27 是一台电源变压器，其原绕组匝数为 550 匝，接 220V 交流电源。它有两个副绕组，一个电压为 36V，接有额定值 36V、36W 的电阻性负载；另一个电压为 12V，接有额定值 12V、24W 的电阻性负载。试求：（1）原边电流 I_1；（2）两个副绕组的匝数，分析假设变压器为理想变压器。

30. 电阻为 8Ω 的扬声器接于输出变压器的副边，输出变压器的原边接电动势 $E=10V$、内阻 $R_0=200Ω$ 的信号源。设输出变压器为理想变压器，其原、副绕组的匝数比为 500/100，试求：（1）扬声器的等效电阻 R_1 和获得的功率；（2）扬声器直接接信号源所获得的功率；（3）副边改接电阻为 16Ω 的扬声器，为使扬声器能获得最大功率，问输出变压器的变比 K 值应是多少？

31. 在图 4-28 中，用箭头标出开关 S 闭合瞬间，原、副边回路中感应电动势和电流瞬时实际方向，副边直流微安表将如何偏转？

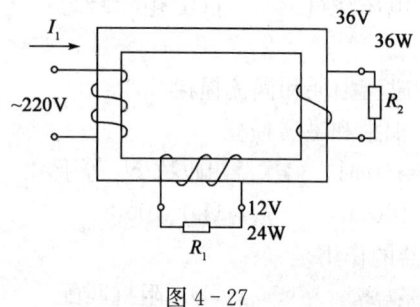

图 4-27

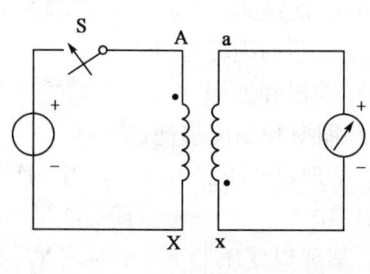

图 4-28

第五章 常用低压电器与应用

电器是根据外界特定的信号和要求,自动或手动接通和断开电路,断续或连续地改变电路参数,实现对电路或非电对象的切换、控制、保护、检测和调节用的电气设备。按我国现行标准规定,低压电器通常是指工作在交流 1200V 或直流 1500V 以下的电器。

低压电器品种繁多,用途也极其广泛,无论是工矿企业、农林牧副渔和交通运输业,还是国防军事设施方面都需要应用各种低压电器。

低压电器按用途可分为以下几类:
(1) 低压配电电器,如低压断路器(自动开关)、负荷开关等。
(2) 低压控制电器,如接触器、各种控制继电器。
(3) 低压主令电器,如按钮、限位开关、微动开关、万能转换开关。
(4) 低压保护电器,如热继电器、熔断器。
(5) 低压执行电器,如电磁铁。

本章将学习电力拖动系统常用的低压电器。

第一节 低压配电电器

一、刀开关

刀开关是手动开关电器中结构最简单的一种,广泛应用在各种配电线路中,用于非频繁地接通和分断容量不太大的配电线路,以隔离电源。另外,也可以直接用刀开关启动小容量电动机。

1. *刀开关的结构和原理*

图 5-1 是 HK 系列瓷底胶盖刀开关结构图。刀开关是由瓷手柄、触头、静插座(简称插座)、铰链支座和绝缘底板组成。当操作人员握住手柄,使触刀绕铰链支座转动,插到插座内的时候,就完成了接通电路的操作,由铰链支座、触刀和插座形成电流通路。如果使触刀绕铰链支座做反方向转动,脱离插座,就完成了切断电路的操作。

相对一般开关电器,刀开关的触刀相当于动触头,插座相当于静触头。为了保证触刀与插座合闸时接触良好,两者之间须有一定的接触压力。压力要适当,过大虽可降低接触电阻,有利于降低温升,但会使接触系统的磨损增大。一般额定电流小的刀开关,插座多用硬紫铜制成,利用材料的弹性来产生所需要的压力;额定电流大的则在插座两侧加弹簧片来增加接触压力。触刀与插座间的接触一般为楔形接触,这种接触方式有不需要修整接触面,装修方便、接触良好、操作力小。

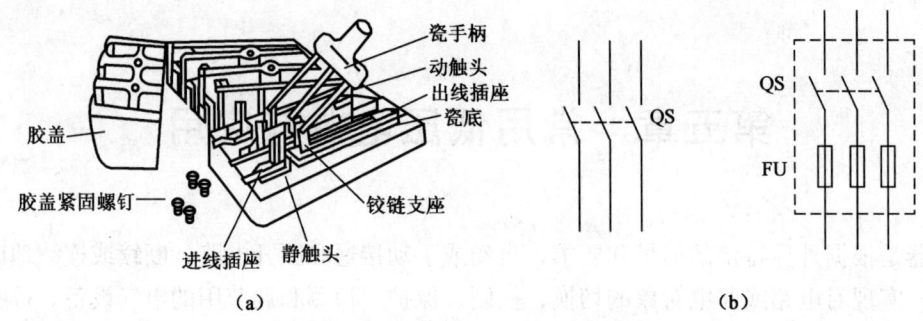

图 5-1 HK 系列瓷底胶盖刀开关
(a) 外形图；(b) 刀开关图形符号

2. 常用刀开关

1) 开启式负荷开关

开启式负荷开关又称闸刀开关。其外形如图 5-1 所示。闸刀开关没有灭弧装置，仅以上、胶盖为遮护以防止电弧伤人。通常作为隔离开关，用于不频繁地接通或断开的电路中。闸刀开关的型号有 HK1、HK2 等系列。

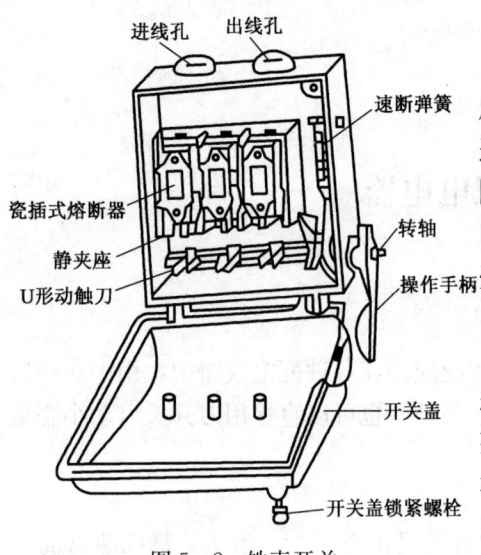

图 5-2 铁壳开关

2) 封闭式负荷开关

封闭式负荷开关又称铁壳开关。其结构如图 5-2 所示。它与闸刀开关基本相同，但在铁壳开关内装有速断弹簧，它的作用是使闸刀快速接通和断开，以消除电弧。另外，在铁壳开关内还设有联锁装置，即在闸刀闭合状态时，开关盖不能开启，以保证安全。铁壳开关的型号有 HH10、HH11 等系列。

3) 熔断器式刀开关

HR 型熔断器刀开关以具有高分断能力的有填料熔断器（RT 型熔断器）作为触刀，并由两个灭弧室和操作机构组成，其极限分断能力达 50kA。在正常情况下，电路的接通和分断由刀开关完成；当线路短路时，由熔断器分断电路。熔断器式刀开关可作为不频繁地接通和分断电路用，其熔断器还可分断短路电流。其外形如图 5-3 所示。

3. 刀开关的选用

(1) 按低压刀开关的用途，选择合适的操作方式，中央手柄式刀开关不能切断负荷电流，其他型式的可切断一定的负荷电流，但必须选带灭弧室的刀开关。

(2) 低压刀开关的额定电压和额定电流必须符合电路要求。

(3) 校核低压刀开关的动稳定和热稳定性，如与电路要求不符，应选大一级额定电流的刀开关。

(4) 带熔断器的低压刀开关（如 HR、HK、HH 型）还应综合考虑对刀开关和熔断器

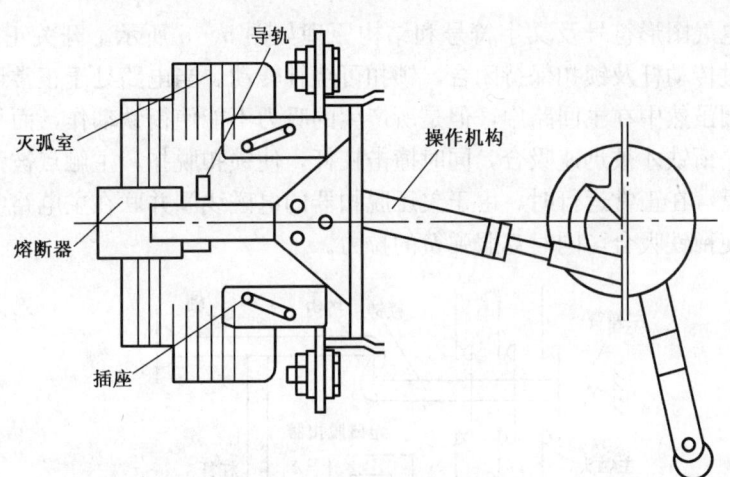

图 5-3 熔断器式刀开关

的要求来选择。根据用电设备的容量正确选择熔断体的等级及熔体的额定电流。

（5）如果刀开关装设在近电源端作配电保护电器，应选用带高短路分断能力的熔断器开关；如用在负载端，因短路电流较小，可选用带短路分断能力低的瓷插式熔断器开关；如果用于不频繁操作电动机，则需按工作电流计算能控制的电动机容量。

二、组合开关

组合开关又称为转换开关。组合开关的外形及图形符号如图 5-4 所示。它的刀片（动触片）是转动的，能组成各种不同的线路。动触片装在有手柄的绝缘方轴上，方轴可 90°旋转，动触片随方轴的旋转使其与静触片接通或断开。它的型号有 HZ5、HZ10、HZ15 等系列。

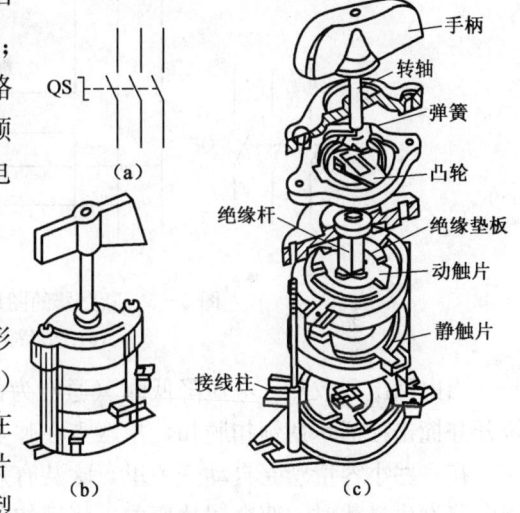

图 5-4 组合开关的图形文字符号和结构原理图
(a) 图形符号；(b) 外形图；(c) 结构图

组合开关在机床电气和其他电气设备中使用广泛。其体积小、接线方式多，使用非常方便，常用于交流 50Hz、380V 及以下，直流 220V 及以下的电气线路中，供手动不频繁地接通或分断电路、换接电源、测量三相电压、改变负载的连接方式，控制小容量交、直流电动机的正反转、丫—△启动和变速换向等。

三、断路器

低压断路器又称自动空气开关，是用于当电路中发生过载、短路和欠电压等不正常情况时能自动分断电路的电器；也可用作不频繁地启动电动机或接通、分断电路。它是低压交、直流配电系统中的重要保护电器之一。断路器按结构型式可分为框架式（也称万能式）和塑料外壳式（也称装置式）两种。

断路器的电气图形符号及文字符号和结构原理如图 5-5 所示。开关正处于工作状态。三个主触点通过传动杆及锁扣保持闭合，锁扣可绕轴转动。当电路处于正常运行时，电磁脱扣器的电磁线圈虽然中在主回路中，但是所产生的吸力不能使衔铁动作，而只有当电路发生短路或过载时，衔铁才被迅速吸合，同时撞击杠杆，使锁扣脱扣，主触点被弹簧迅速拉开分断主电路。相反，在正常运行时，由于欠压脱扣器的电磁线圈并联在主电路中，在规定的正常电压范围内使衔铁吸合，同时克服弹簧的拉力。

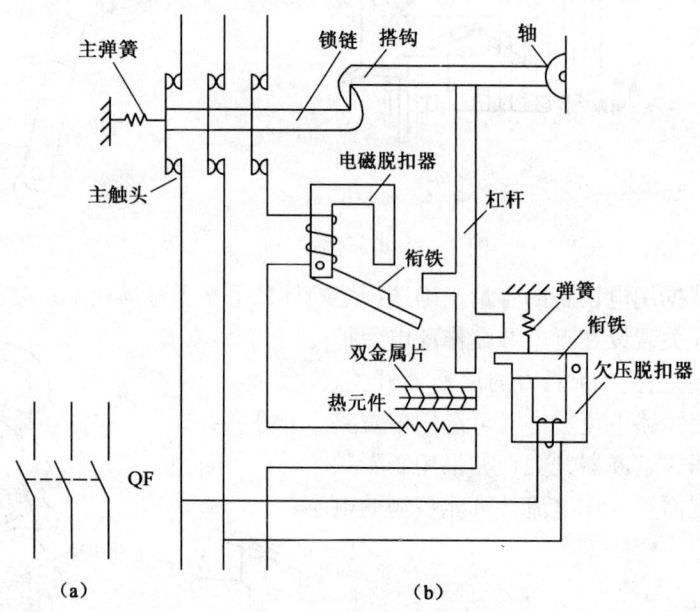

图 5-5 断路器的图形文字符号和结构原理图
（a）图形符号；（b）结构图

当电路出现故障，电压降低时（通常为额定电压的 70% 以下）吸力减小，衔铁被弹簧拉开并撞击杠杆，使锁扣脱扣，主触点在弹簧的作用下迅速分断电路。

在一些小容量塑壳自动开关里，除装有短路保护外，还装有用双金属片制成的脱扣器，当电路发生过载时，双金属片弯曲，将锁扣顶开使触点分断电路。

快速自动开关的动作原理是靠快速电磁铁（冲击衔铁式和感应电动斥力式脱扣器）配合高效能的灭弧装置，可使开关的全分断时间缩短至 10ms 以下。

第二节 低压主令电器

低压主令电器主要用于闭合、断开控制电路，以发布命令或信号，达到对电力传动系统的控制或实现程序控制。

一、按钮

1. 用途

按钮是一种短时接通或分断小电流电路的电器，它不直接去控制主电路的通断，而在控制电路中发出"指令"去控制接触器、继电器、启动器等电器,再由它们去控制主电路,实现电路的联锁或转换。

2. 结构

按钮的结构、电气图形符号如图5-6所示。

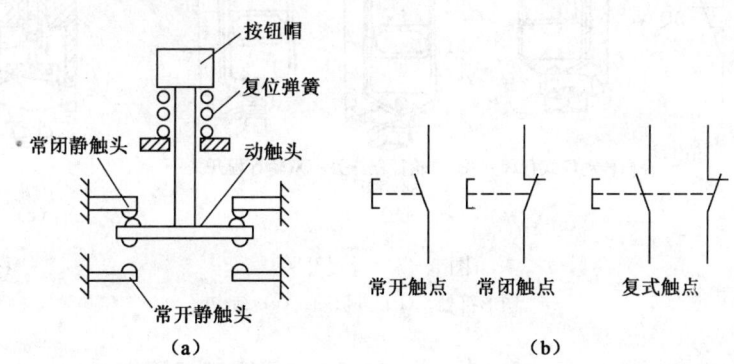

图5-6 按钮
(a) 结构图;(b) 图形符号

3. 按钮的颜色及标志

工作中为便于识别不同作用的按钮,避免误操作,按钮的头部一般设置不同的颜色或字母牌。其颜色规定如下:

(1) 停止和急停按钮:红色,按此按钮时,必须使设备断电、停车。
(2) 启动按钮:绿色。
(3) 点动按钮:黑色。
(4) 启动与停止交替按钮:必须是黑色、白色或灰色,不得使用红色和绿色。
(5) 复位按钮:必须是蓝色,当其兼有停止作用时,必须是红色。

二、行程开关

行程开关又称限位开关,用于机械设备运动部件的位置检测,是利用生产机械某些运动部件的碰撞来发出控制指令,以控制其运动方向或行程的主令电器。

行程开关从结构上可分为操作机构、触头系统和外壳三部分。图5-7所示为行程开关的图形符号、外形及结构图,图5-7(b)中的单轮和径向传动杆式行程开关可自动复位,而双轮行程开关则不能自动复位。行程开关结构如图5-7(c)所示,当移动物体碰撞推杆或滚轮时,通过内部传动机构使微动开关触头动作,即常开、常闭触点状态发生改变,从而实现对电路的控制作用。

行程开关其作用与按钮相同,只是其触点的动作不是靠手动操作,而是利用生产机械某些运动部件上的挡铁碰撞其滚轮使触点动作来实现接通或分断某些电路,使之达到一定的控制要求。它是一种将机械信号(行程)转为电信号的开关元件,广泛应用于顺序控制、变换运动方向、行程、定位、限位安全等自动控制系统中。

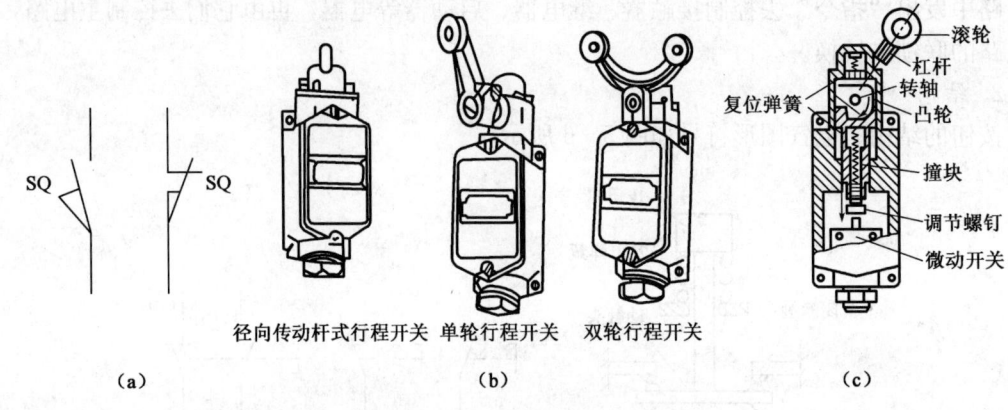

图 5-7 行程开关
(a) 图形符号；(b) 外形图；(c) 结构图

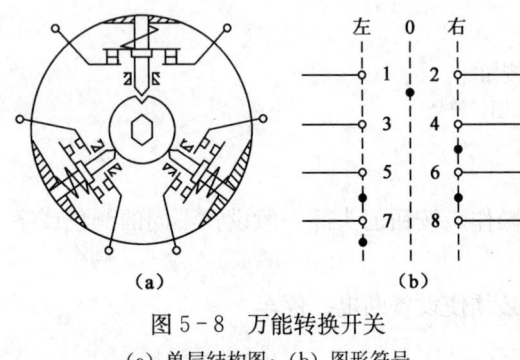

图 5-8 万能转换开关
(a) 单层结构图；(b) 图形符号

三、万能转换开关

万能转换开关是由多组相同结构的触头组件叠装而成的多挡位、多回路的主令电器。其单层结构如图 5-8（a）所示，图形符号如图 5-8（b）所示。

万能转换开关主要用于低压断路操作机构的分合闸控制，各种控制线路的转换，电气测量仪器的转换，也可用于小容量异步电动机的启动、调速和换向控制，还可用于配电装置线路的转换及遥控等。

四、主令控制器

主令控制器是用来按顺序频繁切换多个控制电路的主令电器，主要用于轧钢及其他生产机械的电力拖动控制系统，也可在起重机电力拖动系统中对电动机的启动、制动和调速等远距离控制。

主令控制器的结构如图 5-9（a）所示，主要由转轴、凸轮块、动静触头、定位机构及手柄等组成。其触点为双断点的桥式结构，通常为银质材料，操作轻便，允许每小时接电次数较多。主令控制器的图形符号如图 5-9（b）所示。

五、接近开关

接近开关是非接触式的检测装置。当运动着的物体接近它到一定距离范围之内，它就发出信号，以控制运动物体的位置（或计数）。

与行程开关比较，接近开关具有下列优点：
（1）定位精度高（可达数十微米）。
（2）操作频率高（可达每秒数十次乃至数百次）。

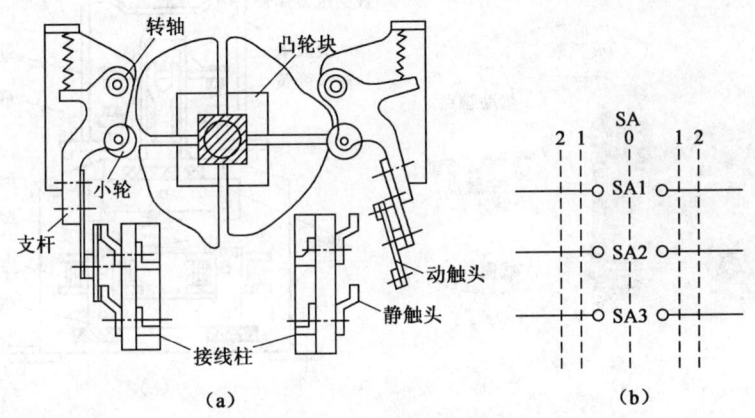

图 5-9 主令控制器
(a) 结构图；(b) 图形符号

(3) 寿命长（永久性，无接触磨损）。
(4) 功率消耗低。
(5) 耐冲击振动、耐潮湿，能适应恶劣的工作环境。
(6) 使用面广，可以做成插接式、螺纹式、感应头外接式等，以适应不同的使用场合和安装方式。

然而，接近开关需要有触点继电器作为输出器。目前，接近开关已在工业生产上得到推广应用。

第三节 低压控制电器

一、接触器

接触器是用来频繁地远距离接通或断开交直流主电路及大容量控制电路的控制电器。它不同于刀开关类手动切换电器，因为它具有自动切换电器所不能实现的远距离操作功能，同时又具备手动切换电器所没有的失压保护功能；它也不同于自动开关，因为它虽然具有一定的过载能力，但却不能切断短路电流，也不具备过载保护的功能。接触器由于生产方便，成本低廉，用途广泛，所以在各类低压电器当中，是生产量最大、使用面最广的一种产品。据统计，电力系统的能量有一半以上通过接触器分配到各种用电器——电动机、电热设备、电焊机、电容器组等，但接触器最主要的用途还是控制电动机。

1. 接触器的结构

接触器的外形、结构如图 5-10 所示。其原理、图形符号和文字符号如图 5-11 所示。

2. 接触器控制电动机的工作原理

如图 5-12 所示，当把按钮 SB_2 向下按时，接触器中的电磁线圈就从按钮得到一个信号，即通过按钮当中动合触点的闭合动作，电磁线圈就经过按钮和熔断器接通到电源上。线圈通电以后，产生一个磁场将静铁心磁化，吸引动铁心，使它向着静铁心运动，并最终吸合

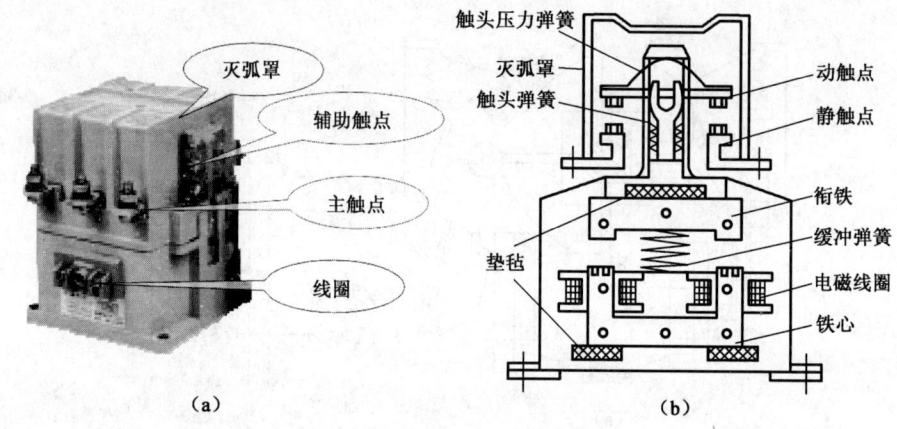

图 5-10 CJ20 系列交流接触器外形和结构示意图
(a) 外形图；(b) 结构图

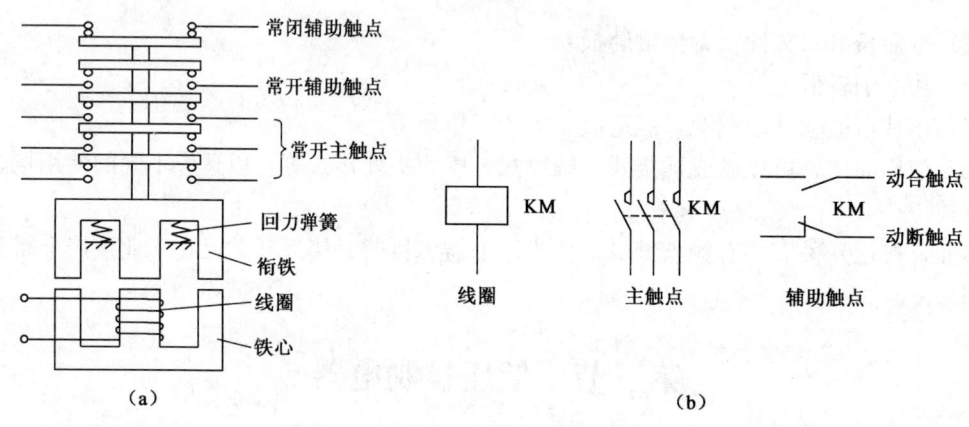

图 5-11 交流接触器原理图和图形文字符号
(a) 原理图；(b) 图形文字符号

在一起。接触器触点系统中的动触点是同动铁心机械地固定在一起，当动铁心被静铁心吸引向下运动时，动触点也随之向下运动，与静触点闭合。这样，电动机便经由接触器的触点系统和熔断器接通电源，开始启动运转。一旦电源电压消失或者显著降低，以致电磁线圈没有励磁或励磁不足，动铁心就会因电磁吸力消失或过小而在释放弹簧的反作用力作用下释放，脱离静铁心。与此同时，与动铁心固装在一起的动触点也与静触点脱离，使电动机同电源脱开，停止运转，这就是所谓失压保护。在电动机负载功率为一定值的情况下，如果电源电压下降，为维持一定的输出，势必要将电流增大，其结果会使电动机因过载而烧损。电源在失去电压之后又重新恢复电压，在控制电动机的接触器未曾释放的情况下，电动机将自行启动，这往往会导致生产事故或人身事故。因此，从以上两点来看，失压保护确实是很重要的一种安全措施。与电动机主回路电流比较，接触器电磁线圈的电流是很小的，所以能很方便地用细导线接到远处进行远距离操作。

3. 接触器的分类

接触器可以按其主触点所控制的电路中电流的种类分为直流接触器和交流接触器，其中

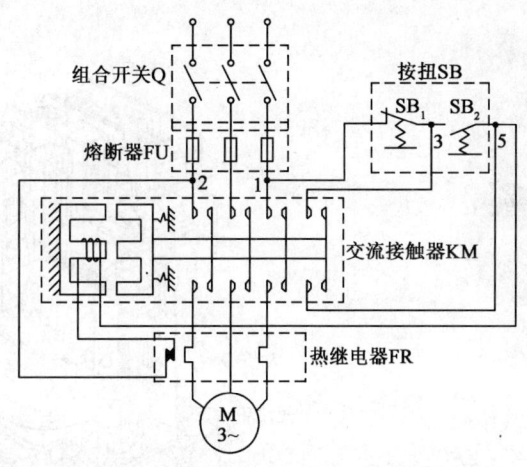

图 5-12 接触器控制电动机的工作原理

交流接触器还可分为工频（50Hz 或 60Hz）和中频（如 400Hz 等）两种。其次，接触器又可按其电磁系统的励磁方式分为直流励磁操作和交流励磁操作两种。此外，接触器还可以按其主触点的极数分为单极、双极、三极、四极和五极。直流接触器一般为单极或双极；交流接触器大多数是三极的；在双回路控制时，要用四极接触器；五极接触器用于多速电动机控制或者自动式自耦减压启动器中。

二、常用继电器

继电器是根据某一输入量来换接执行机构的电器，起传递信号的作用。常用的继电器有电压继电器、电流继电器、中间继电器、时间继电器、热继电器、速度继电器。随着电子工业、半导体器件的发展，出现了真空继电器、固态继电器等新型继电器。

1. 中间继电器

中间继电器是传输或转换信号的一种低压电器元件，它可将控制信号传递、放大、翻转、分路、隔离和记忆，以达到一点控多点、小功率控大功率的目标。中间继电器的主要作用是解决触点容量、数目与继电器灵敏度的矛盾。

中间继电器有通用型继电器、电子式小型通用继电器、接触器电磁式中间继电器、采用集成电路构成的无触点静态中间继电器等。下面介绍应用最广泛的电磁式中间继电器。

电磁式中间继电器实质是电压继电器，其结构与小型交流接触器相同，如图 5-12 所示。因 JZ7 系列中间继电器与 CJ10 系列接触器的结构基本一致，所以有时将控制电流在 5A 以下的中间继电器作交流接触器用。

中间继电器的触点数目多达 8 对，容量较大。常用的有 J27 系列交流中间继电器，JZ8 系列直流中间继电器，而 JZ11、JZ12、JZ13 系列则是上述系列的改进型。其中，JZ13 系列主要用在电子线路中作为执行元件。

2. 时间继电器

时间继电器是接受到输入信号后延长一段时间进行响应的电器设备。

时间继电器种类繁多，大致有空气阻尼式、电磁式、电动式、晶体管式等。目前应用最

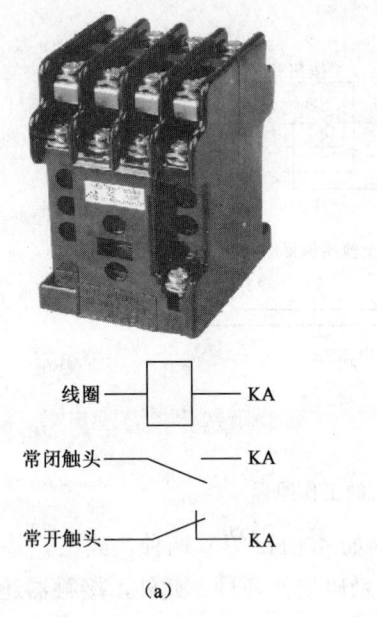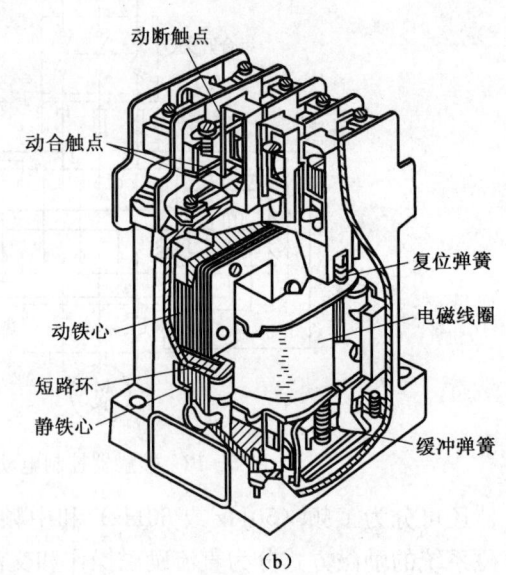

图 5-12 中间继电器
(a) 外形和图形文字符号；(b) 结构示意图

广的是空气阻尼式和晶体管式两种。JS7 系列为空气阻尼式时间继电器，JS14、JS20、JSS、JS15 等为晶体管式时间继电器。其型号含义与其他继电器相似。

1) 空气阻尼式时间继电器

在交流电路中最常用的是空气阻尼式时间继电器，其结构原理如图 5-13 所示。它是利用空气阻尼作用来达到动作延时的。

(1) 通电延时型时间继电器。

通电延时型时间继电器在其感测部分接受信号后，立即开始延时，一旦延时完毕，又立即通过执行部分输出信号以操纵控制回路。当输入信号消失时，继电器就立即恢复到动作前的状态。这种类型时间继电器的动作情况可用图 5-13 (a) 来说明。

当吸引线圈 1 通电后，将衔铁 4 吸下，推板 5 随之下降，于是在推板 5 与顶杆 6 间形成一个空隙，顶杆 6 在弹簧 7 的作用下向下移动，而顶杆 6 与伞形活塞 12 相连，活塞表面固定有橡皮膜 9。当活塞向下移动时，在膜上面造成空气稀薄的空间，活塞受到下面空气的压力，不能迅速下降。随着空气由进气孔 11 进入，活塞逐渐下降，当下降到最后位置时，杠杆 15 使触点 14 动作，从线圈通电到触点动作这一段时间即为延时时间。通过调节螺钉 10，调节进气孔的大小就可调节延时时间。吸引线圈断电后，依靠弹簧 3、8 的作用而复原，空气经由出气孔 17 被迅速排出。

(2) 断电延时型时间继电器。

断电延时型时间继电器与通电延时型时间继电器相反，断电延时型时间继电器在其感测部分接受输入信号后，执行部分立即动作，但当输入信号消失后，继电器必须经过一定的延时，才能恢复到原来（即动作前）的状态，并且有信号输出。

如图 5-13 (b) 所示断电延时型时间继电器，其结构与通电延时型相同，差别在于衔

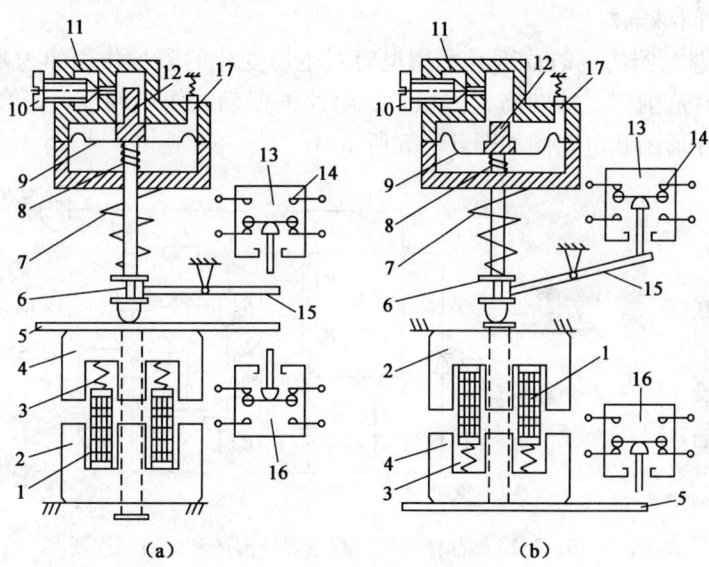

图 5-13 空气阻尼式时间继电器
(a) 通电延时型;(b) 断电延时型
1—线圈;2—静铁心;3、7、8—弹簧;4—衔铁;5—推板;6—顶杆;9—橡皮膜;
10—螺钉;11—进气孔;12—活塞;13、16—微动开关;14—延时触头;
15—杠杆;17—出气孔

铁和静铁心位置进行了互换。其原理请自行分析。

时间继电器图形符号和文字符号如图 5-14 所示。

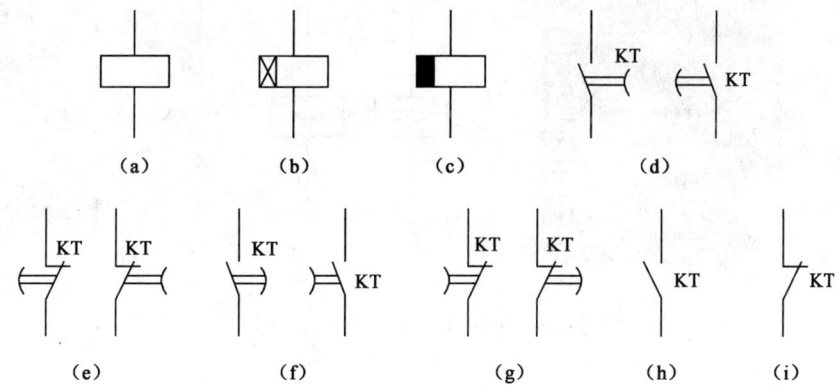

图 5-14 时间继电器的图形符号
(a) 线圈一般符号;(b) 通电延时线圈;(c) 断电延时线圈;(d) 延时闭合常开触点;
(e) 延时断开常闭触点;(f) 延时断开常开触点;(g) 延时闭合常闭触点;
(h) 瞬时常开触点;(i) 瞬时常闭触点

空气阻尼式时间继电器结构简单,延时范围较大(0.4～180s),可用于直流电路,更换线圈,也可用于交流电路;既可作为吸引线圈断电延时,又可作为吸引线圈通电延时。缺点是延时准确度较低。

2）晶体管时间继电器

晶体管时间继电器的延时原理是利用电容对电压变化的阻尼作用作为延时环节而构成的。其特点是延时范围广、精度高、体积小、耐冲击振动、便于调节、寿命长。JS14 型晶体管时间继电器外形图和电路图如图 5-15 所示。

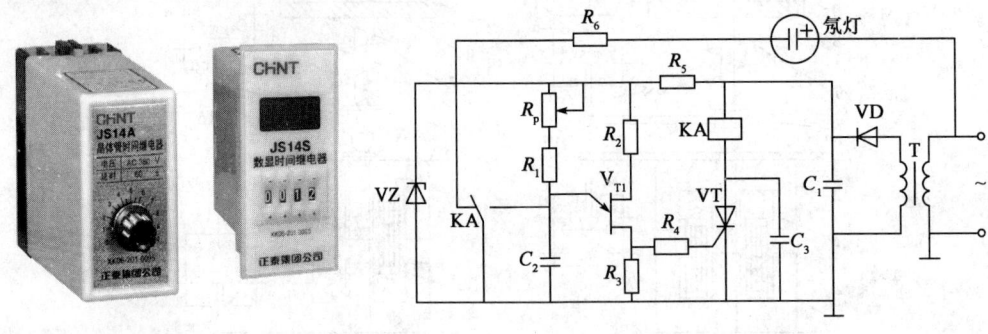

图 5-15　JS14 型晶体管时间继电器外形图和电路原理图
(a) 外形图；(b) 电路图

3．电磁式电压继电器

电磁式电压继电器如图 5-16 所示。电磁式电压继电器反映的是电压信号，使用时，电压继电器的线圈并接于被测电路，线圈的匝数多、导线细、阻抗大。继电器根据所接线路电压值的变化，处于吸合或释放状态。

按吸合电压相对额定电压大小可分为过电压继电器和欠电压继电器。

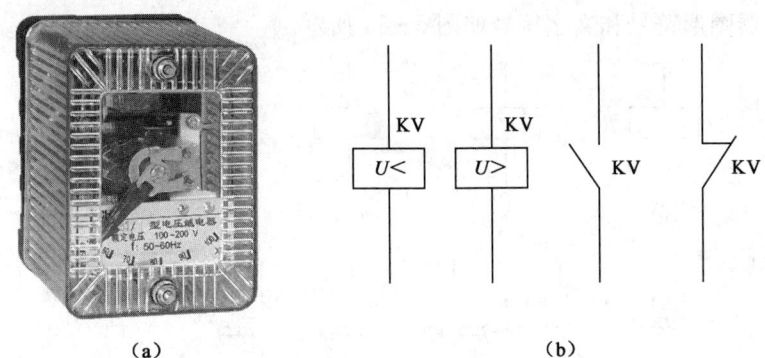

图 5-16　电压继电器外形图和图形符号
(a) 外形图；(b) 图形符号

1）过电压继电器

电路正常工作时，过电压继电器不动作，当电路电压超过到某一整定值（105%～120% U_N）时，过电压继电器吸合，对电路实现过电压保护。

2）欠电压继电器

电路正常工作时，欠电压继电器吸合，当电路电压减小到某一整定值（30%～50% U_N）以下时，欠电压继电器释放，对电路实现欠电压保护。

4．电磁式电流继电器

电磁式电流继电器反映的是电流信号，使用时，电流继电器的线圈串于被测电路中，用来反映电路电流的大小,根据电流的变化而动作。其外形和图形符号如图5-17所示。为降低负载效应和对被测量电路参数的影响,线圈匝数少,导线粗,阻抗小。电流继电器除用于电流型保护的场合外,还经常用于按电流原则控制的场合。

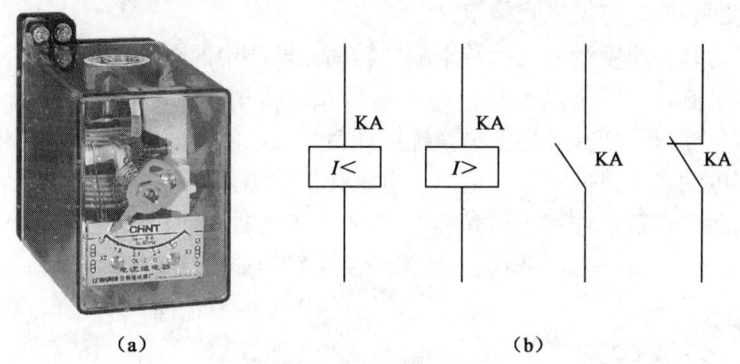

图5-17 电流继电器
(a) 外形图;(b) 图形符号

按线圈电流种类分为交流电流继电器与直流电流继电器,按吸合电流大小可分为过电流继电器和欠电流继电器。

1) 过电流继电器

通常,交流过电流继电器的吸合电流 $I_0 = (1.1～3.5)I_N$,直流过电流继电器的吸合电流 $I_0 = (0.75～3)I_N$。由于过电流继电器在出现过电流时衔铁吸合动作,其触头来切断电路,故过电流继电器无释放电流值。

应当注意,过电流继电器在正常情况下(即电流在额定值附近时)是释放的,当电路发生过载或短路故障时,过电流继电器才吸合,吸合后立即使所控制的接触器或电路分断,然后自己也释放。由于过电流继电器具有短时工作的特点,所以交流过电流继电器不用装短路环。

2) 欠电流继电器

正常工作时,继电器线圈流过负载额定电流,衔铁吸合动作;当负载电流降低至继电器释放电流时,衔铁释放,带动触头动作。欠电流继电器在电路中起欠电流保护作用。

欠电流继电器线圈中通以30%～65%的额定电流时继电器吸合,当线圈中的电流降至额定电流的10%～20%时继电器释放。所以,在电路正常工作时,欠电流继电器始终是吸合的。当电路由于某种原因使电流降至额定电流的20%以下时,欠电流继电器释放,发出信号,从而改变电路状态。

直流欠电流继电器的吸合电流与释放电流调节范围为 $I_0 = (0.3～0.65)I_N$ 和 $I_r = (0.1～0.2)I_N$。

5. 速度继电器

速度继电器根据电磁感应原理制成,主要作用是在三相交流异步电动机反接制动控制电路中作转速过零的判断元件。

图5-18所示为速度继电器的结构原理图,由图可知,速度继电器主要由三部分组成:

(1) 转子:为圆柱形永久磁铁。

(2) 定子：为笼型空心绕组。

(3) 触点：包括动断、动合触点。

转子是一个与被控电动机同轴的圆柱形永久磁铁，它的外围有一个可以转动一定角度的外环，外环的内圆表面装有鼠笼式绕组。

当电动机转动时，速度继电器的转子随之转动，外环中的短路导体便切割磁力线而感应出电动势并产生电流，此电流与旋转的转子磁场相互作用产生电磁转矩，于是外环开始转动，当转到一定角度时，装在外环上的摆锤推动簧片（动触点）动作，使常闭触点断开，常开触点闭合。当电动机转速低于某一值时，电磁转矩减小，外环的转动角度也随之减小，摆锤与簧片分离，触点在簧片作用下复位。一般速度继电器的动作转速为120r/min，触点复位转速在100r/min以下。速度继电器的图形及文字符号如图5-19所示。

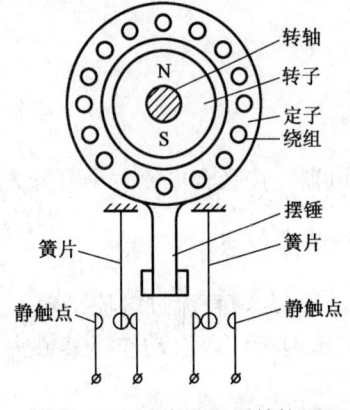

图5-18 速度继电器结构原理

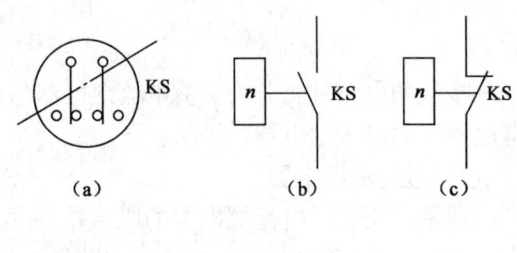

图5-19 速度继电器的图形及文字符号
(a) 转子；(b) 常开触点；(c) 常闭触点

第四节 低压保护电器

一、熔断器

熔断器是当电流超过限定值时借熔体熔化来分断电路的一种用于短路保护的电器。熔体富于"自我牺牲精神"，当电网或用电设备发生过载或短路时，它能自身熔化分断电路；避免由于过电流的热效应及电动力引起对电网和用电设备的损坏，并防止事故蔓延。

熔断器的最大特点是结构简单、体积小、重量轻、使用维护方便、价格低廉，具有很大的经济意义，又由于它的可靠性高，故无论在强电系统或弱电系统中都获得了广泛应用。

1. 熔断器的结构和原理

熔断器主要由熔断体（简称熔体，有的熔体装在具有灭弧作用的绝缘管中）、触头插座和绝缘底板组成。熔体是核心部分，常做成丝状或片状，制造熔体的金属材料有两类：

(1) 低熔点材料：如铅锡合金、锌等。

(2) 高熔点材料：如银、铜、铝等。

熔断器接入电路时，熔体串联在电路中，负载电流流过熔体，由于电流热效应而使温度上升。当电路发生严重过载或短路时,电流大于熔体允许的正常发热电流,使熔体温度急剧上升,超过其熔点而熔断,从而分断电路,保护了电路和设备。

2. 常用熔断器

1)插入式熔断器

插入式熔断器习惯上又称为"铅丝盒子"或"插铅丝"。RC1A 系列为瓷插式熔断器,它是在 RC1 系列的基础上改进设计的。这种熔断器一般用于交流 50Hz、额定电压低于 380V、额定电流低于 200A 的低压线路末端或分支电路中,作为电缆及电气设备的短路保护及一定程度上的过载保护之用。

RC1A 系列熔断器由瓷盖、瓷座、触头和熔丝四部分组成,如图 5-20(a)所示。瓷座由电工瓷制成,两端固装着静触头,中间有一空腔,它与瓷盖的突起部分共同形成灭弧室。额定电流为 60A 及以上的产品,灭弧室中还垫有编织石棉带以保护瓷件。瓷盖也是由电工瓷制成的,动触头就固装在它的两端。瓷盖中段有一突起部分,熔丝沿此突起部分跨接在两个动触头上。熔断器电气图形符号如图 5-20(b)所示。

2)螺旋式熔断器

现在常用的是 RL1 系列螺旋式熔断器,其结构如图 5-21 所示。熔断器主要由瓷帽、熔断管、瓷套以及瓷座等组成。熔管是一个瓷管,内装石英砂和熔体。熔体的两端焊在熔管两端的导电金属端盖上,其上端盖中央有一个熔断指示器,当电路分断时,指示器便弹出,透过瓷帽上的玻璃可以看见。熔断器熔断后,只要更换熔断管即可。

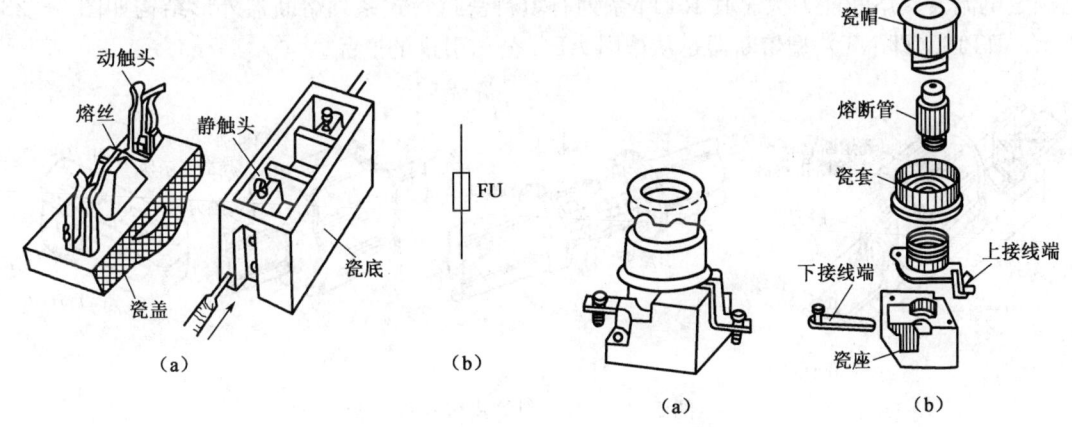

图 5-20 RC1A 系列瓷插式熔断器结构和符号
(a)结构图;(b)图形符号

图 5-21 RL1 系列螺旋式熔断器
(a)外形图;(b)结构图

螺旋式熔断器一般用于配电线路中作为过载及短路保护,同时,还因其具有较大的热惯性,安装面积又比较小,也常用于机床控制线路以保护电动机。

3)无填料密闭式熔断器

无填料封闭管式熔断器是一种可拆卸的低压熔断器。当熔断器已起到保护作用,熔体熔断之后,用户可以自行拆开,重装新的熔体,所以检修方便,恢复供电也较快。因此,凡属故障经常发生的场合,采用这种熔断器作为低压电力网络和成套配电装置的短路保护及连续过载保护是很适合的。

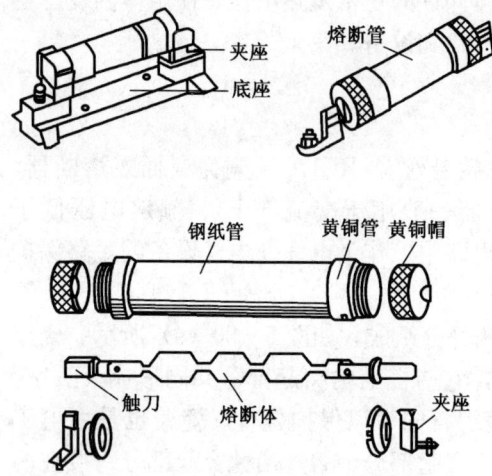

RM10系列熔断器由熔断管、熔断体和插座等部分组成，其外形如图5-22所示。熔断管结构形式有两种：15～60A熔断器的熔断管由钢纸管（习称反白管）、黄铜接头和圆柱形铜帽等构成，其中220V、15A产品的接头为内镶式，其余产品都采用外套式接头；100A及以上熔断器的熔断管由钢纸管、黄铜接头、铜帽和触刀等构成，其熔断体与触刀之间以螺栓紧固。熔断体熔断时，在其管内产生30～80个大气压，电弧因受强烈压缩而熄灭。

4）有填料封闭管式熔断器

有填料封闭管式熔断器在结构方面的最大特征，就是在其熔断管内充满了填料（石英沙），借此增强熔断器熄灭电弧的能力。

图5-22 RM10系列熔断器

填料之所以有助于灭弧，是因为作为填料的介质材料具有较高的导热性能、绝缘性能，并且由于它的颗粒状外形而具有很大的同电弧接触的表面积。当熔断器分断故障电流而产生电弧时，大量的填料颗粒就同电弧接触，吸收电弧的能量，使电弧很快冷却。这样，电弧间隙的介质强度便迅速增强，从而加速了电弧的熄灭过程。所以有填料封闭管式熔断器的特点是额定电流大、熔断能力大。其RT14系列有填料密封管式系列熔断器外形结构如图5-23所示。RT16（即NT）型熔断器是从德国AEG公司引进的产品。

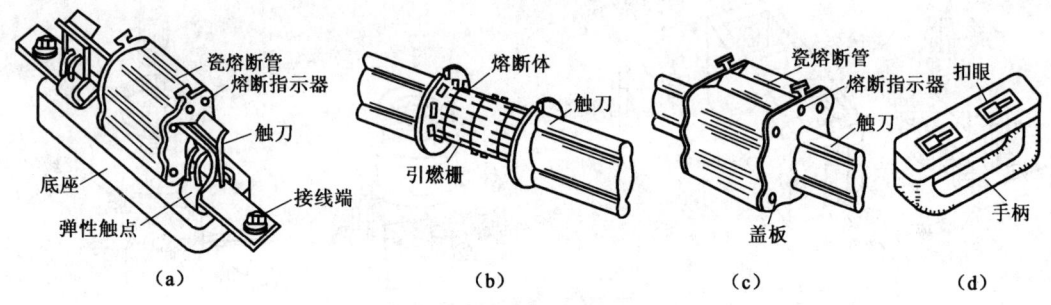

图5-23 有填料管式熔断器
(a) 熔断器总成；(b) 熔断体；(c) 熔断器；(d) 操作手柄

3. 熔断器的选择

(1) 类型选择：由电气控制系统线路要求、使用场合和安装条件的整体设计而定。

(2) 额定电压选择：熔断器额定电压应不小于线路的工作电压。

(3) 额定电流选择：熔断器额定电流必须大于或等于所装熔体的额定电流。

(4) 熔断体额定电流选择：具体选择方法可遵循以下原则：

①保护一台电动机时，应对电动机启动冲击电流予以考虑，故熔断体额定电流的要求为 $I_{fN} \geq (1.5 \sim 2.5) I_N$。式中，$I_{fN}$为熔断体额定电流；$I_N$为电动机的额定电流。

②保护多台电动机时，熔断体应在出现尖峰电流时不致熔断，通常将容量最大电动机启

动,其他电动机正常工作时出现的电流视为尖峰电流,故 $I_{fN} \geq (1.5 \sim 2.5) I_{Nmax} + \sum I_N$。

③电路上、下两级均设短路保护时,两级熔断体额定电流的比值不小于 1.6:1,以使两级保护达到良好配合。

④照明电路、电炉等阻性负载因没有冲击电流,可取 $I_{fN} \geq I_e$ 式中,I_e 为电路工作电流。

二、热继电器

热继电器是依靠电流通过发热元件所产生的热量,使金属片受热弯曲而推动机构动作的一种电器,主要用于电动机的过载保护、断相及电流不平衡运行的保护。热继电器的外形和电气图形符号如图 5-24 所示。

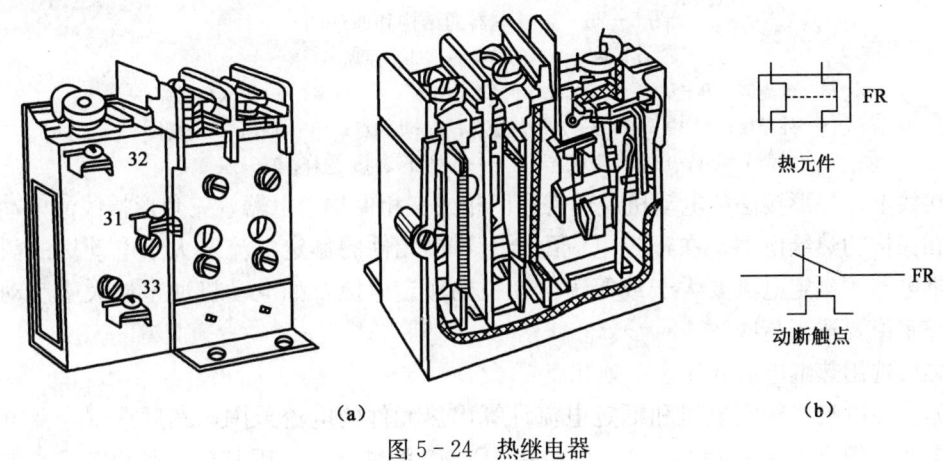

图 5-24 热继电器
(a) 外形图;(b) 图形符号

1. 热继电器的结构和原理

热继电器的结构和动作原理如图 5-25 所示。

热继电器由热元件、触点、动作机构、复位按钮和整定电流调节装置等组成。工作时,热元件与被保护电动机的主电路串接,热继电器的触点串接在接触器线圈所在的控制回路中。它的热元件由阻值不高的电热丝或电阻片绕成,双金属片由具有不同热膨胀系数,且由差异较大的金属薄片叠加而成。热元件串在主电路中,正常运行时电流较小,热元件温度不高,不会使双金属片产生较大的弯曲,故热继电器工作时不动作。一旦线路过载,热元件加热双金属片,由于双金属片上层金属膨胀系数小,下层金属膨胀系数大而向上弯曲,使扣板在弹簧拉力作用下带动绝缘牵引板,切断接入控制回路的动断触点,使主电路断开,从而实现过载保护功能。热继电器动作后一般不能立即复位,须待电流正常后,双金属片复原再按复位按钮,才能使之回到正常状态。

2. 热继电器的选用

热继电器选用是否恰当,是它能否可靠地进行过载保护的关键。选用时主要考虑的因素是额定电流或热元件整定电流,均应大于被保护电路或设备的正常工作电流。作为电动机保护时,要考虑其型号、规格和特性、正常启动时的启动时间和启动电流、负载的性质等。

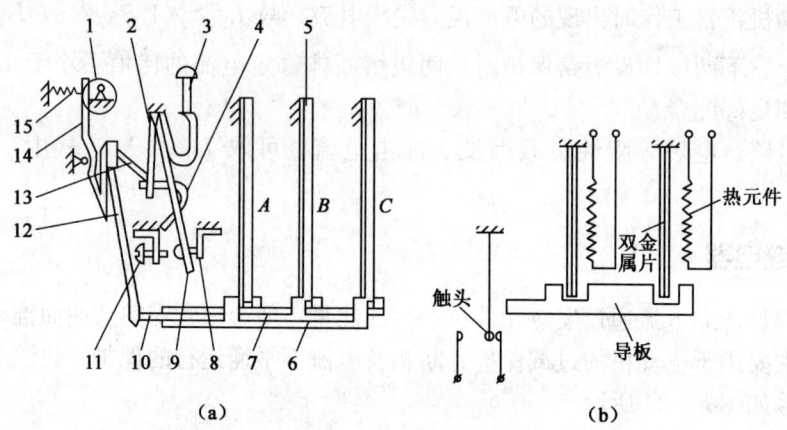

图 5-25 热继电器的结构和原理图
(a) 热继电器的结构图；(b) 原理图
1—电流调节凸轮；2—簧片；3—手动复位按钮；4—弓簧；5—主双金属片；
6—外导板；7—内导板；8—常闭静触点；9—动触点；10—杠杆；11—复位
调节螺钉；12—补偿双金属片；13—推杆；14—连杆；15—压簧

在接线上，星形接法的电动机应选普通两相或三相保护继电器，三角形接线的电动机要选带断相保护的热继电器。在额定电流配合上，热元件的额定电流要大于电动机的额定电流；热继电器的额定电流要大于或等于电动机的额定电流，如电动机冲击性大或启动时间长，则整定值要适当高些。

总之，选用热继电器要注意下列几点：

(1) 先由电动机额定电压和额定电流计算出热元件的电流范围，然后选型号及电流等级。如电动机额定电流 $I_N = 14.7A$，则可选 JR0-40 型继电器，因其热元件电流 $I_{RN} = 16A$，工作时将热元件的动作电流整定在 14.7A。

(2) 如热继电器与电动机的安装条件不同，环境也不同，则热元件电流要做适当调整。如高温场合热元件的电流应放大 1.05～1.20 倍。

(3) 设计成套电气装置时，热继电器尽量远离发热电器。

(4) 通过热继电器的电流与整定电流之比称为整定电流倍数。其值越大发热越快，动作时间越短。

(5) 对于点动（断续控制）、重载启动、频繁正反转及带反接制动等运行的电动机，一般不用热继电器作过载保护。

三、漏电保护器

漏电保护器也称漏电保安器，是一种低压系统中的保安电器，主要用做发生人身触电或漏电时迅速切断电源，包括保障人身安全、防止人触及带电电气设备金属外壳、构件、火线等而酿成触电伤亡事故；防止接地故障或严重漏电故障而酿成火灾或爆炸事故。有些漏电保安器（漏电开关）还兼有保护电气设备不因过载、短路而损坏，以及能做不频繁启动电动机之用，具有操作、转换功能。

漏电保安器按工作原理分，有电压型漏电开关、电流型漏电开关（包括电磁式、电子式、中性点接地式三种)、电流型漏电继电器。按漏电动作电流值分,有高、中、低灵敏度漏电开关三种,其动作电流范围分别为 5～30mA、50～1000mA、3～20A。另外,按时限特性可分为高速型、延时型、反时限型等。

常用的漏电开关主要是电流型的,这里仅介绍电磁式和电子式两种。前者漏电电流直接流过脱扣器操作主开关,后者是将漏电电流放大后驱使脱扣器动作。

1. 电磁式漏电开关

电磁式漏电开关其主要结构是在一般的自动开关中增加一个零序互感器和漏电脱扣器。

在图 5-26 中,零序互感器是作为检测漏电电流的感觉元件,通常由一个高导磁材料制成的环形封闭铁心,其上绕有一次和二次绕组构成的。一次绕组就是三相电源导线,对于额定电流较大的漏电自动开关,可以直接穿过铁心;对于额定电流较小的,可以将每相导线在环形铁心上绕 3 至 5 圈。正常运行时,三相电流平衡,二次绕组无输出。当电路发生触电或漏电事故时,二次绕组即感应出零序电流。该电流激励漏电脱扣器使自动开关脱扣。零序电流互感器是一个关键部件,其性能好坏直接影响保护性能。

电磁式漏电开关主要产品有 DZ5-20L 型以及 DZ15L、DZL16、JC 系列等。其中,DZ5-20L 型是 DZ5-20 型的改进型,具有过载、短路和漏电三种保护功能,其动作电流最小为 30mA,漏电动作时间小于 0.1s,缺点是价格高、体积偏大;DZ16 系列是仿德国 SIEMENS 公司 FSJ 系列产品,二极、专供漏电保护用,其最小漏电动作电流为 15mA,动作时间小于 0.1s,适用于家用触电保护等;JC 系列也是德国产品,其功能与 DZ16 系列相似。

2. 电子型漏电开关

电子式漏电开关又称为半导体式漏电开关,其基本组成是主开关、试验回路、零序电流互感器、压敏电阻、电子放大器、晶闸管及脱扣器。其外形和原理如图 5-27 所示。

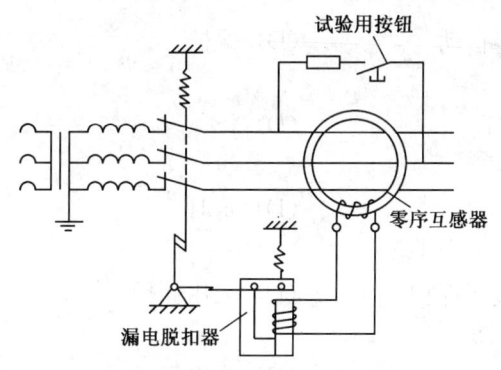

图 5-26 漏电保护开关原理图

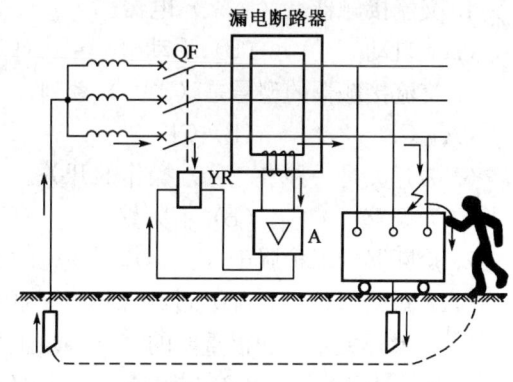

图 5-27 电子式漏电开关

电子式漏电保护器,以晶体管放大器作为中间机构,当发生漏电时由放大器 A 放大后传给继电器 YR,由继电器控制开关使其断开电源。这种保护器优点是:灵敏度高(可到 5mA);整定误差小,制作工艺简单、成本低。缺点是:晶体管承受冲击能力较弱,抗环境干扰差;需要辅助工作电源(电子放大器一般需要十几伏的直流电源),使漏电特性受工作电压波动的影响;当主电路缺相时,保护器会失去保护功能。

目前投产的主要为 DZL18 系列。DZL18-20 集成电路型漏电开关的零序电流互感器用坡莫合金材料制成，尺寸较小。为克服电子式耐压低的缺点，线路中加入 MYH 型压敏电阻作过电压吸收元件。

3. 漏电保安器的选用

选用漏电保安器的主要原则是：

(1) 额定电压或电流要大于或等于线路的额定电压或计算电流。

(2) 脱扣器的动作电流及额定电流要大于计算电流。

(3) 其极限通断能力应大于或等于线路最大短路电流。

(4) 线路末端单相对地短路电流与漏电开关瞬时脱扣器整定电流之比要大于或等于 1.25。

(5) 按使用场所选用漏电保护电器的类型，按保护对象、气候条件、线路状况不同来选择相应类型。

具体应用时应结合漏电保护电器性能和上述条件确定。

习　题

1. 电路的开关是电路中不可缺少的元件，（　　）不是电路的开关。
   (A) 保险　　　　(B) 闸刀　　　　(C) 转向开关　　　　(D) 空气开关

2. 交流接触器主要由（　　）三部分组成。
   (A) 线圈、触头、铁心　　　　　(B) 电磁、触头、灭弧
   (C) 电磁、灭弧、短路环　　　　(D) 线圈、触头、短路环

3. 按钮是（　　）电器。
   (A) 自动　　　　(B) 手动　　　　(C) 半自动　　　　(D) 保护

4. 交流接触器是（　　）电器。
   (A) 自动　　　　(B) 手动　　　　(C) 半自动　　　　(D) 保护

5. 交流接触器的型号是（　　）系列。
   (A) CZ　　　　(B) CJ　　　　(C) HD　　　　(D) JS

6. 刀开关是一种（　　）操作的开关。
   (A) 频繁　　　　(B) 不频繁　　　　(C) 延时　　　　(D) 定时

7. 熔断器的保护属于（　　）。
   (A) 短路保护　　(B) 过载保护　　(C) 过压保护　　(D) 欠压保护

8. 位置开关是一种很重要的（　　）主令电器。
   (A) 大电流　　　(B) 小电流　　　(C) 大电压　　　(D) 小电压

9. 当按钮按下时（　　）。
   (A) 常开、常闭触头均闭合　　　(B) 常开、常闭触头均分开
   (C) 常开触头闭合、常闭触头分开　　(D) 常开触头分开、常闭触头闭合

10. （　　）热继电器的发热元件串接在控制电路中。

11. （　　）交流接触器的触点分为主触头和辅助触头两种。

12. （　　）交流接触器的主触头是常闭触头。

13. （　　）刀开关在低压线路中，可以频繁地手动接通、分断电路。
14. （　　）按钮是一种手动开关，用来接通或断开小电流以控制大电流。
15. （　　）熔断器熔断体熔断后，不能用铜丝或铝丝代替。
16. （　　）家庭用漏电保护器能够切断短路电流。
17. 按钮颜色规定如下：
（1）停止和急停按钮为（　　）（2）启动按钮为（　　）（3）点动按钮为（　　）。
18. 家庭用漏电保护器，一般其动作电流最小为（　　）mA，漏电动作时间小于（　　）s。

第六章 电动机及其基本控制电路

低压电器基本控制电路以电动机控制电路为主。所谓电动机控制电路,就是利用各种低压电器组成的能控制电动机启动、反转、制动等作用的电路。本章首先介绍三相异步电动机的基本结构和工作原理,然后给出几个低压电器常规控制电路,复杂控制电路可由它们组合而成。

第一节 三相异步电动机结构与原理

一、异步电动机的基本结构

实际三相异步电动机的结构包括两个部分:静止不动的定子和可以旋转的转子,如图6-1所示。定子和转子之间隔着一层很小的空气隙,中、小型电动机的空气隙厚度约为0.2~1.0mm。

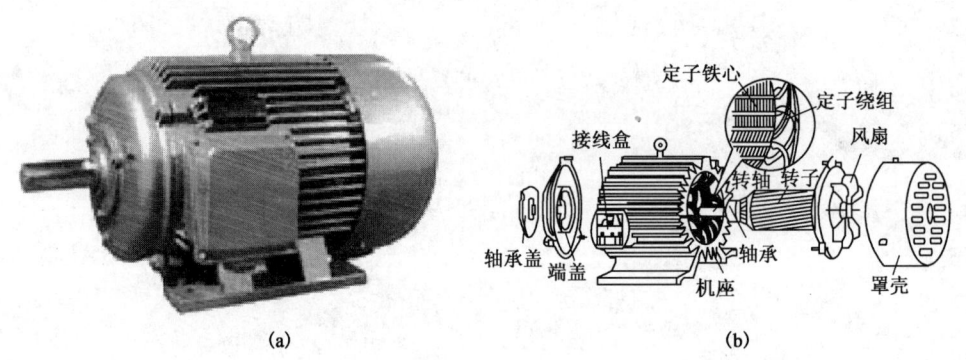

图6-1 异步电动机
(a) 外形图;(b) 结构图

1. 定子

定子由机座(外壳)、定子铁心和定子绕组组成。定子铁心是电动机磁路的一部分,为了减小涡流和磁滞损失,由互相绝缘的硅钢片叠成,内圆周表面有槽,如图6-2所示,用来放置定子绕组。定子铁心装在由铸铁或铸钢制成的机座上。定子绕组是结构对称的三相绕组,由许多线圈连接而成,线圈用绝缘的铜(或铝)导线绕制,大型异步电动机的定子线圈用较大截面的扁铜线绕好以后,再包上绝缘。定子绕组是定子电路部分。

2. 转子

转子是电动机的转动部分,由转子铁心、转子绕组和转轴组成。转子铁心是圆柱形的,由硅钢片叠成。在转子铁心的外圆周上有槽,槽内放置转子绕组,转子固定在转轴上。按照

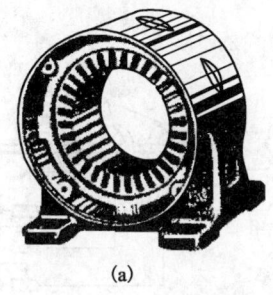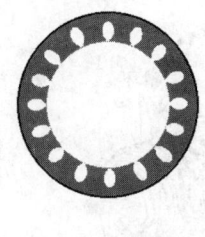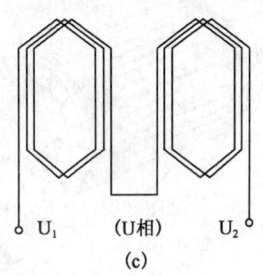

图 6-2 机座（外壳）、定子铁心和定子绕组
(a) 机座；(b) 定子铁心；(c) 定子绕组

转子绕组结构的不同，异步电动机可分为鼠笼式和绕线式两种，图6-3（a）所示是鼠笼式转子的结构。它是在转子铁心的槽内放置铜条，其两端用端环连接。转子铁心冲片如图6-3（b）所示。如果去掉转子铁心，转子绕组便成鼠笼形状，如图6-3（c）所示，因此称为鼠笼式转子绕组。有些转子是在其铁心槽内浇铸铝液，铸成一个鼠笼，这种转子既经济又便于生产，中小型鼠笼式异步电动机几乎都采用铸铝转子。

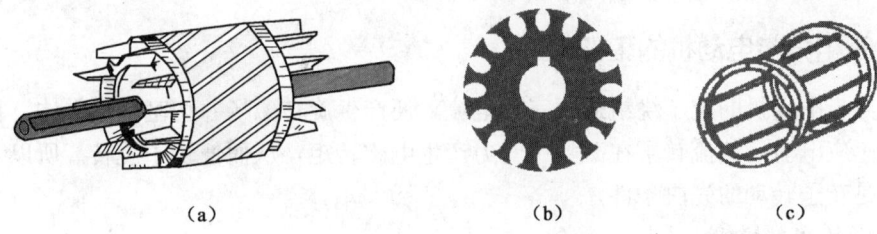

图 6-3 鼠笼式转子的结构
(a) 鼠笼式转子的结构；(b) 转子铁心冲片；(c) 转子绕组

绕线式电动机结构如图 6-4 所示。绕线式转子的绕组和定子绕组相似，也是由绝缘导线做成绕组元件，放在转子铁心槽内，然后连接成对称的三相绕组。转子三相绕组通常接成星形，星形绕组的 3 根端线接到装在转轴上的 3 个铜滑环上，通过一组电刷把转子绕组从 3 个接线端引出来并与外电路相连接。图 6-5 所示是绕线式转子的结构和接线图。

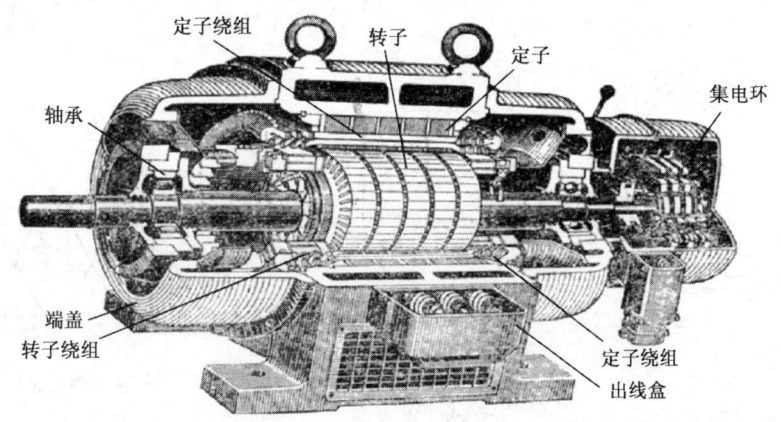

图 6-4 绕线式电动机结构

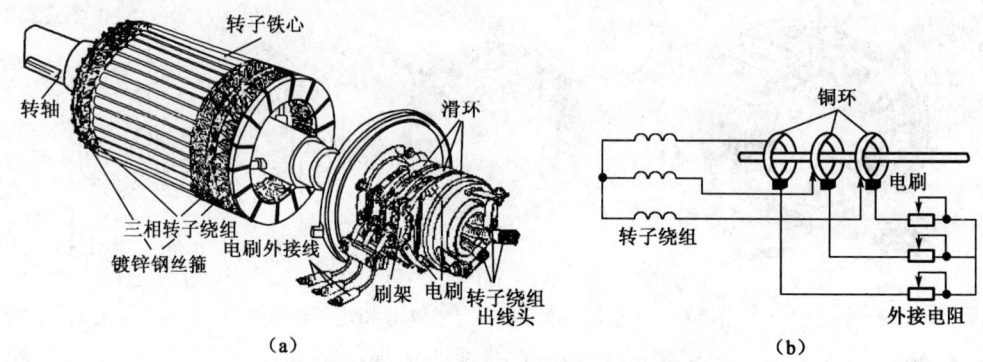

图 6-5 绕线式转子结构示意图
(a) 结构图；(b) 接线图

绕线式转子的特点是可以通过滑环和电刷在转轴上的 3 个铜环上，通过一组电刷把转子绕组从 3 个接线端引出来并与外电路相连接。绕线式转子的特点是可以通过滑环和电刷在转子电路中接入附加电阻，以改善异步电动机的启动性能或调节电动机的转速。在正常工作情况下，转子绕组是短接的，不接入附加电阻。

二、三相异步电动机的工作原理

三相异步电动机的定子绕组通入三相电流，便产生旋转磁场并切割转子导体，在转子电路中产生感应电流，载流转子在磁场中受力产生电磁转矩，从而使转子旋转。所以，旋转磁场的产生是转子转动的先决条件。

1. 定子的旋转磁场

为了便于说明问题，把分布在定子圆周上的三相绕组用 3 个单匝线圈代替，如图 6-6 (a) 所示。这 3 个线圈在定子铁心的内圆周上是对称排列的，即它们的始端 U_1、V_1、W_1（或末端 U_2、V_2、W_2）在空间位置上互差别 120°，把 3 个线圈接成星形，如图 6-6 (b) 所示，并接到三相电源上，于是三相线圈中便出现对称的三相电流，如图 6-6 (c) 所示。习惯上规定，电流的参考方向是从线圈的首端指向末端。设以 U 相电流为参考量，则三相电流可表示为

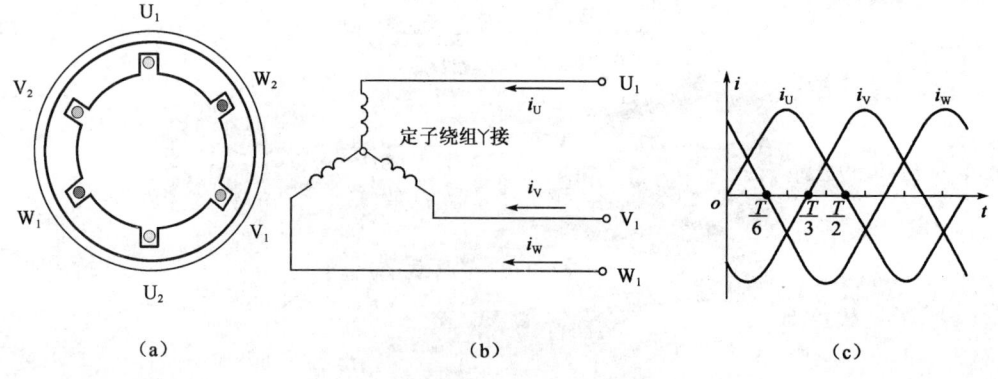

图 6-6 定子绕组
(a) 三相绕组的排列；(b) 接线图；(c) 波形图

$$i_U = I_m \sin\omega t$$

$$i_V = I_m \sin(\omega t - 120°)$$

$$i_W = I_m \sin(\omega t + 120°)$$

下面分析在不同瞬时由三相电流产生的合成磁场的特点。

当 $\omega t=0$ 时，由图 6-7 可见 $i_U=0$，即 U 相绕组中电流为零；i_V 为负，其实际方向与所设参考方向相反，即电流 i_V 由 V_2 端流向 V_1 端；i_W 为正，其实际方向与参考方向相同，即电流 i_W 由 W_1 端流向 W_2 端。图 6-7（a）画出了各相绕组中的电流实际方向，根据右手螺旋定则，可以确定这一时刻三相电流所形成的合成磁场，如图 6-7（a）所示。如果把定子铁心看成一个电磁铁，此时它的上部相当于 N 极，下部相当于 S 极。

当 $\omega t=120°$ 时，i_U 为正值，电流由 U_1 端流向 U_2 端，$i_V=0$，V 相绕组中无电流；i_W 为负值，电流由 W_2 端流向 W_1 端。这时的合成磁场如图 6-7（b）所示，与 $\omega t=0$ 时相比，合成磁场在空间顺时针转过了 120°。

当 $\omega t=240°$ 时，由图 6-7 可见，i_U 为负值，即由 U_2 端流向 U_1 端；i_V 为正值，即由 V_1 端流向 V_2 端；$i_W=0$，W 相绕组中电流为零。用右手螺旋定则确定这一时刻由三相电流产生的合成磁场，其方向如图 6-7（c）所示。与 $\omega t=0$ 时刻的磁场方向相比，合成磁场在空间顺时针转过了 240°。按同样方法，可以分别确定其他瞬时由三相电流产生的合成磁场的分布情况。

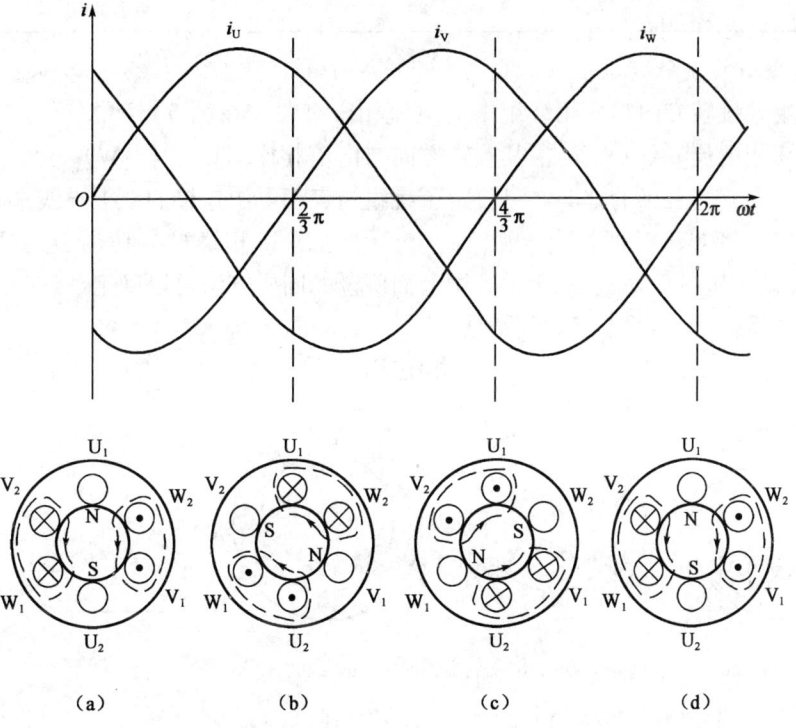

图 6-7 三相旋转磁场的产生

2. 旋转磁场的转速

由以上分析可以看出,异步电动机定子绕组中的三相电流所产生的合成磁场是随着电流的变化在空间不断旋转,形成一个具有一对磁极(磁极对数 $P=1$)的旋转磁场。三相电流变化一个周期 T(即变化 $360°$),合成磁场在空间旋转一周。三相电流的频率为 f,表明三相电流每秒钟交变的周期数为 f,故旋转磁场每分钟的转速为

$$n_0 = 60 f_1 (\text{r/min}) \tag{6-1}$$

如果设法使定子磁场为四极(磁极对数 $P=2$),可以证明,电流变化一个周期,合成磁场在空间旋转 $180°$,其转速为 $n_0 = \dfrac{60 f_1}{2}$(r/min)。由此可以推广到户对磁极的异步电动机的旋转磁场的转速为

$$n_0 = \dfrac{60 f_1}{P} (\text{r/min}) \tag{6-2}$$

旋转磁场极对数、每个电流周期磁场转过的空间角度、同步转速三者的关系见表 6-1。

表 6-1 极对数、空间角度、转速的关系

极 对 数	每个电流周期磁场转过的空间角度,(°)	同步转速,r/min ($f_1=50\text{Hz}$)
$P=1$	360	3000
$P=2$	180	1500
$P=3$	120	1000
$P=4$	90	750

3. 旋转磁场的方向

旋转磁场的旋转方向与三相绕组中的电流相序有关。在图 6-7 中,U、V、W 三相绕组顺序通入三相电流 i_U、i_V、i_W,其旋转方向与电流相序(U-V-W)一致,为顺时针方向。如果要改变旋转磁场的方向,可将定子绕组与三相电源连接的 3 根导线中的任意 2 根对调位置,例如,将 U、W 两相接线互换,即 i_U 仍送入 U 相绕组,但 i_W 送入 V 相绕组,i_V 送入 W 相绕组,如图 6-8(a)所示。用上面所说的同样方法可以确定,这时旋转磁场是按逆时针方向旋转。图 6-8(b)、(c)画出了 $\omega t=0$ 和 $\omega t=120°$,$\omega t=240°$ 三个时刻的情况,其他时刻可依此类推。图 6-8(d)为三相绕组的接线图。

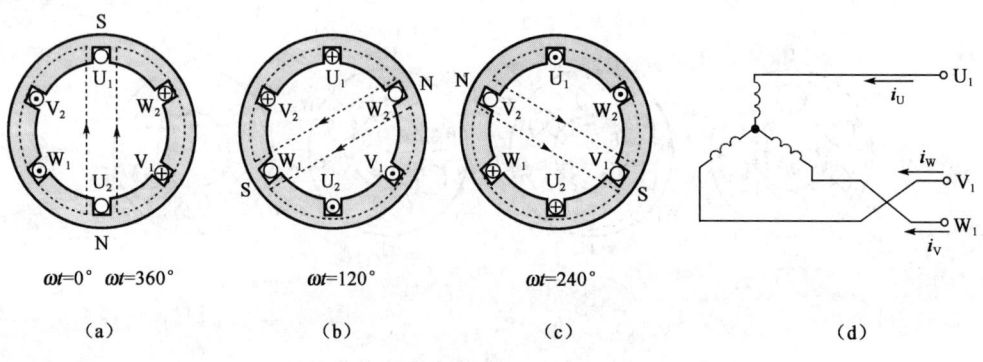

图 6-8 逆相序旋转磁场

4. 转子转动原理

图6-9所示是两极三相异步电动机转动原理示意图。设磁场以同步转速，逆时针方向旋转，转子与磁场之间有相对运动，即相当于磁场不动、转子导体以顺时针方向切割磁力线，于是在导体中产生感应电动势，其方向由右手定则确定。由于转子导体的两端由端环连通，形成闭合的转子电路，在转子电路中便产生了感应电流。载流的转子导体在磁场中受电磁力的作用（电磁力的方向可用左手定则确定）形成一电磁转矩，在此转矩的作用下，转子便沿旋转磁场的方向转动起来，其转速用 n 表示。转速 n 总是要小于旋转磁场的同步转速 n_0，否则，两者之间没有相对运动，就不会产生感应电动势及感应电流，电磁转矩也无法形成，电动机不可能旋转，这就是异步电动机名称的由来。又因转子中的电流是感应产生的，故又称感应电动机。

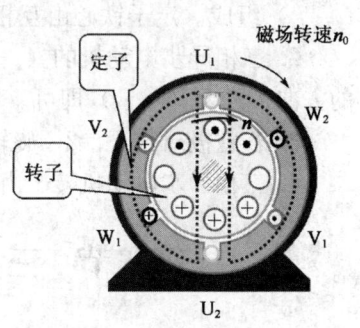

图6-9 异步电动机原理图

通常，把同步转速 n_0 与转子转速 n 的差值称为转差，转差与 n_0 的比值称为异步电动机的转差率，用 s 表示，即

$$s = \left(\frac{n_0 - n}{n_0}\right) \times 100\% \quad (6-3)$$

转差率 s 是描绘异步电动机运行情况的一个重要物理量。在电动机启动瞬间，$n=0$，$s=1$，转差率最大；空载运行时，转子转速最高，转速率最小，$s<0.5\%$。额定负载运行时，转子额定转速较空载转速要低，s_N 大约为 $1\%\sim 6\%$。

练习与思考

一、选择题（将正确的选项填入括号内）

1. 三相异步电动机的转速为 n，同步转速为 n_1，则转差率 s 等于（　　）。

(A) $\dfrac{n_1-n}{n_1}$　　(B) $\dfrac{n_1+n}{n_1}$　　(C) $\dfrac{n-n_1}{n}$　　(D) $\dfrac{n+n_1}{n}$

2. 异步电动机的定子铁心由（　　）。

(A) 永磁体组成　　(B) 铸铁组成　　(C) 硅钢片叠成　　(D) 铸铝组成

3. 三相异步电动机的转差率（　　）。

(A) 为0　　(B) 为1　　(C) 大于1　　(D) 大于0且远小于1

二、判断题（正确的打"√"，错误的打"×"）

1. （　　）转速的常用单位是转/分钟。
2. （　　）异步电动机的转子绕组有鼠笼式和绕线式两种结构。
3. （　　）三相异步电动机转子的转速总与同步转速有一转速差，且转速差较大。
4. （　　）降低电源电压后，三相异步电动机的启动转矩将降低。
5. （　　）旋转磁场是指磁场的大小和方向随时间而改变的磁场。
6. （　　）旋转磁场的转速越快，则异步电动机的转速也越快。
7. （　　）向空间互差120°电角度的三相定子绕组中通入三相电流则在电动机定子、

转子及空气隙中产生一个旋转的磁场。

8. （　　）旋转磁场的旋转方向取决于三相交流电源的相序。

9. （　　）电动机冲片要涂以硅钢片漆，这是为了减少磁滞，从而降低铁心损耗。

三、填空题

1. 三相异步电动机的结构包括两个部分：（　　）和（　　）。定子由（　　）、（　　）、（　　）组成。定子铁心由互相绝缘的（　　）叠成。

2. 三相异步电动机的（　　）绕组通入三相电流，便产生旋转磁场，要改变旋转磁场的方向，只要（　　）即可。

3. 若磁极对数 $P=2$，旋转磁场的转速为（　　）转/分。

4. 三相异步电动机转子由（　　）、（　　）、（　　）三部分组成。

第二节　三相异步电动机电磁转矩与机械特性

一、电磁转矩

转子中各载流导体在旋转磁场的作用下，受到电磁力所形成的转矩之总和。电磁转矩 T 的公式为

$$T = K \frac{sR_2}{R_2^2 + (sX_{20})^2} \cdot U_1^2 \tag{6-4}$$

由式（6-4）可知：

(1) T 与定子每相绕组电压成正比，$U_1 \downarrow \rightarrow T \downarrow$。

(2) 当电源电压 U_1 一定时，T 是 s 的函数。

(3) R_2 的大小对 T 有影响，绕线式异步电动机可用外接电阻来改变转子电阻 R_2，从而改变转矩。

二、机械特性曲线

根据转矩公式得特性曲线如图 6-10 所示。

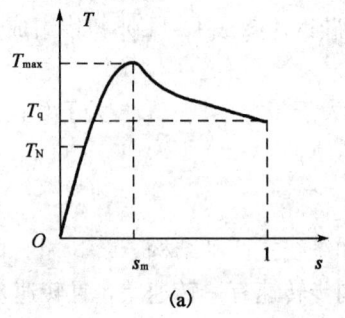
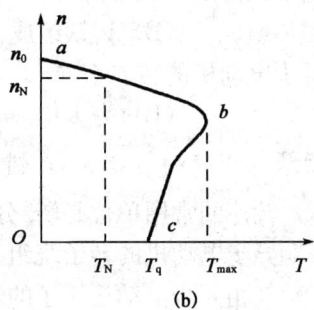

图 6-10　机械特性曲线

(a) $T=f(s)$ 曲线；(b) $n=f(T)$ 曲线

图 6-10 中有三个重要转矩：

(1) 额定转矩 T_N。电动机在额定负载时的转矩，即

$$T_N = 9550\frac{P_N}{n_N} \tag{6-5}$$

(2) 最大转矩 T_{max}。电动机带动最大负载的能力,即

$$T_{max} = K\frac{U_1^2}{2X_{20}} \tag{6-6}$$

转子轴上机械负载转矩 T_2 不能大于 T_{max},否则将造成堵转(停车)。

(3) 启动转矩 T_{st}。电动机启动时的转矩,即

$$T_{st} = K\frac{R_2 U_1^2}{R_2^2 + X_{20}^2} \tag{6-7}$$

(4) 电动机的运行分析。

$T_2\uparrow \to T_2>T\to n\downarrow \to s\uparrow \to T\uparrow \to T=T_2$ 达到新的平衡,此过程中,$n\downarrow$、$s\uparrow \to E_2$,$I_2\uparrow \to I_1\uparrow \to$电源提供的功率自动增加。电动机的电磁转矩可以随负载的变化而自动调整,这种能力称为自适应负载能力。

练习与思考

选择题(将正确的选项填入括号内)

1. 电动机的额定功率是指( )。
 (A) 电动机输入功率 (B) 电动机消耗功率
 (C) 电动机输出功率 (D) 电动机轴上输出的机械功率
2. 三相异步电动机负载转矩 T_L 不变而电源电压略有降低时,其定子电流( )。
 (A) 增大 (B) 减小 (C) 不变 (D) 不能确定
3. 一台三相异步电动机工作在额定状态时,其电压为 U_N,最大电磁转矩为 T_{max},当电源电压降到 $0.8U_N$ 而其他条件不变时,此时电动机的最大电磁转矩是原 T_{max} 的( )。
 (A) 0.64 倍 (B) 0.8 倍 (C) 1.0 倍 (D) 1.2 倍
4. 一台三相异步电动机拖动额定恒转矩负载运行时,若电源电压下降10%,这时电动机电磁转矩 T 为( )。
 (A) T_N (B) $0.81T_N$ (C) $0.9T_N$ (D) $>T_N$
5. 异步电动机负载转矩 T_L 加大时,其转差率 s 和定子电流 I_1 的变化规律是( )。
 (A) s 增加,I_1 增加 (B) s 增加,I_1 减小
 (C) s 减小,I_1 增加 (D) s 减小,I_1 减小

第三节 三相异步电动机铭牌数据

一、铭牌

异步电动机机座上装有一块铭牌,铭牌形式如下所示。

```
                 三相异步电动机
型    号 Y132M-4    功    率 7.5kW    频    率 50Hz
电    压 380V       电    流 15.4A    接    法 △
转    速 1440r/min  绝缘等级 B        工作方式 连续
年    月    日      编    号          ××电机厂
```

1. 型号

型号是表示电动机主要技术条件——名称、规格的一种产品代号。国产电动机的型号通常由汉语拼音的大写字母、数字和符号组成，例如，Y 系列中小型异步电动机 Y－132M-4，其意义是：

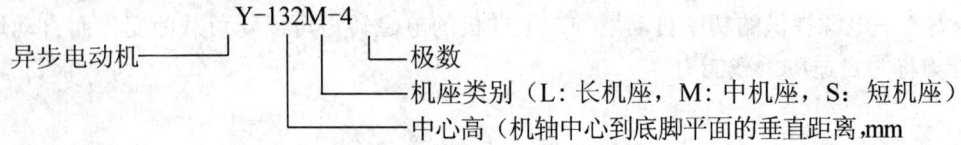

2. 额定值

额定功率 P_N 和额定转速 n_N：指额定运行状态下电动机转轴输出的机械功率（kW）和轴转速（r/min）。

额定频率 f_N：电动机使用的电源频率（Hz），我国工业用电频率为 50Hz。

额定电压 U_N：额定运行状态下，施加到定子绕组上的线电压（V）。国产三相异步电动机标准电压等级有 380V、6000V、10000V 三种。

额定电流 I_N：额定运行状态下流入定子绕组的线电流（A）。

额定功率因数 $\cos\phi$ 和额定效率 η_N：额定运行状态时，电动机的功率因数和效率。它们是衡量电动机性能的重要指标。一般中小型异步电动机 $\cos\phi_N$ 为 0.8 左右，η_N 为 90% 左右。

3. 绝缘等级与额定温升 φ

绝缘等级是指电机绝缘材料能够承受的极限温度等级，分为 A、E、B、F、H 五级，A 级最低（105℃），H 级最高（180℃）。如 Y 系列中。型异步电动机采用 B 级绝缘，其最高允许工作温度是 130℃。

额定温升 φ：是指电动机在额定状态下运行，电机绕组允许的温度升高值。国家标准规定：环境温度按 40℃ 计算，若电动机温升为 80℃，再考虑 10℃ 的裕度，则电动机温度的极限值为 130℃，即要求绝缘等级为 B 级。

二、电动机使用条件

1. 定子绕组接法

国家标准规定：Y 系列异步电动机中，额定功率 3kW 及以下者采用 Y 形接法，4kW 及以上者采用 △ 形接法，以便采用 Y—△ 方式启动，如图 6-11 所示。

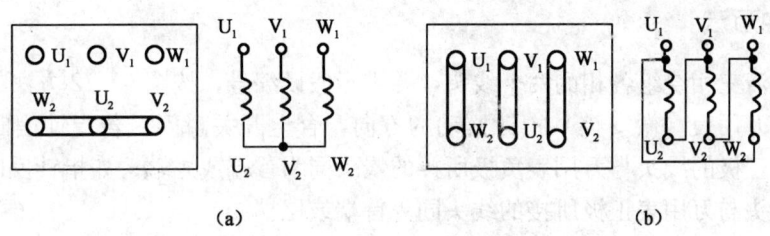

图 6-11 定子绕组接法
(a) Y形连接；(b) △形连接

2. 工作方式

工作方式是指电动机额定状态运行所允许的持续时间，分"连续"、"短时"、"断续"三种，后两种方式指电动机只能短时、间歇地工作。

3. 防护等级

防护等级是指电动机为满足环境要求而采取的外壳防护型式。大体分为：开启式（IP11）、防护式（IP22）和封闭式（IP44）三类。

异步电动机产品说明书、电机工程手册等资料，给出了更为详尽的技术数据，供选择电动机使用。

第四节　三相异步电动机定子绕组首尾端判别

当电动机接线板损坏，或重新配电动机，定子绕组的 6 个线头分不清楚时，不可盲目接线，以免引起电动机内部故障，因此必须分清 6 个线头的首尾端后才能接线。

一、用万用表或微安表判别线头的首尾端

（1）先用摇表或万用表电阻挡分别找出三相绕组的各相两个线头。
（2）给各相绕组假设编号为 U_1、U_2，V_1、V_2 和 W_1、W_2。
（3）按图 6-12 方法之一接线，用手转动电动机转子，如万用表（微安挡）指针不动，则证明假设的编号是正确的；若指针有偏转，说明其中有一相首尾端假设编号不对，应逐相对调重测，直至正确为止。

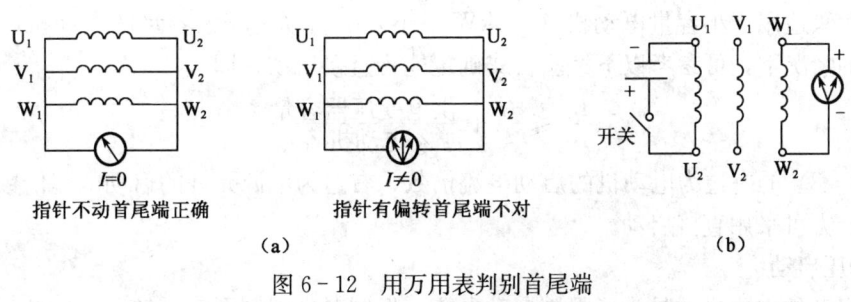

图 6-12 用万用表判别首尾端
(a) 方法一；(b) 方法二

二、其他方法

（1）先分清三相绕组各相的两个线头，并进行假设编号，按图 6-12 方法二接线。

（2）注视万用表（微安挡）指针摆动的方向，合上开关瞬间，若指针摆向大于零的一边，则接电池正极的线头与万用表负极所接的线头同为首端或尾端；如指针反向摆动，则接电池正极的线头与万用表正极所接的线头同为首端或尾端。

（3）再将电池和开关接另一相两个线头，进行测试，就可正确判别各相的首尾端。图 6-12（b）中的开关可用按钮开关。

第五节　三相异步电动机的启动、调速、制动

一般，对异步电动机的工作特性有很多要求，如要求启动转矩足够大，启动电流不能太大，同时要有一定的调速范围等。

一、三相异步电动机的启动

从异步电动机接入电源，转子开始转动到稳定运转的过程，称为启动。在启动开始的瞬间（$n=0$，$s=1$），转子和定子绕组中都有很大的启动电流。

一般中、小型鼠笼式电动机的定子启动电流（线电流）大约是额定电流的 4～7 倍。过大的启动电流会造成输电线路的电压降增大，容易对处在同一电网中的其他电器设备的工作造成危害。例如，使照明灯的亮度减弱，使邻近异步电动机的转矩减小等。另外，虽然转子电流较大，但由于转子电路的功率因数 $\cos\varphi$ 很低，启动转矩并不是很大。

为了改善电动机的启动过程，要求电动机在启动时既要把启动电流限制在一定数值内，同时要有足够大的启动转矩，以便缩短启动过程，提高生产率。

下面分别介绍鼠笼式电动机和绕线式电动机的启动方法。

1. 鼠笼式电动机的启动

鼠笼式电动机的启动方法有直接启动和降压启动两种。

1）直接启动

直接启动就是利用闸刀开关将电动机直接接入电网使其在额定电压下启动，如图 6-13 所示的启动电路。这种方法最简单，设备少、投资小、启动时间短，但启动电流大、启动转矩小，一般只适用于小容量电动机（7.5kW 以下）的启动。较大容量的电动机，在电源容量也较大的情况下，可参考以下经验公式确定能否直接启动，即

$$\frac{I_{st}}{I_N} \leqslant \frac{3}{4} + \frac{供电变压器容量}{4 \times 电动机容量} \qquad (6-8)$$

式（6-8）的左边为电动机的启动电流倍数，右边为电源允许的启动电流倍数，只有满足该条件，方可采用直接启动。

2）降压启动

降压启动的主要目的是为了限制启动电流，但同时也限制了启动转矩，因此，这种方法只适用于轻载或空载情况下启动。常用的降压启动方法有下列几种：

(1) Y—△启动。

这种方法只适用于正常运转时定子绕组做三角形连接的电动机。启动时,先将定子绕组改接成星形,使加在每相绕组上的电压降低到额定电压的 $1/\sqrt{3}$,从而降低了启动电流;待电动机转速升高后,再将绕组接成三角形,使其在额定电压下运行。Y—△启动线路如图 6-14 所示。

可以证明,星形启动时的启动电流(线电流)仅为三角形直接启动时电流(线电流)的 $1/3$,即 $I_{Yst}=(1/3)I_{\triangle st}$;其启动转矩也为后者的 $1/3$,即 $T_{Yst}=(1/3)T_{\triangle st}$。

Y—△启动的优点是启动设备简单,成本低,能量损失小。目前,4~100kW 的电动机均设计成 380V 三角形连接,所以,这种方法有很广泛的应用意义。

(2) 自耦变压器启动。

对容量较大或正常运行时做星形连接的电动机,可应用自耦变压器降压启动,如图 6-15 所示。

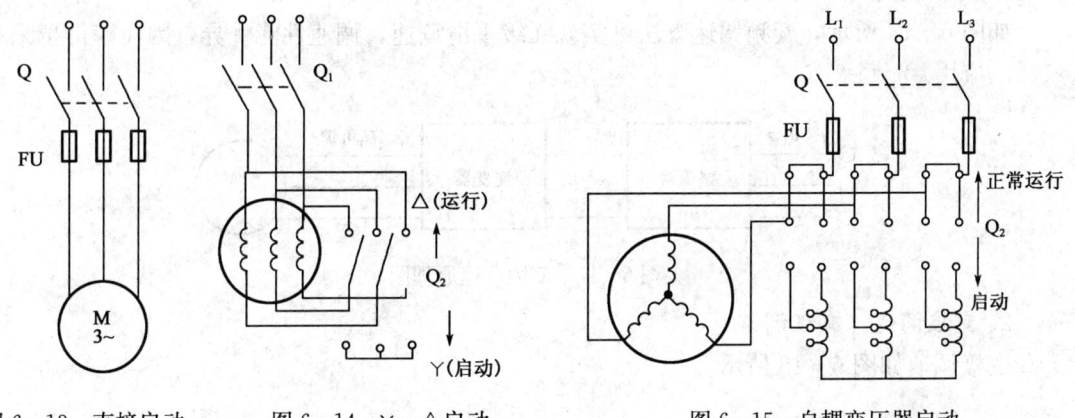

图 6-13 直接启动　　图 6-14 Y—△启动　　图 6-15 自耦变压器启动

自耦变压器上备有抽头,以便根据所要求的启动转矩来选择不同的电压。如 QJ3 型的抽头比 (U_2/U_1) 为 40%、60%、80%。同样可以证明,自耦变压器降压启动电流为直接启动电流的 $1/k^2$;其启动转矩也为后者的 $1/k^2$。这里,k 为变压器的变比($k=U_1/U_2$)。

自耦变压器降压启动的优点是不受电动机绕组接线方法的限制,可按照允许的启动电流和所需的启动转矩选择不同的抽头,常用于启动容量较大的电动机。其缺点是设备费用高,不宜频繁启动。

2. 绕线式电动机的启动

绕线式电动机是在转子电路中接入电阻来启动的,如图 6-16 所示。启动时,先将启动变阻器调到最大值,使转子电路电阻最大,从而降低启动电流和提高启动转矩。随着转子转速的升高,逐步减小变阻器电阻。启动完毕时,切除启动电阻。

绕线式电动机常用于要求启动转矩较大的生产机械上,如卷扬机、锻压机、起重机及转炉等。

绕线式电动机还有另一种启动方法,就是在转子回路中串联一个频敏变阻器,具体电路原理可参阅有关资料。

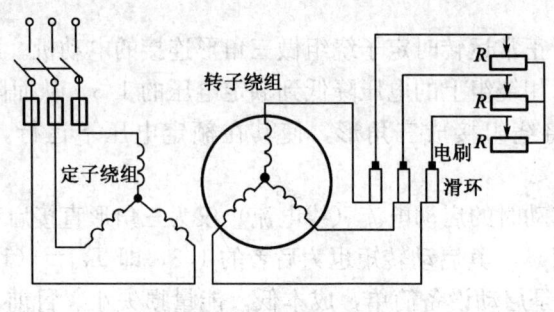

图 6-16 变阻器启动

二、三相异步电动机的调速

三相异步电动机有三种电气调速方法。

1. 变频调速（无级调速）

如图 6-17 所示，变频调速方法可实现无级平滑调速，调速性能优异，因而获得越来越广泛的应用。

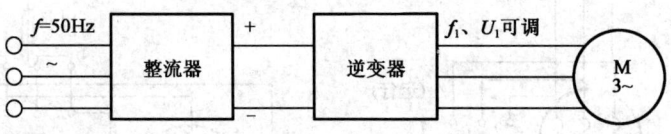

图 6-17 变频调速原理图

2. 变极调速（有级调速）

变极调速如图 6-18 所示。

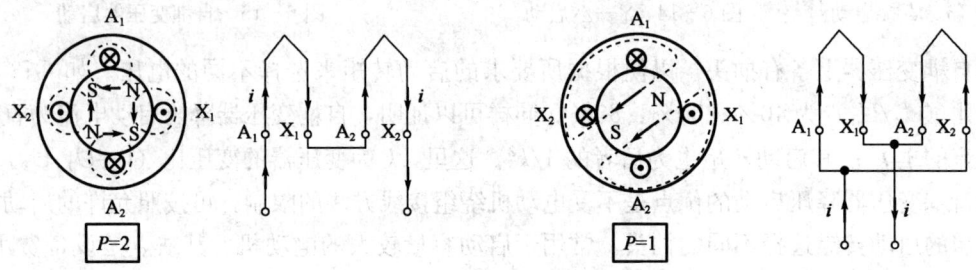

图 6-18 变极频调速原理图

改变磁极对数，可有级地改变电动机的转速；增加磁极对数，可以降低电动机的转速，但磁极对数只能成整数倍地变化，因此，该调速方法无法做到平滑调速。

采用变极调速方法的电动机称为双速电动机，由于调速时其转速呈跳跃性变化，因而只用在对调速性能要求不高的场合，如铣床、镗床、磨床等机床上。

3. 变转差率调速（无级调速）

在绕线式电动机的转子电路中，接入调速变阻器，改变转子回路电阻，从而改变转差率，即可实现调速。这种调速方法也能平滑地调节电动机的转速，如图 6-16 所示。

变转差率调速是绕线式电动机特有的一种调速方法。其优点是调速平滑、设备简单、投资少，缺点是能耗较大。这种调速方式广泛应用于各种提升、起重设备中。

三、三相异步电动机的制动

三相异步电动机的制动方法有机械制动和电气制动两种形式。

电气制动分为能耗制动和反接制动。

1. 能耗制动

如图 6-19 所示，在断开三相电源的同时，给电动机其中两相绕组通入直流电流，直流电流形成的固定磁场与旋转的转子作用，产生了与转子旋转方向相反的转矩（制动转矩），使转子迅速停止转动。

2. 反接制动

如图 6-20 所示，停车时，将接入电动机的三相电源线中的任意两相对调，使电动机定子产生一个与转子转动方向相反的旋转磁场，从而获得所需的制动转矩，使转子迅速停止转动。

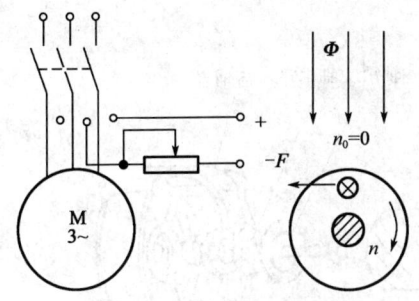

图 6-19 能耗制动原理图

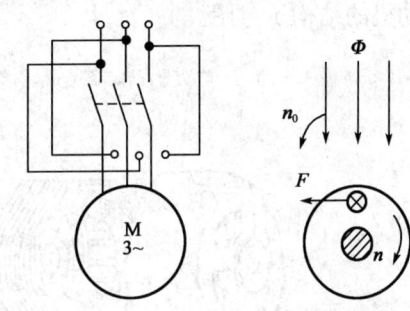

图 6-20 反接制动原理图

练习与思考

一、选择题（将正确的选项填入括号内）

1. 异步电动机的反接制动是指改变（　　）。
   (A) 电源电压　　(B) 电源电流　　(C) 电源相序　　(D) 电源频率

2. 异步电动机定子启动电流一般可达额定电流的（　　）。
   (A) 1～2 倍　　(B) 3～4 倍　　(C) 4～7 倍　　(D) 7～10 倍

3. 磁极数只能成对地改变，因此（　　）也只能一级一级地跳跃改变。
   (A) 转矩　　(B) 转速　　(C) 电流　　(D) 电压

4. 交流异步电动机的三种调速方法是（　　）。
   (A) 改变磁极对数，改变转差率和改变电源频率
   (B) 改变磁极对数，改变转差率和改变电源电压
   (C) 改变磁极磁性，改变转差率和改变电源频率
   (D) 改变磁极对数，改变转差率和改变电源极性

二、判断题（正确的打"√"，错误的打"×"）

1. （　　）Y/△启动适用于正常运行时做三角形接法的电动机。

2.（ ）三相异步电动机当定子每相绕组的额定电压是220V时，如果电源线电压是220V，定子绕组应接成Y形。

3.（ ）鼠笼式异步电动机变更绕组的极对数就可以改变转速。

4.（ ）电动机常用的电气制动方法有变频制动、反接制动和能耗制动。

5.（ ）三相异步电动机改变转向的方法就是任意对调两根电源线。

第六节　单相异步电动机

一、单相异步电动机的结构

由单相交流电源供电的异步电动机称为单相异步电动机。单相异步电动机的转子也为鼠笼式结构。定子绕组有两相，一相为工作绕组，另一相为启动绕组。图6-21所示是单相异步电动机的结构示意图。

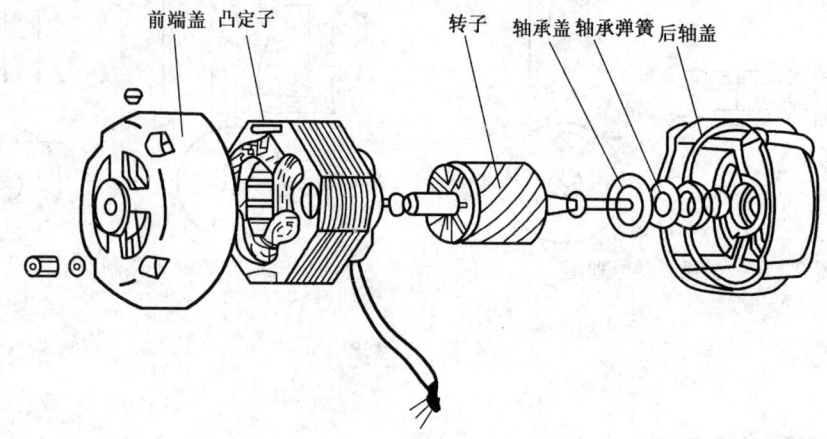

图6-21　单相异步电动机结构示意图

二、单相异步电动机的工作原理

如果在单相异步电动机定子铁心槽内只安排一相绕组，通入单相交流电压后，在电动机内产生的是随时间做周期性变化的脉动磁场。此脉动磁场可以分解成两个大小相等、转速相同、转向相反的旋转磁场。当单相电动机的转子静止时，两个旋转磁场作用在转子上的电磁转矩大小相等、方向相反，转子上的合成转矩为零。因此，电动机不能自行启动。

如果用外力使转子沿顺时针方向转动一下，由于这时正向磁场相对于转子的转速小于反向磁场相对于转子的转速，使得正向转矩大于反向转矩，转子上的合成转矩大于零，转子在这个合成转矩的作用下，就会沿着顺时针方向转动。

为了使单相异步电动机能自行启动，就要在定子铁心槽内嵌放两相绕组，并且使两相绕组在圆周上相差90°电角度，并采取在启动绕组中串接电容器等方法，使两相绕组的阻抗性质不同，两绕组中的电流产生一定的相位差（理想的相位差为90°）。这样，定子绕组中通入单相交流电后即可产生旋转磁场，使电动机产生启动和运行转矩。

三、电容分相式电动机

1. 旋转磁场的产生

电容分相式异步电动机的定子中放置有两个绕组，一个是工作绕组 A—A′，另一个是启动绕组 B—B′，两个绕组在空间相隔 90°。启动时，B—B′绕组经电容接电源，两个绕组的电流相位相差近 90°。图 6-22 所示是电容启动式电动机的接线图。设两相电流为

$$i_A = I_{Am}\sin\omega t$$
$$i_B = I_{Bm}\sin(\omega t + 90°)$$

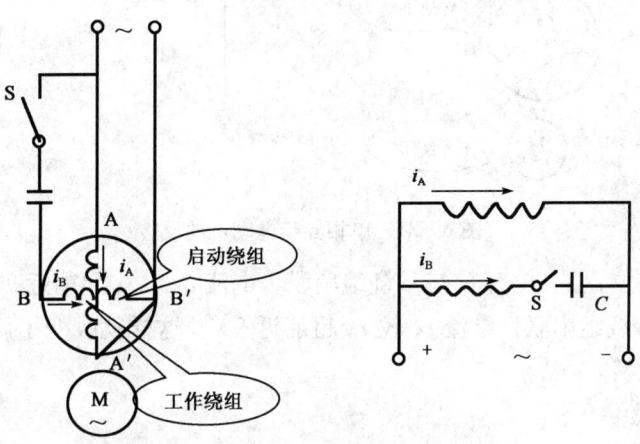

图 6-22 电容启动式电动机接线图

用分析三相电流产生合成磁场的方法，即可获得所需的两相旋转磁场，如图 6-23 所示。

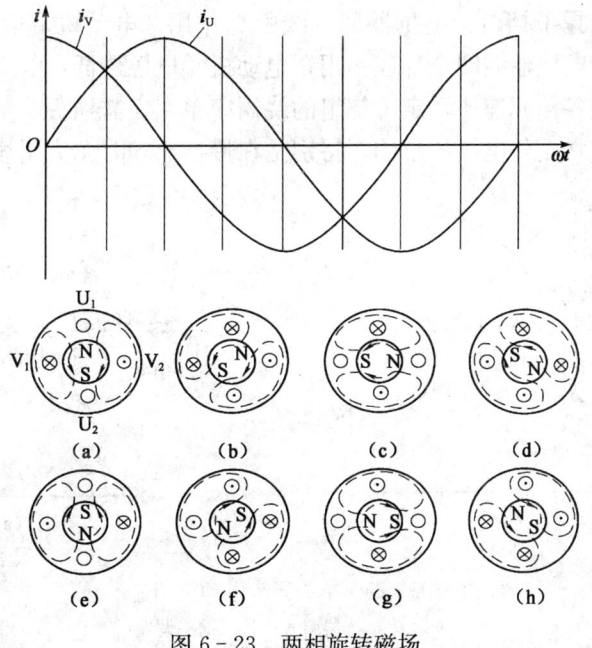

图 6-23 两相旋转磁场

2. 反转

改变电容 C 的串联位置，可使单相异步电动机反转，如图 6-24 所示。

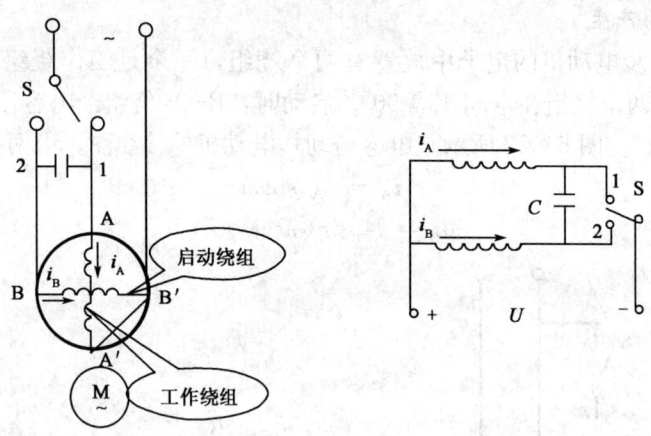

图 6-24 单相异步电动机的反转

将开关 S 合在位置 1，电容 C 与 B 绕组串联，电流 i_B 较 i_A 超前近 90°；当将 S 切换到位置 2，电容 C 与 A 绕组串联，电流 i_A 较 i_B 超前近 90°。这样就改变了旋转磁场的转向，从而实现电动机的反转。

3. 调速

1）串电抗器调速

电抗器调速是在电风扇的电动机外电路上串联一个电抗器，通过电抗器的降压作用改变电动机的端电压，同时改变电机的磁场强度，从而改变电动机的转速。常见的控制电路如图 6-25 (a) 所示。在图中，当选择快挡时，电抗器不起作用，电动机端电压等于电源电压，电扇转速最快；当选择中挡时，电抗器部分线圈起作用，电动机端电压降低，电扇转速减慢；当选择慢挡时，电抗器线圈全部起作用，电动机端电压最低，电扇转速最慢。电抗器法的优点是：容易调整各挡调速比，定子绕组的绕制简单，无需抽头，绕组匝间短路时维修方便。缺点是：调速时常受外电压的影响，特别是在慢挡启动时尤为明显。

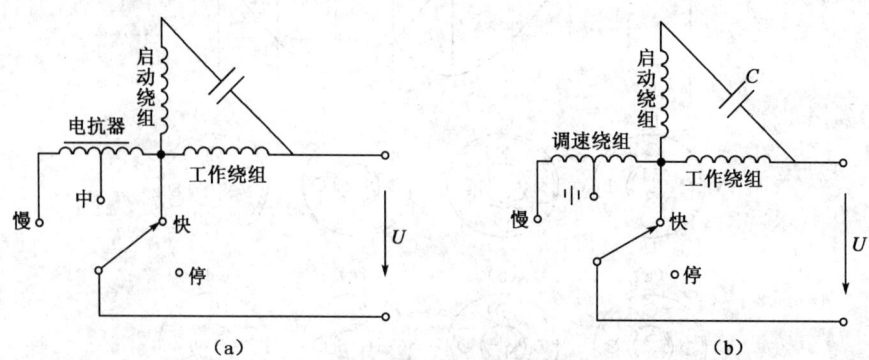

图 6-25 单相异步电动机调速
(a) 串电抗器调速；(b) 抽头调速

2）抽头调速

抽头调速又称为分段励磁绕组法调速，如图6-25（b）所示。这种方法不用电抗器，而是在电风扇电动机定子的运转绕组（又称主绕组、工作绕组）与启动绕组（又称副绕组）之间再接一组或几组绕组，称为调速绕组，调速绕组抽出几个头，并与调速开关相连接。调节调速开关，抽头转换，使电动机的运转绕组与启动绕组的匝数比改变，其磁场改变，从而达到调节转速的目的。

四、罩极式电动机

图6-26所示为罩极式电动机结构示意图（凸极式），罩极式电动机的定子铁心大多做成凸极式，由硅钢片叠压而成。在磁极的1/3处开一小槽，把主磁极一分为二，在较小的一块磁极上套上一闭合铜环，作为启动绕组。整个磁极上绕有单相绕组，其转子仍为鼠笼式。

在单相绕组中通入单相交流电，主磁极的罩住和未罩住部分分别产生各自的磁极。这两个磁场在空间不同相，在时间上也不同相，因而形成一个由未罩住部分向罩住部分旋转的磁场。如图6-27所示，当电流i流过定子绕组时，产生了一部分磁通Φ_1，同时产生的另一部分磁通与短路环作用生成了磁通Φ_2。由于短路环中感应电流的阻碍作用，使得Φ_2在相位上滞后Φ_1，从而在电动机定子极掌上形成一个向短路环方向移动的磁场，使转子获得所需的启动转矩。

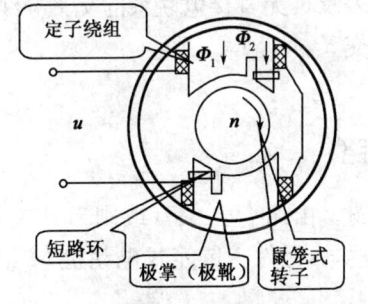

图6-26 罩极式电动机结构示意图

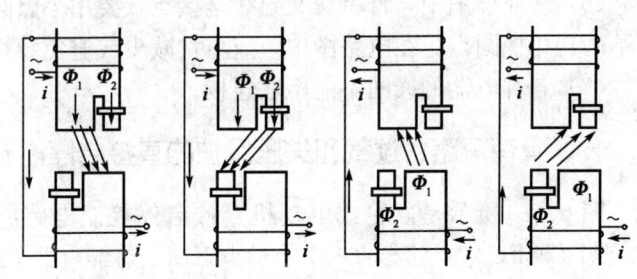

图6-27 罩极磁场

罩极式电动机启动转矩小，一般不能改变方向，但结构简单，使用方便，常用于电风扇、吹风机中；电容分相式单相异步电动机的启动转矩大，转向可改变，故常用于洗衣机等电器中。

练习与思考

一、填空题

抽头调速又称为分段励磁绕组法调速。这种方法不用（　　），而是在单相电动机定子的运转绕组（又称主绕组）与启动绕组（又称副绕组）之间再接一组或几组绕组，称为（　　）。

二、判断题（正确的打"√"，错误的打"×"）

（　　）单相电动机接通电源，电动机不转，用手拨动波轮，电动机可随手拨动方向转，说明电动机启动电容器容量小或断路。

第七节　电动机基本控制电路

任何复杂的控制电路都是由一些基本的控制电路组成的。掌握一些基本控制电路，是阅读和设计较复杂的控制电路的基础。

在绘制、识读电气原理图时应遵循下述原则：

（1）应将主电路、控制电路、指示电路、照明电路分开绘制。主电路是电源与负载相连的部分电路，通过较大的负载电流；由按钮、接触器线圈、时间继电器线圈等组成的电路称为控制电路，其电流较小。

（2）电源电路应绘成水平线，而动力装置及其保护电路应垂直绘出。控制电路中的耗能元件（接触器和继电器的线圈、信号灯、照明灯等）应画在电路的下方，而电器触点应画在耗能元件的上方。

（3）在原理图中，各电器的触点应是未通电的状态（常态），机械开关应是循环开始前的状态，即没有通电和没有发生机械动作时的状态。

（4）图中从上到下，从左到右表示操作顺序。

（5）原理图应采用国家规定的国标图形和文字符号表示。同一电器上的各组成部分可能分别画在主电路和控制电路里，但要使用相同的文字符号。

（6）在原理图中，若有交叉导线连接点，要用小黑圆点表示，无直接电联系的交叉导线则不画出小黑圆点。在电路图中，应尽量减少或避免导线的交叉。

（7）各种电器的线圈不能串联连接。

一、具有短路、过载和失压保护的直接启停控制电路

图 6-28 所示是鼠笼式电动机直接启停控制电路原理图。由组合开关（或闸刀开关）Q、熔断器 FU、接触器的三个上触点 KM、热继电器 FR 的发热元件、鼠笼式电动机 M 组成了主电路。

控制电路中，停止按钮 SB_{SPT} 是按钮的常闭触点，启动按钮 SB_{ST} 是另一个按钮的常开触点。接触器的线圈和辅助触点均用 KM 表示。FR 是热继电器的常闭触点。

合上组合开关 Q，为电动机启动做好准备。按下启动按钮 SB_{ST}，控制电路中接触器线圈 KM 通电，其三个主触点闭合，电动机 M 通电并启动。松开 SB_{ST}，由于线圈 KM 通电时其常开辅助触点 KM 与主触点同时闭合，所以线圈通过闭合的辅助触点仍继续通电而使其所有常开触点保持闭合状态（自锁）。与 SB_{ST} 并联的常开触点 KM 称为自锁触点。按下停止按钮 SB_{SPT}，线圈 KM 断电，接触器动铁心释放，各触点恢复常态，电动机停转。

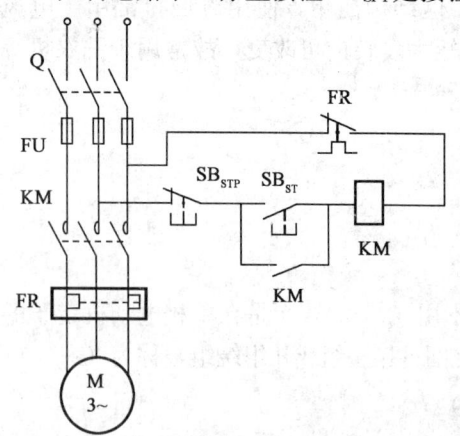

图 6-28　鼠笼式电动机直接启停控制电路

图 6-28 中的熔断器起短路保护作用，一旦发

生短路，其熔体立即熔断而切断主电路，电动机立即停转。

热继电器起过载保护作用。当过载一段时间后，主电路中的热元件 FR 发热使双金属片动作，将控制电路中的常闭触点 FR 断开，使接触器线圈断电，主触点断开，电动机停转。另外，当电动机在单相运行时（断一根火线），仍有两个热元件通有过载电流，因而也保护了电动机不会长时间单相运行。

交流接触器在此起失压保护作用。当暂时停电或电源电压严重下降时，接触器的动铁心释放而使主触点断开，电动机脱离电源。当复电时，若不重新按 SB_{ST}，则电动机不会自行启动。这种作用称为失压或零压保护。如果用闸刀开关直接控制电动机启停，由于停电时未及时断开闸刀，复电时，电动机会自行启动而造成事故。必须指出，如果不使用按钮 SB_{ST} 而使用不能自动复位的其他开关，即使使用了接触器也是不能实现失压保护的。

二、点动控制

所谓点动控制，就是按下启动按钮，电动机转动，松开按钮，电动机即停。这种控制是经常用到的。

将图 6-28 中与启动按钮 SB_{ST} 并联的自锁触点 KM 去掉，就可以实现这种控制。

如果既要点动，也需要连续运行（也称长动），可用一个开关对常开辅助触点 KM 进行控制，如图 6-29 所示。合上 S，常开触点 KM 起自锁作用，可以长动。断开 S，自锁触点不起作用，只能点动。

三、异地控制

所谓异地控制，就是在多处设置的控制按钮，均能对同一台电动机实现启停等控制。图 6-30 所示是在两地控制一台电动机的控制原理图，两个启动按钮相并联，两个停车按钮相串联。

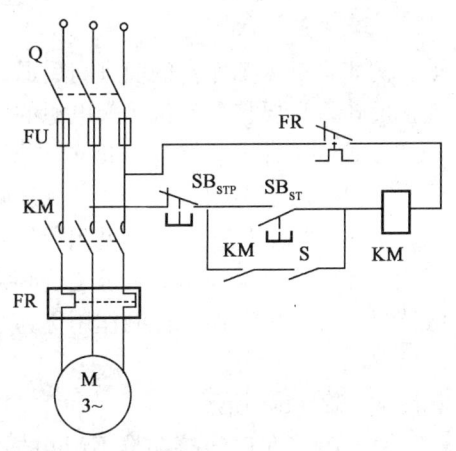

图 6-29 点动控制电路

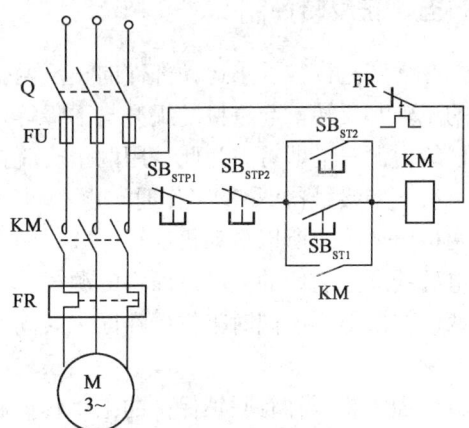

图 6-30 异地控制电路

其控制原理是：

在甲地：按 SB_{ST2}，控制电路电流经过 FR→线圈 KM→SB_{ST2}→SB_{STP2}→SB_{STP1} 构成通路，线圈 KM 通电，电动机启动。松开 SB_{ST2}，自锁触点 KM 进行自锁。按下 SB_{STP2}，电动机停。

在乙地：按 SB_{ST1}，控制电路电流经过 FR→线圈 KM→SB_{STP1}→SB_{STP2}→SB_{STP1} 构成通路，线圈 KM 通电，电动机启动。松开 SB_{ST1}，自锁触点 KM 进行自锁。按下 SB_{STP1}，电动机停。

四、多台电动机的联锁控制

在生产实践中，常见到多台电动机拖动一套设备的情况。这几台电动机的启、停等动作常常有先后顺序，以满足各种生产工艺的需要。

图 6-31 中的主电路有两台电动机 M_1 和 M_2。启动时，按下 SB_2，KM_1 通电并自锁，M_1 先启动；再按下 SB_4，KM_2 通电并自锁，M_2 才能启动；停车时，先按下 SB_3，KM_2 断电，M_2 先停，再按下 SB_1，KM_1 断电，M_1 才能停。

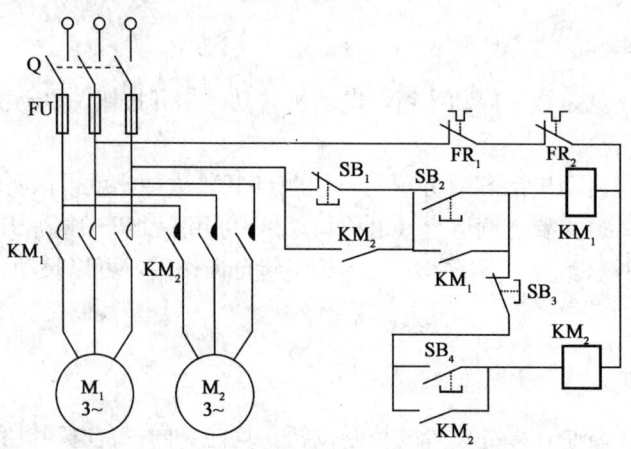

图 6-31 两台电动机的联锁控制

五、正反转控制

在生产上往往要求运动部件向正反两个方向运动。例如，机床工作台的前进与后退，主轴的正转与反转，起重机的提升与下降等。为了实现正反转，只要将电动机接入电源的任意两根线对调一下即可。为此，用两个交流接触器就能实现这一要求，如图 6-32（a）所示。当只有正转接触器 KM_F 工作时，电动机正转；当只有反转接触器 KM_R 工作时，由于调换了两根电源线，所以电动机反转。如果两个接触器同时工作，那么从图中可以见到，将有两根电源线通过它们的主触点而将电源短路。所以对正反转控制线路最根本的要求是，必须保证两个接触器不能同时工作。在同一时间里两个接触器只允许一个工作的控制作用称为互锁或联锁。

下面分析两种有联锁保护的正反转控制线路，如图 6-32（b）所示。

在控制线路中，正转接触器 KM_F 的一个常闭辅助触点串接在反转接触器 KM_R 的线圈电路中，而反转接触器 KM_R 的一个常闭辅助触点串接在正转接触器 KM_F 的线圈电路中。这两个常闭触点称为联锁触点或互锁触点。这样一来，当按下正转启动按钮 SB_F 时，正转接触器线圈通电，主触点 KM_F 闭合，电动机正转。与此同时，联锁触点 KM_F 断开了反转接触器 KM_R 的线圈电路。因此，即使误按反转启动按钮 SB_R，反转接触器也不能动作。

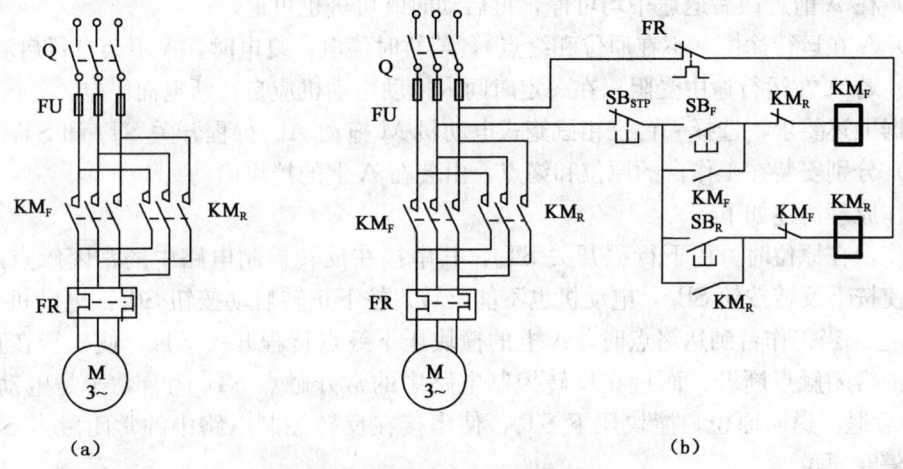

图 6-32 鼠笼式电动机的正反转控制电路（一）
(a) 正反转控制的主电路；(b) 控制电路

但是这种控制电路有个缺点，就是在正转过程中要求反转时，必须先按停止按钮 SB_{STP}，让联锁触点 KM_F 闭合后，才能按反转启动按钮使电动机反转，这就带来了操作上的不方便。为了解决这个问题，在生产上常采用按钮和触点联锁的控制电路，如图 6-33 所示。当电动机正转运行时，按下反转启动按钮 SB_R，它的常闭触点先断开，常开触点后闭合，使正转接触器线圈 KM_F 断电，主触点 KM_F 断开，与此同时，串接在反转控制电路中的常闭触点 KM_F 恢复闭合，反转接触器线圈 KM_R 通电，电动机即反转。而串接在正转控制电路中的常闭触点 KM_R 断开，起着联锁作用。

六、行程控制

使用行程开关，可以对生产机械实现行程控制、限位保护控制和自动循环控制等。如图 6-34 所示，对某生产机械的运动部件 A 按下述要求实施控制：

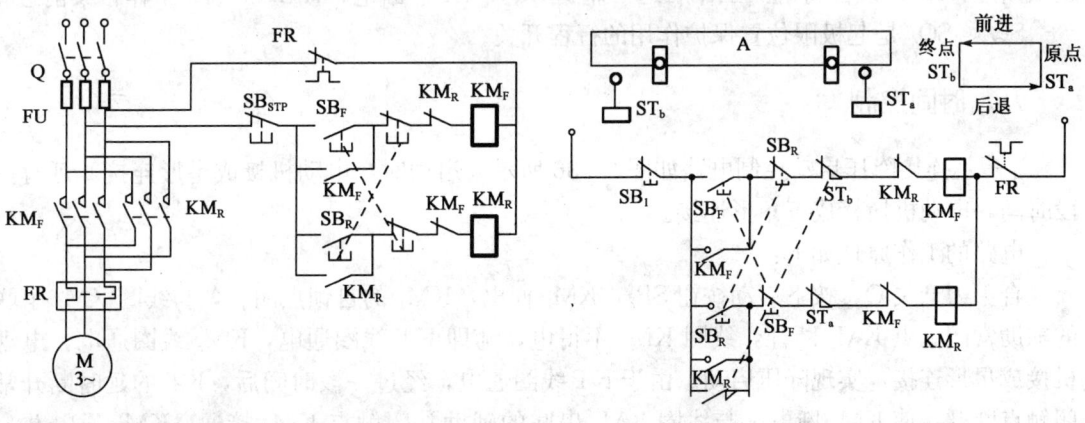

图 6-33 鼠笼式电动机的正反转控制电路（二）　　图 6-34 行程控制电路图

(1) A 在原位时，启动后只能前进不准后退。
(2) A 前进到终点立即往回退，退回原位自停。

(3) 在 A 前进或后退途中均可停,再启动时既可进也可退。
(4) A 在运行途中(不在原位和终点),若暂时停电,复电时,A 不会自行启动。
(5) 若 A 在运行途中受阻,在一定时间内拖动电动机应自行断电而停电。

根据上述要求,选择一台三相鼠笼式电动机 M 拖动 A。行程开关 ST_a 和 ST_b (均能自动复位)分别安装在工作台的原位和终点,由装在 A 上的挡块撞动。

工作原理简述如下:

工作台在原位时,压下行程开关 ST_a,其串接在反转控制电路中的常闭触点断开。这时,即使按下反转按钮 SB_R,电动机也不能反转。按下正转启动按钮 SB_F,电动机正转,带动 A 前进。当工作台到达终点时,A 上的撞块压下终点行程开关 ST_b,使串接在正转控制电路中的常闭触点断开,而接在反转控制电路中的常开触点 ST_b 闭合,于是电动机反转,带动 A 后退。退回原位,撞块压下 ST_a,使串接在反转控制电路中的常闭触点 ST_a 断开,电动机停在原位。

A 在前进途中,按下停止按钮 SB_1,线圈 KM_F 断电,电动机停转。再启动时,因 ST_a 和 ST_b 均不受压,可以按 SB_F 使 A 前进,也可以按 SB_R 使 A 后退。同理,A 在后退途中,也可以实现上述操作。

若 A 在运行途中断电,再复电时,因为断电时自锁触点已经断开,所以 A 是不会自行启动的。

若 A 在运行途中受阻,则电动机出现堵转现象,其电流很大,会使串联在主电路中的热元件 FR 发热。一段时间后,串联在控制电路中的常闭触点 FR 断开,而使两个接触器线圈断电,电动机脱离电源而停转。

七、自动往返行程控制

图 6-35 所示是自动往返行程控制电路。

动作过程:按 SB_F→KM_F 线圈得电→KM_F 主触点闭合→工作台前进→撞到 SQ_1→KM_F 线圈断电,KM_R 线圈得电→工作后退→撞到 SQ_2→KM_R 断电,KM_F 得电→工作台又前进。

SQ_3、SQ_4 是起极限位置保护作用的行程开关。

八、时间控制

Y—△连接降压启动控制电路如图 6-36 所示。启动时,电动机接成星形连接,延时一段时间,电动机换接成三角形连接。

电路的工作原理如下:

合上刀开关 Q,按下启动按钮 SB_2,KM_1 通电,KM_1 的自锁点闭合,与线圈 KM_2 串联的辅助常闭触点 KM_1 断开,线圈 KM_2 不得电,随即 KT 线圈通电,KM_3 线圈通电,电动机接成星形连接,实现降压启动。由于 KT 线圈通电,经过一段时间后,KT 的延时断开常闭触点断开,使 KM_1 断电,与线圈 KM_2 串联的辅助常闭触点 KM_1 接通,KM_2 通电并自锁,与线圈 KM_3 串联的辅助常闭触点 KM_2 断开,KM_3 线圈断电,主触点 KM_3 断开,电动机换接成三角形连接,实现全压运行。停车时,只需按下停止按钮 SB_1 即可。

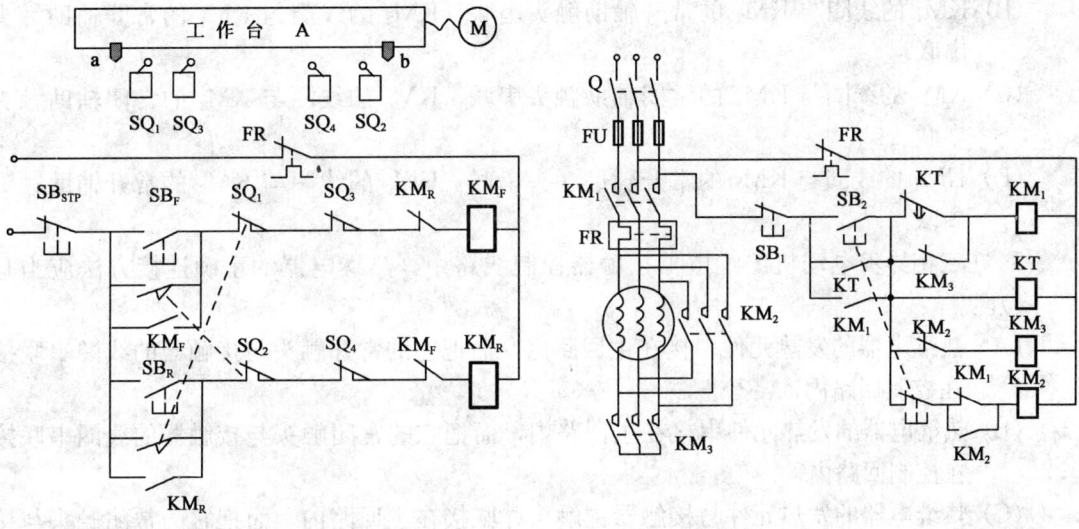

图 6-35 自动往返行程控制电路　　　　图 6-36 Y—△连接降压启动控制电路

九、电动机的保护

（1）短路保护是因短路电流会引起电器设备绝缘损坏产生强大的电动力，使电动机和电器设备产生机械性损坏，因此要求迅速、可靠地切断电源。方法是采用熔断器 FU 和过流继电器等。

（2）欠压是指电动机工作时，引起电流增加甚至使电动机停转；失压（零压）是指电源电压消失而使电动机停转，在电源电压恢复时，电动机可能自动重新启动（也称自启动），易造成人身或设备故障。常用的失压和欠压保护有对接触器实行自锁；用低电压继电器组成失压、欠压保护。

（3）过载保护是为防止三相电动机在运行中电流超过额定值而设置的保护。常采用热继电器 FR 保护，也可采用自动开关和电流继电器保护。

练习与思考

选择题（将正确的选项填入括号内）

1. 交流接触器常开主触头串接在（　　）电路中。
(A) 主　　　　　(B) 控制　　　　(C) 自锁　　　　(D) 互锁

2. 在电动机控制电路中，热继电器的作用是（　　）。
(A) 短路保护　　(B) 过载保护　　(C) 过压保护　　(D) 欠压保护

3. 若在两处控制某台电动机，两个启动（常开）按钮在控制电路中应（　　）。
(A) 并接　　　　(B) 串接　　　　(C) 混接　　　　(D) 没关系

4. 在三相异步电动机的正反转控制电路中，正转用接触器 KM_1 和反转用接触器 KM_2 之间的互锁作用是由（　　）连接方法实现的。
(A) KM_1 的线圈与 KM_2 的常闭辅助触头串联，KM_2 的线圈与 KM_1 的常闭辅助触头串联

(B) KM_1 的线圈与 KM_2 的常开辅助触头串联，KM_2 的线圈与 KM_1 的常开辅助触头串联

(C) KM_1 的线圈与 KM_1 的常闭辅助触头串联，KM_2 的线圈与 KM_2 的常闭辅助触头串联

(D) KM_1 的线圈与 KM_1 的常开辅助触头串联，KM_2 的线圈与 KM_2 的常开辅助触头串联

5. 在三相异步电动机的继电器接触器控制线路中，热继电器的正确连接方法应当是（　　）。

(A) 热继电器的发热元件串接在主回路内，而把它的常开触头与接触器的线圈串联接在控制回路内

(B) 热继电器的发热元件串接在主回路内，而把它的常闭触头与接触器的线圈串联接在控制回路内

(C) 热继电器的发热元件与接触器主触头并联接在主回路内，而把它的常闭触头与接触器的线圈并联接在控制回路内

(D) 热继电器的发热元件串接在主回路内，而把它的常闭触头与接触器的线圈并联接在控制回路内

习　题

1. 三相异步电动机的额定功率 $P_N = 4kW$，额定电压 $U_N = 380V$，额定转速 $n_N = 1450r/min$，额定功率因数 $\cos\phi_N = 0.85$，额定效率 $\eta_N = 0.86$。则电动机的额定输入功率为（　　）。

(A) 5.5kW　　　(B) 3.44kW　　　(C) 4kW　　　(D) 4.65kW

2. 一台三相异步电动机的磁极对数 $P=2$，电源频率为50Hz，电动机转速 $n=1440r/min$，其转差率 s 为（　　）。

(A) 1%　　　(B) 2%　　　(C) 3%　　　(D) 4%

3. 一台正常工作时定子绕组为△形连接的三相鼠笼式异步电动机采用Y—△转换启动，其启动电流为直接启动时电流的（　　）。

(A) $\frac{1}{3}$倍　　　(B) $\frac{1}{\sqrt{3}}$倍　　　(C) $\sqrt{3}$倍　　　(D) 3倍

4. 在电动机继电接触控制中，热断电器的功能是（　　）。

(A) 短路保护　　　(B) 零压保护　　　(C) 过载保护　　　(D) 欠压保护

5. 图6-37所示的控制电路中，SB为按钮，KM为交流接触器，若按动 SB_1，试判断下面的结论哪个是正确的（　　）。

(A) 只有接触器 KM_1 通电动作

(B) 只有接触器 KM_2 通电动作

(C) 接触器 KM_1 通电动作后 KM_2 跟着通电动作

(D) 接触器 KM_1、KM_2 都不动作

6. 位置控制是利用生产机械运动部件上的挡铁与（　　）碰撞，使其触头动作，来接通

或断开电路，达到控制生产机械运行部件的位置或行程的一种方法。

(A) 位置开关　　　　　　　(B) 接触器
(C) 主触头　　　　　　　　(D) 副触头

7. 刨床控制线路中，做限位用的开关是（　　）。

(A) 行程开关　　　　　　　(B) 刀开关
(C) 自动空气开关　　　　　(D) 转换开关

8. （　　）自耦变压器降压启动是指电动机启动时，利用自耦变压器来降低加在电动机定子绕组上的启动电压。

9. （　　）只要异步电动机的旋转磁场反转，电动机就会反转。

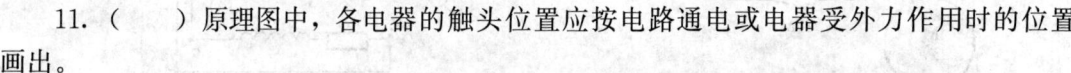

图 6-37

10. （　　）凡不满足直接启动条件的电动机，均需采用降压启动。

11. （　　）原理图中，各电器的触头位置应按电路通电或电器受外力作用时的位置画出。

12. （　　）常用直接启动的设备有自耦变压器、电抗器、星—角启动器等。

13. （　　）用接触器触头做联锁保护的正反转控制电路，在换向运转时，无需先停再启动。

14. （　　）位置开关是一种将机械信号转换为电气信号以控制运动部件位置或行程的控制电器。

15. （　　）实现位置或行程控制所依靠的主要电器是速度继电器。

16. （　　）当三相异步电动机轴上的机械负载增加，其定子绕组电流将增加，而转速有所下降。

17. （　　）由于反接制动消耗能量大、不经济，所以适用于经常启动与制动的场合。

18. （　　）机械制动是利用外加机械力使电动机转子迅速停止旋转的一种制动方法。

19. （　　）机械制动包括能耗制动、反接制动、发电制动和电容制动。

20. （　　）变极调速就是改变转子绕组极对数。

21. （　　）变频调速适用于鼠笼式异步电动机。

22. （　　）试车时，Y接启动正常，接下按钮电动机全压工作；但松开按钮电动机停转，怀疑自锁线路有断点。

24. （　　）当三相异步电动机有一相电源断线时，电动机仍然可以照常启动。

25. （　　）Y启动时正常，转换成△接法运行时，电动机发出异响且转速骤降，随之熔断器动作，电动机断电停车，怀疑是由于负载过重造成的。

26. 一台额定负载运行的三相异步电动机，极对数 $P=3$，电源频率 $f_1=50\mathrm{Hz}$，转差率 $s_N=0.02$，额定转矩 $T_N=360.6\mathrm{N\cdot m}$（忽略机械转矩）试求：(1) 电动机的同步转速 n_1 及转子转速 n_N；(2) 电动机的输出功率 P_N。

27. 一台额定转速为 2900r/min 的三相异步电动机，求：额定转差率。

28. Y112M-4 型三相异步电动机，$U_N=380\mathrm{V}$，△形接法，$I_N=8.8\mathrm{A}$，$P_N=4\mathrm{kW}$，$\eta_N=0.845$，$n_N=1440\mathrm{r/min}$。求：(1) 在额定工作状态下的功率因数及额定转矩；(2) 若

电动机的启动转矩为额定转矩的 2.2 倍时，采用Y—△降压启动时的启动转矩。

29. 试述图 6-38 中的几处错误。

30. 图 6-39 所示电路中，对称三相负载各相的电阻为 80Ω，感抗为 60Ω，电源的线电压为 380V。当开关 S 投向上方和投向下方两种情况时，三相负载消耗的有功功率各为多少？

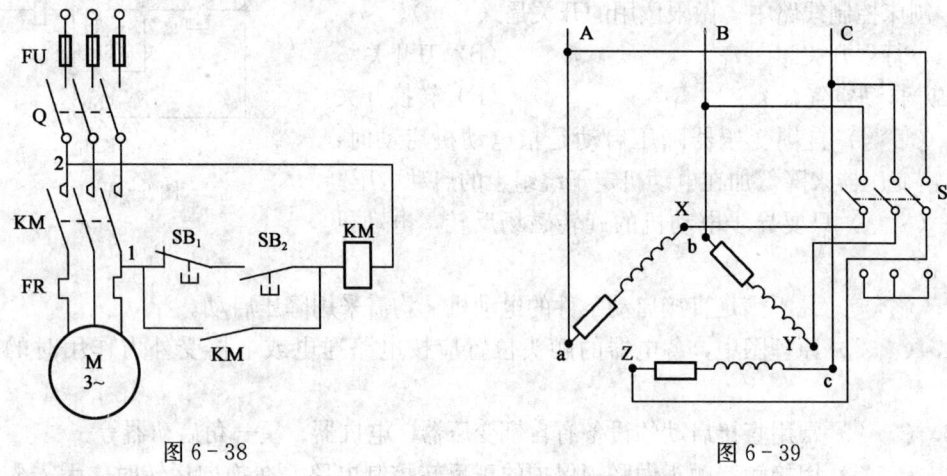

图 6-38

图 6-39

31. 继电—接触器控制电路如图 6-40 所示（主电路略），该电路存在的错误之处是当按下按钮 SB_1 时，将（　　）。

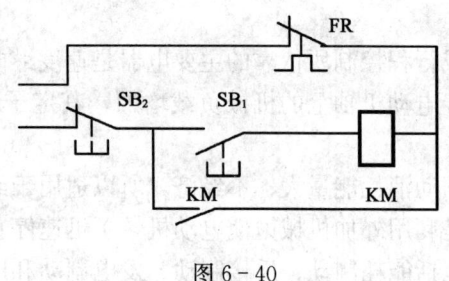

图 6-40

第七章　电工常用工具和仪表

第一节　电工常用工具

一、验电器

验电器又称为电压指示器，是用来检查导线和电器设备是否带电的工具。验电器分为高压验电器和低压验电器两种。

1. 低压验电器

常用的低压验电器是验电笔，又称试电笔，检测电压范围一般为 60～500V，常做成钢笔式或改锥式，如图 7-1 所示。

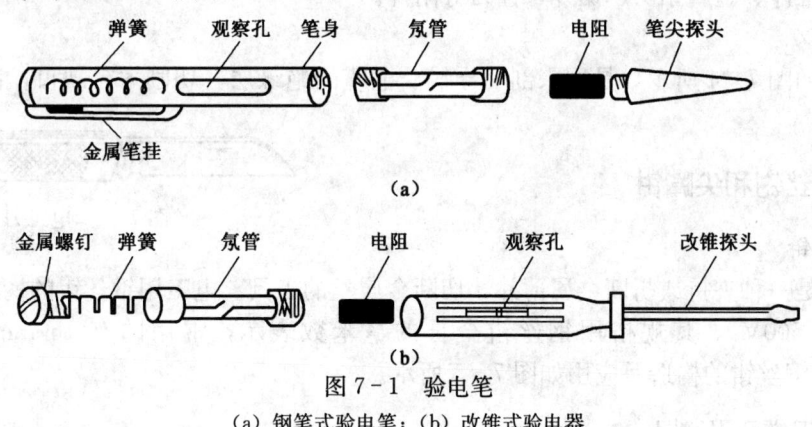

图 7-1　验电笔
(a) 钢笔式验电笔；(b) 改锥式验电器

2. 高压验电器

高压验电器属于防护性用具，检测电压范围为 1000V 以上，其主要组成如图 7-2 所示。

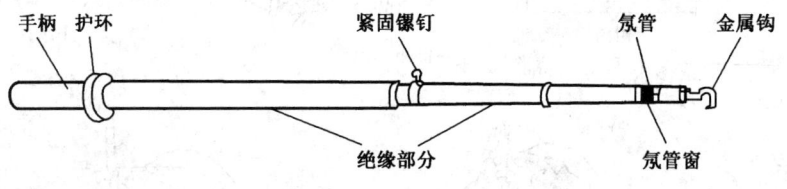

图 7-2　高压验电器

二、常用旋具和电工刀

1. 常用旋具

常用的旋具是改锥（又称螺丝刀），如图 7-3 所示。它用来紧固或拆卸螺钉，一般分为一字形和十字形两种。

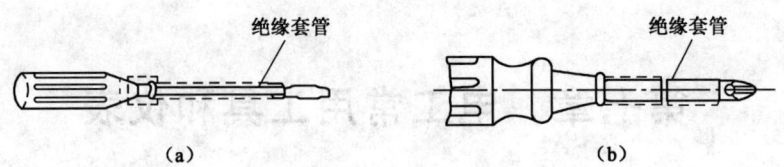

图7-3 改锥
(a) 一字形改锥；(b) 十字形改锥

（1）一字形改锥：其规格用柄部以外的长度表示，常用的有100mm、150mm、200mm、300mm、400mm等。

（2）十字形改锥：有时称为梅花改锥，一般分为四种型号，其中：Ⅰ号适用于直径为2～2.5mm的螺钉；Ⅱ、Ⅲ、Ⅳ号分别适用于直径为3～5mm、6～8mm、10～12mm的螺钉。

（3）多用改锥：是一种组合式工具，既可作改锥使用，又可作低压验电器使用，此外还可用来进行锥、钻、锯、扳等。它的柄部和螺钉旋具是可以拆卸的，并附有规格不同的螺钉旋具、三棱锥体、金属钻头、锯片、锉刀等附件。

2. 电工刀

电工刀如图7-4所示，是用来剖切导线、电缆的绝缘层，切割木台缺口，削制木枕的专用工具。

三、钢丝钳和尖嘴钳

图7-4 电工刀

1. 钢丝钳

钢丝钳是一种夹持或折断金属薄片，切断金属丝的工具。电工用钢丝钳的柄部套有绝缘套管（耐压500V），其规格用钢丝钳全长的毫米数表示，常用的有150mm、175mm、200mm等。钢丝钳的构造及应用如图7-5所示。

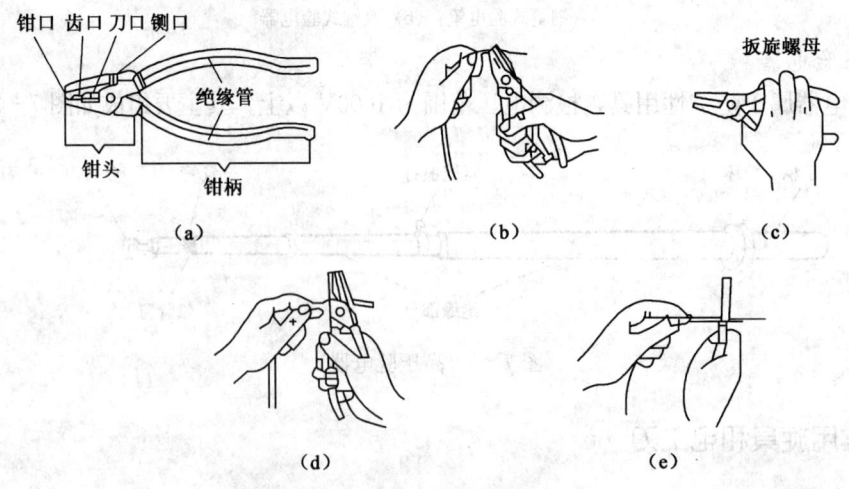

图7-5 钢丝钳的构造及应用
(a) 构造；(b) 弯绞导线；(c) 紧固螺母；(d) 剪切导线；(e) 铡切钢丝

2. 尖嘴钳

尖嘴钳如图7-6所示,其头部"尖细",用法与钢丝钳相似,特点是适用于在狭小的工作空间操作,能夹持较小的螺钉、垫圈、导线及电器元件。在安装控制线路时,尖嘴钳能将单股导线弯成接线端子(线鼻子),有刀口的尖嘴钳还可剪断导线、剥削绝缘层。

四、断线钳和剥线钳

1. 断线钳

断线钳如图7-7(a)所示,其头部"扁斜",因此又称为斜口钳、扁嘴钳或剪线钳,是专供剪断较粗的金属丝、线材及导线、电缆等用的。它的柄部有铁柄、管柄、绝缘柄之分,绝缘柄耐压为1000V。

2. 剥线钳

剥线钳如图7-7(b)所示,是用来剥落小直径导线绝缘层的专用工具。它的钳口部分设有几个刃口,用以剥落不同线径的导线绝缘层。其柄部是绝缘的,耐压为500V。

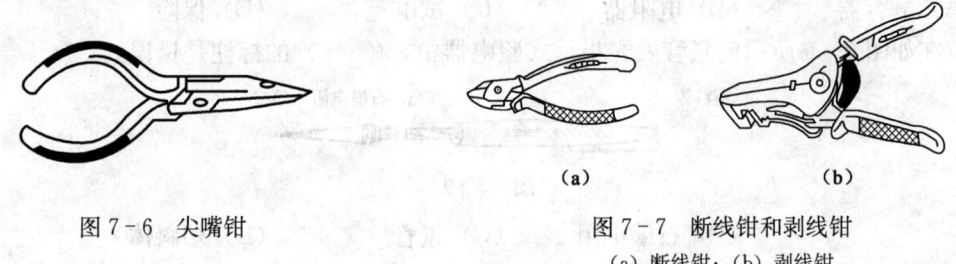

图7-6 尖嘴钳

图7-7 断线钳和剥线钳
(a) 断线钳;(b) 剥线钳

五、扳手

1. 活动扳手

活动扳手(简称活扳手),如图7-8所示,是用于紧固和松动螺母的一种专用工具,主要由活扳唇、呆扳唇、扳口、蜗轮、轴销等构成,其规格以"长度(mm)×最大开口宽度(mm)"表示,常用的有150mm×19mm(6in)、200mm×24mm(8in)、250mm×30mm(10in)、300mm×36mm(12in)等几种。

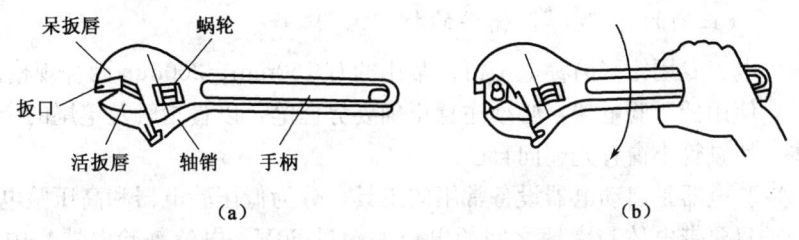

图7-8 活扳手的构造及使用
(a) 构造图;(b) 使用图

2. 固定扳手

固定扳手(简称呆扳手)的扳口为固定口径,不能调整,但使用时不易打滑。

练习与思考

一、选择题（将正确的选项填入括号内）

1. 下列有关电工刀使用时应注意事项的叙述，其中（　　）的叙述是不正确的。
 (A) 剖削导线绝缘层时，刀口应朝外，刀面与导线应成较大的锐角
 (B) 电工刀刀柄无绝缘保护，不可在带电导线或带电器材上剖削
 (C) 电工刀不许代替手锤敲击使用
 (D) 电工刀用毕，应随即将刀身折入刀柄

2. 活动扳手的规范是按（　　）来计算的。
 (A) 扳手虎口全开口径　　　　(B) 首尾全长
 (C) 最大使用范围　　　　　　(D) 旋合螺母的尺寸

3. 低压验电器又称（　　）。
 (A) 电容器　　(B) 电阻器　　(C) 试电笔　　(D) 保险

4. 在如图7-9所示的氖管发光指示式验电器中，（　　）的标注是错误的。

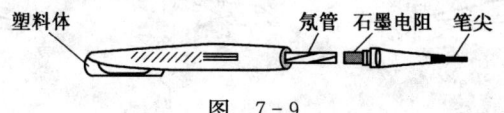

图 7-9

 (A) 笔尖　　(B) 石墨电阻　　(C) 氖管　　(D) 塑料体

5. 检验导线和电器设备是否带电的一种电工常用工具称为（　　）。
 (A) 电容器　　(B) 电阻器　　(C) 变压器　　(D) 验电器

6. 切断细金属丝可用（　　）。
 (A) 斜口钳　　(B) 圆嘴钳　　(C) 扁嘴钳　　(D) 弯嘴钳

7. 剪带电的电线，手钳绝缘胶把的耐压必须高于额定电压（　　）以上。
 (A) 100V　　(B) 0.5倍　　(C) 1倍　　(D) 3倍

8. 修理电气仪表常用的克丝钳为（　　）。
 (A) 尖嘴钳　　(B) 扁嘴钳　　(C) 斜口钳　　(D) 弯嘴钳

二、判断题（正确的打"√"，错误的打"×"）

1. （　　）电工专用钳（简称电工钳）常用的有150mm、200mm两种规格。

2. （　　）使用低压验电器，必须注意正确姿势握笔，以食指触及笔尾的金属体，笔尖触及被测物体，使氖管小窗背光朝向自己。

3. （　　）验电器是启动电器设备常用的工具，分为低压验电器和高压验电器两种。

4. （　　）只要带电体与大地之间的电位差超过60V，电笔（验电器）中的氖管就发光，电压高发光强，电压低发光弱。

5. （　　）电工不可使用金属杆直通柄顶的螺钉旋具，否则，很容易造成触电事故。

6. （　　）为了防止螺钉旋具的金属杆触及皮肤或触及邻近带电体，应在金属杆上缠上绝缘胶布。

7. （　　）用电工钳剪切带电导线时，不得用钳口同时剪切相线和零线，但可同时剪切两根相线。

8. （　　）电工刀刀柄有绝缘保护，可在带电导线或带电器材上剖削。

第二节　常用电工仪表的类型、误差和准确度

电工测量就是将被测的电量或磁量与同类标准量进行比较的过程。电工测量的主对象是电阻、电流、电压、电功率、电能、功率因数、相位、频率、电阻、电容等电量（包括磁量）。通过本章的学习，可以获得合理运用电工测量方法和正确使用常用电工仪表的基本技能。

一、电工仪表的类型

用来测量各种电量或磁量的仪表，统称为电工仪表。电工仪表有指示仪表、比较仪表、数字仪表三大类。

在电工测量领域中，指示仪表应用极为广泛。这类仪表具有将被测量转换为仪表可动部分的机械偏转角的特点，并能通过指示器直接读出被测量值。因此，指示仪表又可称为直读式仪表或电气机械式仪表。

指示仪表的分类方法归纳如下：

(1) 按工作原理分类，有磁电系仪表、电磁系仪表、电动系仪表、铁磁电动系仪表、感应系仪表、静电系仪表等类型。

(2) 按被测电工量分类，有电流表、电压表、功率表、电度表、功率因数表、频率表、兆欧表等类型。

(3) 按使用方法分类，有便携式仪表和安装式仪表。便携式仪表是可以携带和移动的仪表，其精度较高，广泛用于电气试验、精密测量及仪表检定中。安装式仪表是固定安装在开关板或电气设备的面板上的仪表，又可称为面板式仪表。它广泛用于供电系统的运行监视和测量中。

二、电工仪表的误差和准确度

各种电工测量仪表的测量结果与被测量的实际值之间总是存在一定的差值，这种差值被称为仪表误差。误差值的大小反映了仪表本身的准确程度。

1. 仪表误差分类

(1) 基本误差。仪表在正常工作条件下，因仪表结构、制造工艺等方面的不完善而产生的误差称为基本误差，基本误差是仪表的固有误差。

(2) 附加误差。附加误差是因工作条件（温度、放置方式、频率、外电场和外磁场等）改变造成的额外误差。

2. 误差的表示

仪表误差的表达方式有绝对误差、相对误差、引用误差三种。

(1) 绝对误差。仪表指示值 A_x 和被测量的实际值 A_0 之间的差值，称为绝对误差

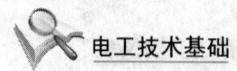

Δ，即

$$\Delta = A_X - A_0 \qquad (7-1)$$

(2) 相对误差。绝对误差 Δ 与被测量的实际值 A_0 比值的百分数，称为相对误差 γ，即

$$\gamma = \frac{\Delta}{A_0} \times 100\% \qquad (7-2)$$

实际值一般难以确定，当仪表的指示值与实际值又比较接近时，可采用指示值 A_X 近似代替 A_0 对相对误差进行计算，即

$$\gamma = \frac{\Delta}{A_X} \times 100\% \qquad (7-3)$$

(3) 引用误差。每只仪表在测量范围内各点的相对误差是不相同的。工程上采用引用误差来反映仪表的准确程度。

绝对误差 Δ 与仪表最大读数（量限） A_m 比值的百分数，称为引用误差 γ_m，即

$$\gamma_m = \frac{\Delta}{A_m} \times 100\% \qquad (7-4)$$

引用误差实际是仪表最大读数的相对误差。因此，知道仪表的引用误差后，便可根据仪表最大读数 A_m 将最大量限的绝对误差 Δ 求解出来。在 Δ 值基本不变的情况下，便可以根据最大量限的绝对误差，计算不同量程上的相对误差。

3. 仪表的准确度

工程上规定以最大引用误差来表示仪表的准确度。

仪表的最大绝对误差 Δ_m，与仪表最大读数 A_m 比值的百分数，称为仪表的准确度 K。准确度用百分数来表示，即

$$\pm K(\%) = \frac{\Delta_m}{A_m} \times 100\% \qquad (7-5)$$

最大引用误差越小，仪表的基本误差也越小，准确度就越高。

为保证测量结果的准确性，通常应使被测量的值为仪表量程的一半以上。

练习与思考

一、问答题

1. 什么是仪表的基本误差？什么是附加误差？影响基本误差有哪些因素，是否可以消除？
2. 什么是绝对误差？什么是相对误差？
3. 为什么用引用误差来表示电工仪表的准确度？

二、计算题

1. 用电流表测量 8A 的电流，仪表的读数为 7.9A，试计算测量的绝对误差和相对误差。
2. 用甲电压表测 100V 电压，绝对误差为 $+0.2V$；用乙电压表测 10V 电压，绝对误差为 $+0.1V$，试分别计算它们的相对误差？哪一个准确程度更高？

第三节 指针式仪表的结构及工作原理

一、指针式仪表的组成

指针式仪表由测量机构和测量线路两个基本部分组成,其中测量机构是仪表的核心。同一种测量机构配合不同的测量线路,可以组成测量多种电量的仪表。

二、电工指示仪表测量机构的原理及结构

电工指示仪表的任务,是要把被测电量转换为仪表可动部分的偏转角,在转换过程中使两者之间保持确定的关系,从而用偏转角的大小来反映被测量的数值。因此,各种电工指示仪表都有一个接受电量后产生偏转运动的机构,这种机构称为测量机构,俗称表头。测量机构包括转矩装置、反作用力矩装置、阻尼装置、读数装置、支承装置五部分。

三、磁电式测量机构

1. 结构

磁电式表头结构如图 7-10 所示。

2. 工作原理

磁电式测量机构的转动力矩为

$$M = 2Fr = K_1 I \tag{7-6}$$

式中,F 为力,单位 N;r 为力臂,单位 mm;K_1 为比例系数。动圈转动时将引起游丝的变形,进而产生反作用力矩 M_α,即

$$M_\alpha = K_2 \alpha \tag{7-7}$$

式中,α 为可动部分的偏转角,即指针偏转角;K_2 为游丝的反作用系数,与游丝的材质和尺寸有关。

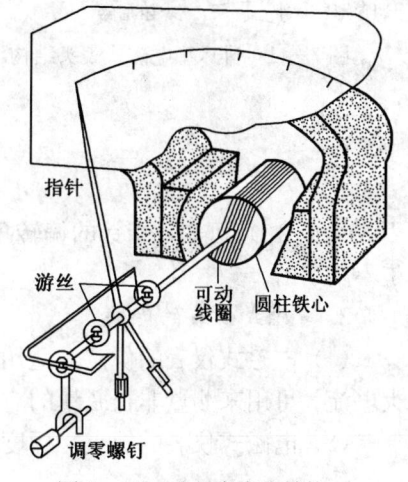

图 7-10 磁电式表头结构

根据力矩平衡关系 $M = M_\alpha$,则

$$\alpha = \frac{K_1}{K_2} \cdot I = KI \tag{7-8}$$

式(7-8)说明,指针所偏转的角度是与流经线圈的电流成正比的,按此即可在标度尺上做出均匀刻度。这种仪表只能用来测量直流。当线圈中无电流时,指针应指在零的位置,如果不在零的位置,可用调零螺钉进行调整。

3. 磁电式仪表的优缺点

(1) 磁电式仪表的优点:标度均匀,灵敏度和准确度较高,读数受外界磁场的影响小。

(2) 磁电式仪表的缺点:表头本身只能用来测量直流量(当采用整流装置后也可用来测量交流量),过载能力差。

4. 使用磁电式仪表的注意事项

测量时,电流表要串联在被测的支路中,电压表要并联在被测电路中;使用直流表,电

流必须从"+"极端进入，否则指针将反向偏转；一般的直流电表不能用来测量交流电，仪表误接交流电时，指针虽无指示，但可动线圈内仍有电流通过，若电流过大，将损坏仪表；磁电式仪表过载能力较低，注意不要过载。

四、电磁式测量机构

电磁式表头分为吸引型和排斥型两种。

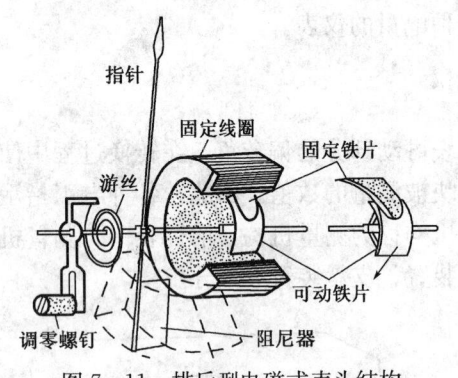

图 7-11 排斥型电磁式表头结构

1. 结构

排斥型电磁式表头的结构如图 7-11 所示。

2. 工作原理

电磁式测量机构的转动力矩为

$$M = K_1 I^2 \tag{7-9}$$

对于通入线圈的交流电流而言，式（7-9）也是成立的，但公式中的 I 应为交流电的有效值。

反作用力矩为

$$M_a = K_2 \alpha$$

当转动力矩与游丝的反作用力矩平衡时，$M = M_a$，则

$$\alpha = \frac{K_1}{K_2} \times I^2 = K I^2 \tag{7-10}$$

由式（7-10）可知，指针的偏转角与直流电流或交流电流有效值的平方成正比，所以刻度是不均匀的。

3. 电磁式仪表的优缺点

（1）电磁式仪表的优点：适用于交、直流测量，过载能力强，无需辅助设备可直接测量大电流，可用来测量非正弦量的有效值。

（2）电磁式仪表的缺点：标度不均匀，准确度不高，读数受外磁场影响。

五、电动式测量机构

利用通有电流的固定线圈来代替磁电式测量机构的永久磁铁时，便构成了电动式测量机构。电动式测量机构不但可以做成交流电流表、电压表，还可以比较方便地做成测量功率、相位和频率的仪表，也是目前应用比较广泛的测量机构之一。

1. 结构

电动式表头的结构如图 7-12 所示。仪表由固定线圈（电流线圈与负载串联，以反映负载电流）和可动线圈（电压线圈串联一定的附加电阻后与负载并联，以反映负载电压）所组成。

2. 工作原理

电动式仪表线圈通有电流后，由于载流导体磁场间的相互作用而产生转动力矩使活动线圈偏转，当转动力矩与弹簧

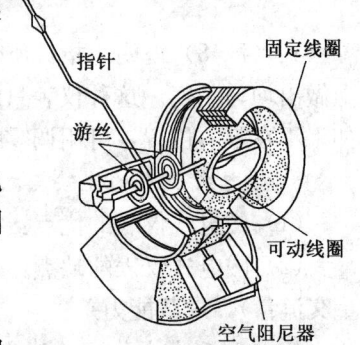

图 7-12 电动式测量机构的结构

反作用力矩平衡时,便获得读数。

3. 电动式仪表的优缺点

(1) 电动式仪表的优点:适用于交、直流测量,灵敏度和准确度比用于交流的其他仪表高,可用来测量非正弦量的有效值。

(2) 电动式仪表的缺点:标度不均匀,过载能力差,读数受外磁场影响大。

电动系仪表适用于交流精密测量,并可制成便携式交、直流两用的电流表和电压表。此外,它还广泛地用来制成测量功率的各种功率表。

练习与思考

1. 什么是电工指示仪表?为什么在电气工程中,电工指示仪表应用十分广泛?
2. 电工指示仪表由哪两部分组成?各部分的作用是什么?为什么说测量机构是电工指示仪表的核心?
3. 电工指示仪表的测量机构主要包括哪几部分?各自的作用是什么?
4. 磁电式仪表中,为什么铝框能起阻尼作用?当可动部分停止在某一位置时,铝框是否还能起阻尼作用?

第四节 电流、电压、功率及电能的测量

一、电流测量

电流表是用来测量电路中的电流值的,按所测电流性质可分为直流电流表、交流电流表和交直流两用电流表。就其测量范围而言,电流表又分为微安表、毫安表和安培表。

1. 磁电式电流表的结构与原理

由于磁电式表头的过载能力很小,直接用于电流测量,则电流量限很小,只有几十微安至几十毫安,如图 7-13(a)所示。

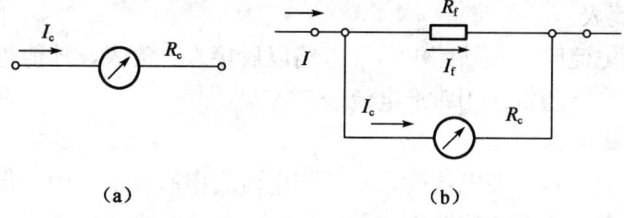

图 7-13 电流表的基本电路

为了扩大其量程,由表头和测量线路(分流器)构成电流表。图 7-13(b)所示是最基本的磁电系电流表电路。图中 R_f 是分流电阻,它并接在表头的两端。分流器的作用是对被测电流 I 分流,使得通过表头的电流 I_c 能够被表头承受,并使电流 I_c 与被测电流 I 之间保持严格的比例关系。分流器的电阻值由下式算出,即

$$R_f = \frac{R_c}{K_f - 1} \qquad (7-11)$$

其中
$$K_f = \frac{I}{I_c} = \frac{R_f + R_c}{R_f}$$

式中，R_c 为表头的电阻；K_f 称为分流系数，它表示被测电流比表头内的电流大 K_f 倍，当分流电阻确定以后，分流系数 K_f 是一个定值。因此，并接分流器的磁电式电流表，可以直接根据被测电流 I 进行刻度。

2. 电流表的使用方法

1) 合理选择电流表

(1) 根据被测量准确度要求，合理选择电流表的准确度。一般地讲，0.1～0.2级的磁电式电流表适合用于标准表及精密测量中；0.5～1.5级磁电式电流表适合用于实验室中进行测量；1.0～5.0级磁电式仪表适合用于工矿企业中作为电气设备运行监测和电气设备检修使用。

(2) 根据被测电流大小选择相应量限的电流表。量限过大会造成测量准确度下降，量限过小会造成电流表损坏。为充分利用仪表的准确度，应当按尽量使用标尺度的后 1/4 段的原则选择仪表的量程。

(3) 合理选择电流表内阻，对电流表要求其内阻越小越好。

2) 测量前的检查

测量前，应检查电流表指针是否对准"0"刻度线，如果没对准，应调节"调零器"，使指针归零。

3) 电流表与被测电路的连接

(1) 测量时，应将电流表串接于被测电路的低电位一侧。

(2) 测量直流时，需要注意电流表端钮的符号，对单量限电流表，被测量电流应从标有"＋"的端钮流入电流表，从标有"－"的端钮流出电流表；对多量限电流表，标有"＊"是公共端钮，如果其他端钮标有"＋"符号，则应使被测电流从"＋"端钮流入，从"＊"端钮流出；如果其他端钮标有"－"符号，则连接正好与上述情况相反。

4) 正确读数

读数时，应让指针稳定后再进行读数，并尽量保持视线与刻度盘垂直，以减小误差。

5) 正确使用电流表

使用电流表测量电流时，必须停电断开电路以后接入电流表，才能进行测量。在要求不停电就测量电流的场合，通常使用钳形电流表。

3. 钳形电流表

通常，当用电流表测量负载电流时，必须把电流表串联在电路中。但当在施工现场需要临时检查电气设备的负载情况或线路流过的电流时，如果先把线路断开，然后把电流表串联到电路中，就会很不方便。此时应采用钳形电流表测量电流，这样就不必把线路断开，可以直接测量负载电流的大小了。

1) 钳形电流表结构和原理

钳形电流表是由电流互感器和电流表组成的，图 7-14 所示为钳形电流表的示意图。当捏紧钳形电流表的扳手时，其电流互感器的铁心便可以张开，这时被测电流的导线不必切断，就能穿过铁心张开的缺口，而当放开扳手后使铁心闭合，这样通过被测电流的导线，就构成了电流互感器的一次绕组,在二次绕组中便会产生感应电流,使与二次绕组串接的电流表的指针发生偏转,从而在表盘上指示出被测电流的数值。钳形电流表表头的测量机构,采用的是整流式的磁电式仪表,只能用于测量交流。图7-15所示为MG4型钳形表的原理电路图。该仪表由仪用互感器和磁电式测量机构组成。

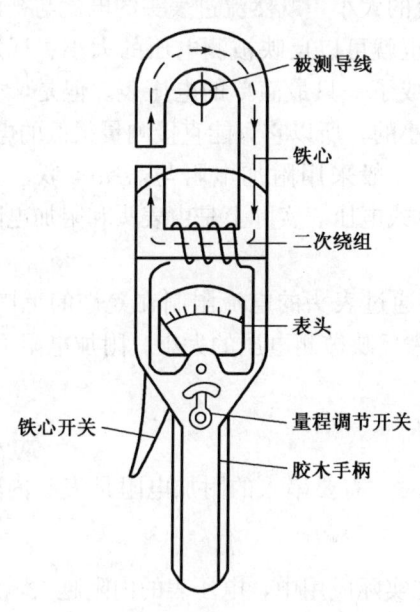

图7-14 钳形电流表

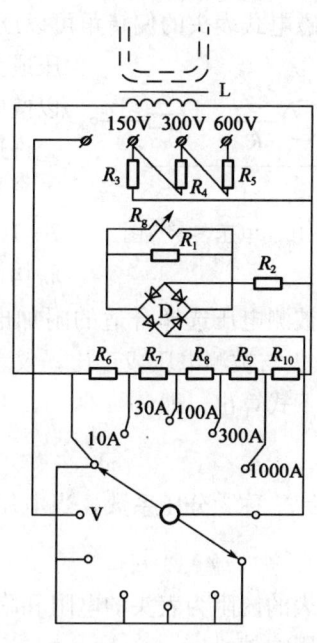

图7-15 MC4型钳形表原理图

从该仪表的测量线路中可以看出,二次绕组中的交流,通过桥式整流器D变成直流,并接入磁电系表头。由于被测的大电流(或大电压)经过穿心式电流互感器,按相应的变比在二次绕组回路中,变成了小电流(或小电压)。因此,该磁电式表头可以采用并联分流器和串联附加电阻的方法,扩大电流及电压的量程。它的测量范围是:电流量程为0~10~30~100~300~1000A;电压量程为0~150~300~600V。

2) 钳形电流表的正确使用

钳形电流表准确度较低,通常为2.5级或5级,但它不需切断电路即能测量,因而应用很广泛。在使用钳形电流表时要注意以下几点:

(1) 测量前应先估计被测电流的大小,选择合适的量程挡。若无法估计则应先用较大量程挡测量,然后根据被测电流的大小再逐步换成合适的量程。

(2) 测量时被测载流导线应放在钳口内的中心位置,以免增大误差。

(3) 为使读数准确,钳口的结合面应保持良好的接触,如有杂声,应将钳重新开合一次,若杂声依然存在,应检查钳口处有无污垢存在,如有可用汽油擦干净。

(4) 测量较小电流时,为了使读数较准确,在条件许可时,可将被测导线多绕几圈,再放进钳口进行测量,实际电流值等于仪表的读数除以放进钳口中的导线圈数。

(5) 测量完毕一定要把仪表的量程开关置于最大量程位置上,以防下次使用时,因疏忽大意未选择量程就进行测量,造成损坏仪表的意外事故。

二、直流电压的测量

1. 磁电式电压表的结构与原理

磁电式表头也可以用来测量直流电压,方法是将表头的正负两端分别与被测电压的正负端并联。磁电式表头的偏转角可以反映流过它的电流的大小,既然流过表头的电流与被测电

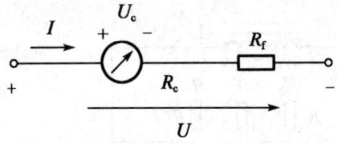

图 7-16 电压表示意图

压成正比,偏转角 α 也就可以反映被测电压的大小。标尺可以按电压刻度,即就成了一只最简单的电压表。但是,表头允许通过的电流是很小的,所以它只能直接测量很低的电压。

为了扩大量程,一般采用附加电阻与表头串联,如图 7-16 所示。所以磁电式电压表实际上是由表头和附加电阻串联构成的。

根据被测电压选择合适的附加电阻 R_f,可以使通过表头的电流限制在允许的范围内,但同时 I_c 仍与被测电压成正比,仪表可以用偏转角来反映被测电压的大小。附加电阻 R_f 的电阻值由下式算出,即

$$R_f = (K-1)R_c \tag{7-12}$$

式中,$K = \dfrac{U}{U_c}$ 称为分压系数,当电压量程扩大 K 倍时,需要串入的附加电阻是表头内阻的 $K-1$ 倍。

电压表的内阻为表头的电阻和附加电阻之和,在实际应用中,电压表的内阻越大,对被测电路的影响越小。

2. 电压表的使用维护方法

电压表的使用维护方法与电流表的使用维护方法相同,还应注意以下几点:

(1) 测量时应将电压表并联接入被测电路。

(2) 由于电压表与负载是并联的,要求内阻 R_g 远大于负载电阻 R_L。

(3) 测量直流时,先把电压表的"—"端钮接入被测电路的低电位端,然后再把"+"端钮接入被测电路的高电位端。

(4) 对多量限电压表,当需要变换量限时,应将电压表与被测电路断开后,再改变量限。

三、电功率的测量

常用的携带式单相功率表有 D19-W、D26-W 和 D51-W 等型号。

1. 功率表的正确接线

单量程功率表有四个接线端子,其中两个是电流线圈端子,另两个是电压线圈端子。为了便于正确接线,通常在电流支路的始端标注"*"号,末端标有"I"号;电压支路的始端标有"*"号,末端标有"U"号。它们的正确接线规则如图 7-17 所示。

电流必须同时从电流线圈"*"端、电压线圈"*"端流进。

功率表标有"*"号的电流端钮必须接至电源的一端,而末端则接至负载端。电流线圈是串联接入电路中的。

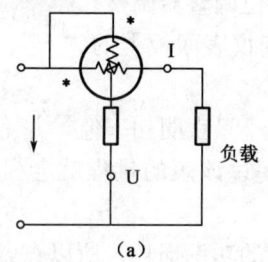 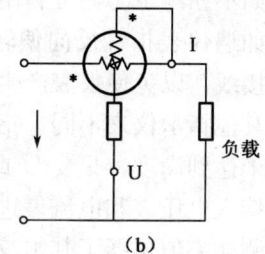

图 7-17 功率表的正确接线
(a) 电流线圈;(b) 电压线圈

功率表中标有"﹡"号的电压端钮,接至电源的一端,也可以接至电流端钮的末端,而末端钮则跨接到负载的另一端。功率表的电压支路是并联接入电路的。

2. 功率表量限的选择

功率表通常做成多量限的,可以通过选用不同的电流和电压量限,获得不同的功率量限。

例如,D19-W 型功率表的额定值为 5/10A 和 150/300V,其功率量限可计算如下:

(1) 在 5A、150V 量限:$5 \times 150 = 750$(W)。

(2) 在 5A、300V 或 10A、150V 量限:5×300 或 $10 \times 150 = 1500$(W)。

(3) 在 10A、300V 量限:$10 \times 300 = 3000$(W)。

选择功率表测量功率的量限,实际上就是使电流量限能允许通过负载电流,电压量限能承受负载电压。

例如,有一被测感性负载,其功率约为 880W,电压为 220V,功率因数为 0.8,应怎样选择功率表的量限呢?

首先选功率表的电压额定值为 250V 或 300V 的量限。负载电流为 $I = \dfrac{P}{\cos\varphi} = \dfrac{880}{220 \times 0.8} = 3.2$(A),故功率表的电流量限可选 5A。

3. 功率表的正确读数

由于功率表通常有几种电流和电压量程,但标尺只有一条,所以功率表的标尺不标瓦特数,而只标分格数,所以,不能直接从标尺上读取瓦特数。在选用不同的电流量限和电压量限时,每一分格都代表不同的瓦特数。每一格所代表的瓦特数称为功率表的分格常数 C。在测量时读取了功率表的偏转格数 α 后,乘上功率表相应的分格常数,就等于被测功率的数值,即

$$P = C \cdot \alpha \tag{7-13}$$

可按下式计算功率表分格常数,即

$$C = \dfrac{U_e I_e}{\alpha} \tag{7-14}$$

式中,U_e 为所使用功率表的电压额定值;I_e 为所使用功率表的电流额定值;α 为功率表标度尺的满刻度的格数。

4. 功率表的使用注意事项

(1) 功率表在使用过程中应水平放置。

(2) 仪表指针如不在零位时，可利用表盖上零位调整器调整。

(3) 测量时，如遇仪表指针反向偏转，应改变仪表面板上的"＋"、"－"换向开关极性，切忌互换电压接线，以免使仪表产生误差。

(4) 功率表与其他指示仪表不同，指针偏转大小只表明功率值，并不显示仪表本身是否过载，有时表针虽未达到满度，只要 U 或 I 之一超过该表的量程就会损坏仪表。故在使用功率表时，通常需接入电压表和电流表进行监控。

(5) 功率表所测功率值包括了其本身电流线圈的功率损耗，所以在做准确测量时，应从测得的功率中减去电流线圈消耗的功率，才是所求负载消耗的功率。

(6) D34-W 型、D51 型功率表量程、内阻、每格所代表的功率值列于表 7-1 中。

表 7-1 功率表量程、内阻、每格所代表的功率值

电流量程	D34-W 型功率表				D51 型功率表				
	电压量程			内阻	电压量程				内阻
	25V	50V	100V		75V	150V	300V	600V	
0.25A	0.01W	0.02W	0.04W	27.6Ω	0.25W	0.50W	1.00W	2.00W	7.29Ω
0.5A	0.02W	0.04W	0.08W	6.9Ω	0.50W	1.00W	2.00W	4.00W	1.88Ω

5. 三相有功功率的测量方法

在三相交流电路中，可用单相功率表组成一表法、两表法或三表法来测量三相负载的有功功率。

(1) 一表法测三相对称负载的有功功率，如图 7-18（a）所示，$P=3P_1$。

(2) 三表法测三相四线制不对称负载的功率，如图 7-18（b）所示，$P=P_1+P_2+P_3$。

(3) 两表法测三相三线制的有功功率，如图 7-19 所示，$P=P_1+P_2$。

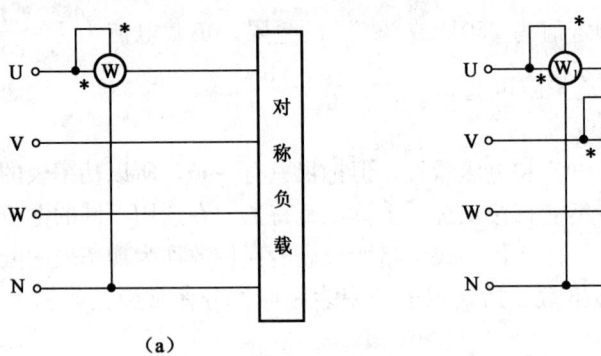

图 7-18 三相有功功率的测量方法
(a) 一表法测三相对称负载的有功功率；(b) 三表法测三相四线制不对称负载的功率

两表法的接线应遵守下述规则：

(1) 两只功率表的电流线圈应串接在不同的两相线上，并将其 ＊ 端接到电源侧，使通过电流线圈的电流为三相电路的线电流。

(2) 两只功率表电压线圈的 ＊ 端应接到各自电流线圈所在的相上，而另一端共同接到没有电流线圈的第三相上，使加在电压回路的电压是电源线电压，如图 7-19 所示。

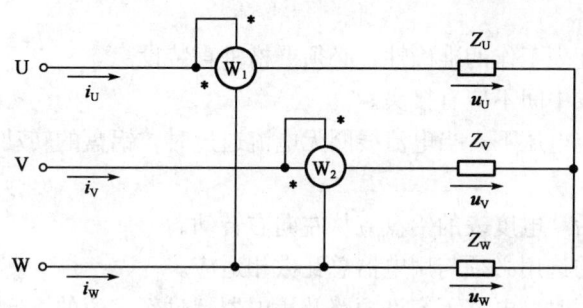

图 7-19 两表法测三相功率

四、电能的测量

电度表是计量电能的仪表，即能测量某一段时间内所消耗的电能。电度表按用途分为有功电度表和无功电度表两种，它们分别计量有功功率和无功功率。电度表按结构分为单相表和三相表两种。

1. 感应式电度表

1) 感应式电度表的基本结构

电度表的种类虽不同，但其结构是一样的。它由两部分组成：一部分是固定的电磁铁，另一部分是活动的铝盘。电度表都有驱动元件、转动元件、制动元件、计数机构等部件。感应式单相电度表的结构如图7-20所示。

(1) 驱动元件。驱动元件由电压元件（电压线圈及其铁心）和电流元件（电流线圈及其铁心）组成。

(2) 转动元件。转动元件由可动铝盘和转轴组成。

(3) 制动元件。制动元件是一块永久磁铁，在转盘转动时产生制动力矩，使转盘转动的转速与用电器的功率大小成正比。

(4) 计算机构。计算机构又称为计算器，它由蜗杆、蜗轮、齿轮和字轮组成。

2) 电度表的工作原理

当通入交流电，电压元件和电流元件两种交变的磁通穿过铝盘时，在铝盘内感应产生涡流，涡流与电磁铁的磁通相互作用，产生一个转动力矩，使铝盘转动。

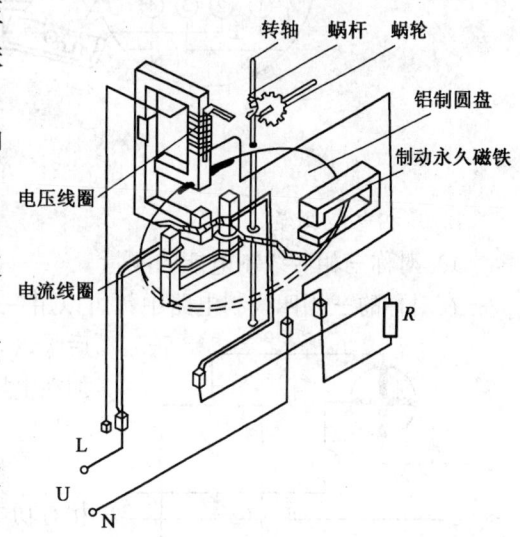

图 7-20 感应式电度表的结构示意图

3) 电度表的安装和使用要求

(1) 电度表应按设计装配图规定的位置进行安装，应注意不能安装在高温、潮湿、多尘及有腐蚀气体的地方。

(2) 电度表应安装在不易受震动的墙上或开关板上，墙面上的安装位置以不低于 1.8m

为宜。

(3) 为了保证电度表工作的准确性,必须严格垂直装设。

(4) 电度表的导线中间不应有接头。

(5) 电度表在额定电压下,当电流线圈无电流通过时,铝盘的转动不超过1转,功率消耗不超过1.5W。

(6) 电度表装好后,电度表的铝盘应从左向右转动。

(7) 单相电度表的选用必须与用电器总瓦数相适应。

(8) 电度表在使用时,电路不容许短路及用电器超过额定值的125%。

(9) 电度表不允许安装在10%额定负载以下的电路中使用。

4) 单相电度表的接线方法

在单相交流电路中,电度表的接线方法原则上与功率表相同,即电度表的电流线圈与负载串联,电压线圈与负载并联,两个线圈的首端"*"应接电源的同一极性端。

单相电度表有专门的接线盒。接线盒内设有四个端钮,如图7-21所示。电压和电流线圈的电源端出厂时已在接线盒中连好,配线时,只需按1端接电源的火线,3端接电源的零线,2端是火线出端,4端是零线出端,接负载即可。

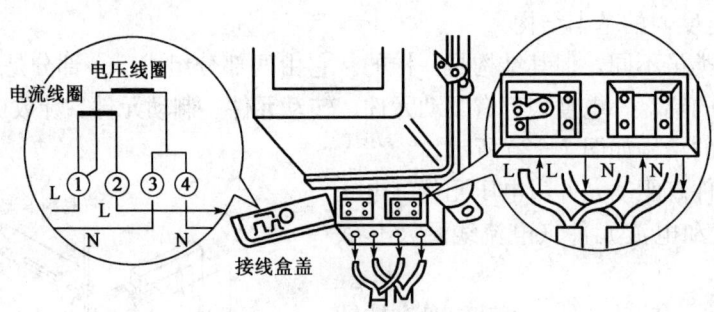

图7-21 单相电度表的接线

2. 三相电能测量

1) 对称三相四线制电能的测量

在对称的三相四线制电路中,可以用一个单相电度表测量任一相负载所消耗的电能,然后乘以3即可,接线方法如图7-22所示。注意,这时加在电压线圈上的是相电压。

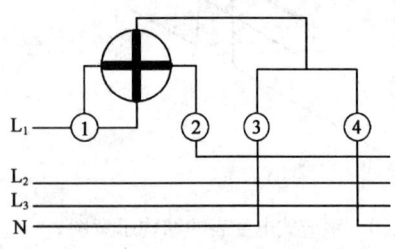

图7-22 用单相电度表测量对称三相四线制电能的接线方法

2) 不对称三相四线制电能的测量

三相电能的测量多在工程电力系统中遇到,所以三相有功电能的测量,几乎都采用三相有功电度表,在不对称三相四线制电路中采用的是三相四线电度表。这种电度表实际上就是三个单相电度表的组合。三相四线电度表的接线方法如图7-23所示。

3) 三相三线制电能的测量

工业上实际测三相三线制系统消耗的电能,用的是三相三线有功电度表。其结构特点是有两组电磁元件分别作用在固定于同一转轴的铝盘上,能从积算器上直接读出所消耗的三相总电能。三相三线电度表的接线方法如图 7-24 所示。

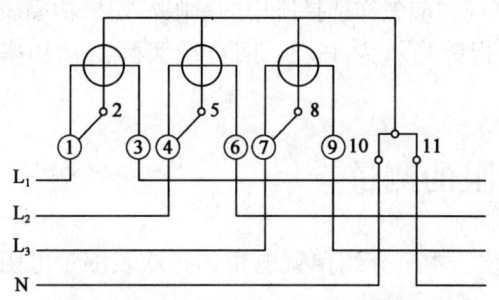

1~11 为三相四线电度表接线盒中标明的接线端钮，
其中 2 与 ①、5 与 ④、8 与 ⑦ 已在内部连接好

图 7-23 三相四线制电度表的接线方法

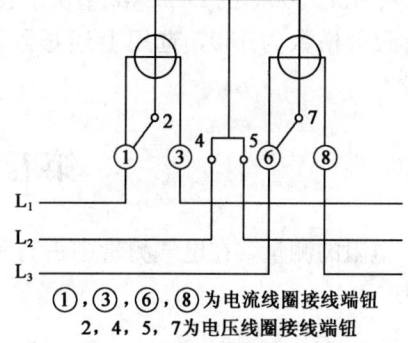

①，③，⑥，⑧ 为电流线圈接线端钮
2，4，5，7 为电压线圈接线端钮

图 7-24 三相三线电度表的接线方法

练习与思考

一、选择题（将正确的选项填入括号内）

1. 钳形电流表的精确度通常为（　　）级。
(A) 0.5　　(B) 1.0　　(C) 1.5　　(D) 2.5

2. MG-28 型钳形电流表有（　　）个活动部分。
(A) 一　　(B) 二　　(C) 三　　(D) 四

3. 钳形电流表的精确度（　　）。
(A) 不高　　(B) 较高　　(C) 很高　　(D) 精确

4. 使用钳形电流表时，测量值最好在量程的（　　）。
(A) 1/4~1/3　　(B) 1/3~2/3　　(C) 1/4~1/2　　(D) 1/2~2/3

5. 钳形电流表的优点在于它具有（　　）即可测量电流。
(A) 需要切断电源　　　　(B) 不需要切断电源
(C) 需要接入电源　　　　(D) 与电源无关

二、判断题（正确的打"√"，错误的打"×"）

1.（　　）钳形电流表可以用来测试三相异步电动机的三相电流是否正常。
2.（　　）钳形电流表的精确度很高，它具有不需要切断电源即可测量的优点。

三、问答题

1. 用单相电度表测量有功电能怎样接线？
2. 电流表应怎样接线？为什么要求电流表的内阻要尽可能小？
3. 扩大电流表的量程常用什么方法？
4. 电压表应怎样接线？为什么要求电压表的内阻要尽可能大？
5. 扩大电压表的量程常用什么方法？
6. 使用电流表应注意什么问题？
7. 使用功率表应怎样接线？使用功率表有哪些注意事项？

8. 有一单相感性负载,其有功功率为 99W,电流为 0.9A,功率因数为 0.5。用量限为 1/2A、150/300V 的 D19-W 型功率表测量。试问,应怎样选择所用的量限?如果功率表中的标尺分格数为 150,选用上述量限测量时,指针指示为 49.3,问负载实际消耗功率为多少?

第五节 电阻的测量

电阻的测量,在电气测量中占有重要的地位。本节介绍单臂电桥、兆欧表测量电阻的方法。

一、单臂电桥

1. 直流单臂电桥的构造和原理

QJ23 型直流单臂电桥的内部线路与面板示意图如图 7-25 所示。

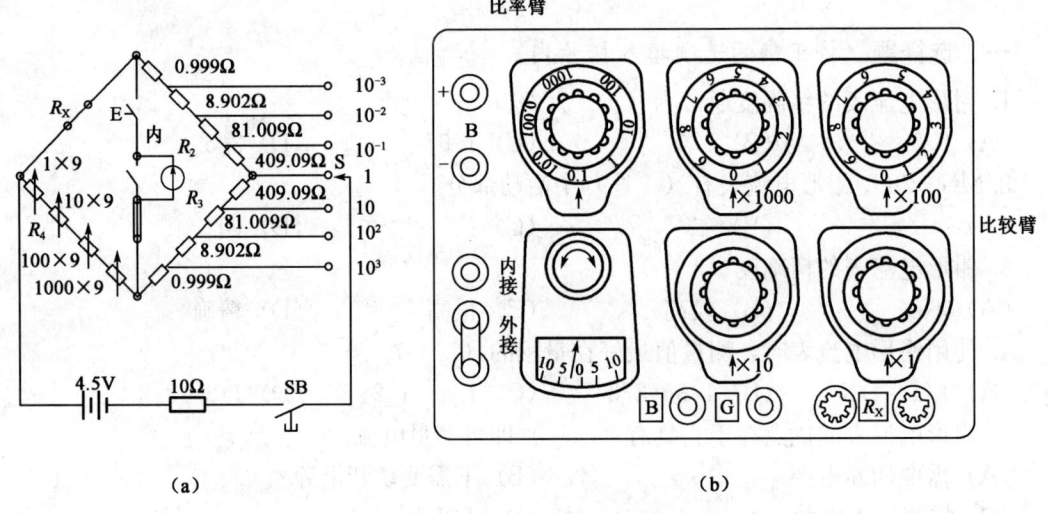

图 7-25 QJ23 型直流单臂电桥的内部线路与面板示意图
(a) 原理线路;(b) 面板示意图

面板左上角的转盘是 $\dfrac{R_2}{R_3}$ 的比率臂,共有 7 个固定的比例,由转换开关 S 换接。面板右边 4 个转盘是比较臂 R_4,每个转盘都由 9 个完全相同的电阻组成,分别构成可调电阻的个位、十位、百位和千位,总电阻 9999Ω,因此比较臂可以得到从 0~9999Ω 范围内的任意电阻值。

面板上标有"R_X"字样的两个端钮用来接入被测电阻。当使用外接电源时从面板左上角的两个端钮接入。

2. 直流单臂电桥的使用

(1) 使用前先将检流计上的锁扣打开,调节调零器把指针调到零位。

(2) "R_X"端钮与被测电阻的连接应采用较粗较短的导线,并将漆膜刮净,接头拧紧,避免采用线夹。因为接头接触不良将使电桥的平衡不稳定,严重时还可能损坏检流计。

(3) 估计被测电阻的大小,选择适当的桥臂比率,使比较臂的四挡都能被充分利用。这样容易把电桥调到平衡,并能保证测量结果的有效数字。

(4) 在测量电感线圈的直流电阻(如电动机或变压器绕组的电阻)时,应先按下电源按钮 SB,再按下接通检流计的按钮 G;测量完毕应先断开检流计按钮 G,再断开电源,以免被测线圈的自感电动势造成检流计的损坏。

(5) 电桥线路接通后,如果检流计指针向"+"方向偏转,则需增加比较臂电阻;如果指针向"-"方向偏转,则应减小比较臂电阻。

(6) 发现电池电压不足时应更换,否则将影响电桥的灵敏度。当采用外接电源时必须注意极性,将电源的正、负极分别接到"+"、"-"端钮,且不要使电源电压超过电桥说明书上的规定值。

(7) 电桥使用完毕应先切断电源,然后拆除被测电阻,再将检流计锁扣锁上,以防搬动过程中震坏检流计。对于没有锁扣的检流计应将按钮"G"断开,它的常闭接点会自动将检流计短路,从而使可动部分得到保护。

二、直流双臂电桥

1. 直流双臂电桥的面板

图 7-26 所示为 QJ103 型直流双臂电桥面板图。

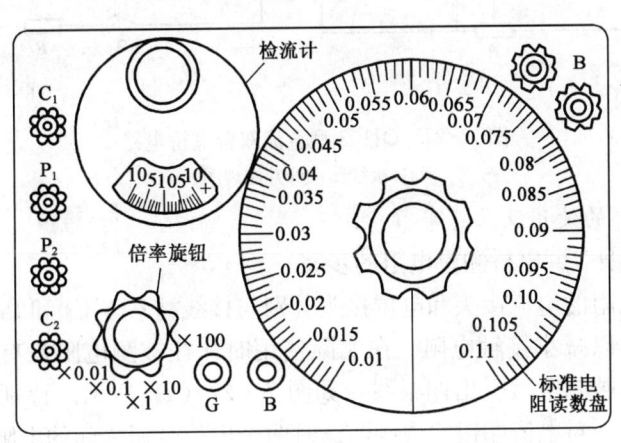

图 7-26 QJ103 型直流双臂电桥面板图

1) 倍率旋钮

通过机械联动转换开关的转换,可得到 $R\times100$,$R\times10$,$R\times1$,$R\times0.1$,$R\times0.01$ 五个固定倍率。

2) 标准电阻读数盘

标准电阻可在 $0.01\sim0.11\Omega$ 范围内连续调节,其调节旋钮与读数盘一起装在面板上。

3) 检流计

测量时,调节倍率旋钮和标准电阻的调节旋钮使电桥平衡,检流计指零,此时有

$$被测电阻=倍率数\times读数盘读数$$

2. 直流双臂电桥的组成原理

和直流单臂电桥相比，直流双臂电桥能够消除接线电阻和接触电阻对测量结果的影响，是专门用来测量 1Ω 以下小电阻的常用仪器。直流双臂电桥采用的也是比较测量法。

如图 7-27 所示，被测电阻 R_X 与标准电阻 R_2' 共同组成一个桥臂，标准电阻 R_s 和 R_1' 组成另一个桥臂，R_X 与 R_s 之间用一个阻值为 r 的导线连接起来。为了消除接线电阻和接触电阻的影响，R_X 与 R_s 都采用两对端钮：电流端钮 C_1，C_2，C_{s_1}，C_{s_2}，电位端钮 P_1，P_2，P_{s_1}，P_{s_2}。桥臂电阻 R_1、R_2、R_1'、R_2' 做成固定比值形式，倍率 R_2/R_1 有 ×100、×10，R×1，R×0.1，R×0.01 五挡。R_1'/R_1 和 R_2'/R_2 在每一挡是相等的。标准电阻 R_s 的数值在 0.01~0.11Ω 之间连续调节。调节桥臂电阻，使 $I_g=0$，则 $I_1=I_2$，$I_3=I_4$。根据电路知识可得 $R_X=R_sR_2/R_1$。R_2/R_1 称为倍率，R_s 为标准电阻。

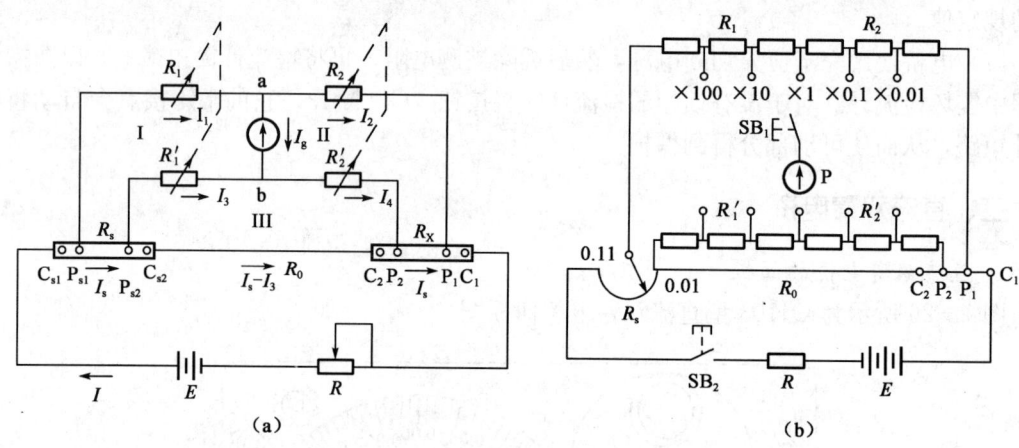

图 7-27 QJ103 型直流双臂电桥电路
(a) 接线图；(b) 原理图

3. 直流双臂电桥的使用及注意事项

1) 使用 QJ103 型双臂电桥测量电阻的步骤

（1）先将被测电阻的电流接头和电位接头分别与接线柱 C_1、C_2 和 P_1、P_2 连接，其连接导线应尽量短而粗，以减小接触电阻。在实际使用时往往被测电阻没有电流端钮和电位端钮，所以测量时要从被测电阻引出四根线，如图 7-27 (a) 所示。特别应注意使被测电阻的电位端钮总是接在一对电流端钮的内侧，这时两个电位端钮之间的电阻就是被测电阻 R_X。

（2）根据被测电阻范围，选择适当的倍率挡，然后接通电源和检流计。

（3）调节读数盘，使检流计指示为零，则电桥处于平衡状态，此时即可读取被测电阻值。

2) 使用直流双臂电桥时的注意事项

（1）被测电阻的每一端必须有两个接头线，电位接头应比电流接头更靠近电阻本身，且两对接头线不能绞在一起。

（2）测量时，接线头要除尽污物并接紧，尽量减少接触电阻，以提高测量准确度。

（3）直流双臂电桥的工作电流很大，如使用电池测量时操作速度要快，以免耗电过多。测量结束后，应立即切断电源。

三、兆欧表

1. 兆欧表的用途

兆欧表又称摇表，是一种专门用来测量绝缘电阻的便携式仪表，应用十分广泛。如果用万用表来测量设备的绝缘电阻，那么测得的只是在低压下的绝缘电阻值，不能真正反映在高压条件下工作时的绝缘性能。兆欧表本身带有电压较高的电源，一般由手摇直流发电机或晶体管变换器产生，电压为500～5000V。因此，用兆欧表测量绝缘电阻，能得到符合实际工作条件的绝缘电阻值。

常见的兆欧表主要由作为电源的高压手摇发电机和磁电式流比计两部分组成，兆欧表的外形与工作原理如图7-28所示。

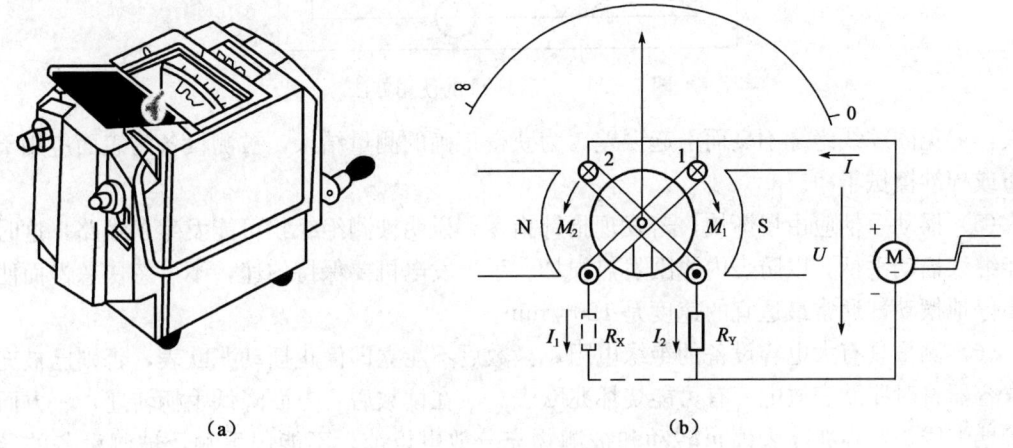

图7-28 兆欧表的外形与工作原理
(a) 外形；(b) 工作原理图

2. 兆欧表的正确使用与维护

(1) 测量前要先切断被测设备的电源，并将设备的导电部分与大地接通，进行充分放电，以保证安全。用兆欧表测量过的电气设备，也要及时接地放电，方可进行再次测量。

(2) 测量前要先检查兆欧表是否完好，即在兆欧表未接上被测物之前，摇动手柄使发电机达到额定转速（120r/min），观察指针是否指在标尺的"∞"位置。将接线柱"线"（L）和"地"（E）短接，缓慢摇动手柄，观察指针是否指在标尺的"0"位，如指针不能指到该指的位置，表明兆欧表有故障，应检修后再用。

(3) 必须正确接线。兆欧表上一般有三个接线柱，分别标有L（线路）、E（接地）和G（屏蔽）。其中L接在被测物和大地绝缘的导体部分，E接被测物的外壳或大地，G接在被测物的屏蔽环上或不需要测量的部分。

测量电缆的绝缘电阻时，由于绝缘材料表面存在漏电电流，将使测量结果不准确，为避免表面电流的影响，在被测物的表面加一个金属屏蔽环，与兆欧表的"屏蔽"接线柱相连，如图7-29所示。这样，表面漏电流I_s从发电机正极出发，经接线柱G流回发电机负极而构成回路。I_s不再经过兆欧表的测量机构，因此从根本上消除了表面漏电流的影响。

(4) 接线柱与被测设备间连接的导线不能用双股绝缘线或绞线，应该用单股线分开单独

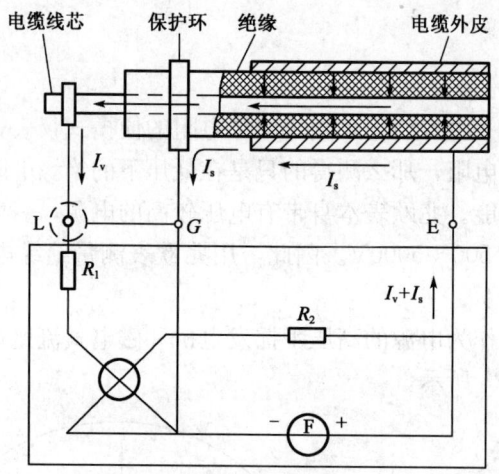

图 7-29 屏蔽环 G 的使用方法

连接,避免固纹线绝缘不良而引起误差。为获得正确的测量结果,被测设备的表面应用干净的布或棉纱擦拭干净。

(5) 摇动手柄应由慢渐快,若发现指针指零,说明被测绝缘物可能发生了短路,这时就不能继续摇动手柄,以防表内线圈发热损坏。手摇发电机要保持匀速,不可忽快忽慢而使指针不停地摆动,通常最适宜的速度是 120r/min。

(6) 测量具有大电容设备的绝缘电阻,读数后不能立即停止摇动兆欧表,否则已被充电的电容器将对兆欧表放电,有可能烧坏兆欧表。应在读数后一方面降低手柄转速,一方面拆去接地端线头,在兆欧表停止转动和被测物充分放电以前,不能用手触及被测设备的导电部分。

(7) 测量设备的绝缘电阻时,还应记下测量时的温度、湿度、被试物的有关状况等,以便于对测量结果进行分析。

练习与思考

一、选择题(将正确的选项填入括号内)

1. 兆欧表表盘是以(   )为单位进行刻度的。
(A) 欧姆   (B) 千欧姆   (C) 千万欧姆   (D) 兆欧姆

2. 兆欧表常用来测量各种电器设备的(   )。
(A) 电感   (B) 电容   (C) 绝缘电阻   (D) 耐压

3. 兆欧表可用于测量电缆缆芯与电缆外皮的(   )。
(A) 电感   (B) 电容   (C) 绝缘电阻   (D) 耐压

4. 兆欧表是由电压较高的(   )、磁电比率表及相应的测量电路组成的。
(A) 光电管   (B) 变压器   (C) 单片机   (D) 手摇发电机

5. 当使用兆欧表测量线路绝缘电阻时,测量线路的电流与测量线路的电阻成(   )。

(A) 正比　　　　(B) 对数　　　　(C) 反比　　　　(D) 指数

二、判断题（正确的打"√"，错误的打"×"）

1. （　）利用兆欧表测量线路绝缘电阻是由电池提供电源的。
2. （　）通常所说的摇表是指万用表。
3. （　）用兆欧表测量完缆芯后，缆芯应逐一放电。
4. （　）兆欧表可用来检查电器设备的绝缘电阻。
5. （　）兆欧表应在使用前做开路和短路检验。
6. （　）每次检查电缆后都要用兆欧表检查电缆的绝缘情况。
7. （　）兆欧表可在被测物体带电的情况下使用。

三、问答题

1. 直流电桥是一种什么样的仪器？怎样使用直流单臂电桥？
2. 兆欧表有什么用途？试述使用兆欧表的注意事项。
3. 为什么需要定期检查电气设备和线路的绝缘电阻？用什么仪表来测量？为什么不能用万用表来测量绝缘电阻？

第六节　万　用　表

万用表又称为复用电表，它是一种可以测量多种电量的多量程便携式仪表。由于它具有测量种类多、量程范围宽、价格低，以及使用和携带方便等优点，因此广泛应用于电气维修和测试中。一般的万用表可以测量直流电流、直流电压、交流电压、直流电阻、音频电平等电量。有的万用表还可以测量交流电流、电容、电感以及晶体管的 β 值等。

一、万用表的结构

万用表主要由表头（测量机构）、测量线路和转换开关组成。它的外形做成便携式或袖珍式，标度盘、转换开关、调零旋钮以及插孔等装在面板上。各种形式的万用表外形布置不完全相同，图 7-30 是 MF-500 型万用表的外形结构。

1. 表头

万用表的表头多采用灵敏度高、准确度较好的磁电式直流微安表，其满刻度偏转电流一般为几微安至几百微安，满偏电流越小，灵敏度就越高，测量电压时的内阻就越大，因而电表对被测线路的工作状态的影响也就越小。一般万用表在作电压表使用时内阻为 $2000\sim10000\Omega/V$，高的可达 $100000\Omega/V$。表头本身的准确度一般在 0.5 级以上，做成万用表后一般为 $1.0\sim5.0$ 级。表头刻度盘标有多种刻度尺，可以直接读出被测量。

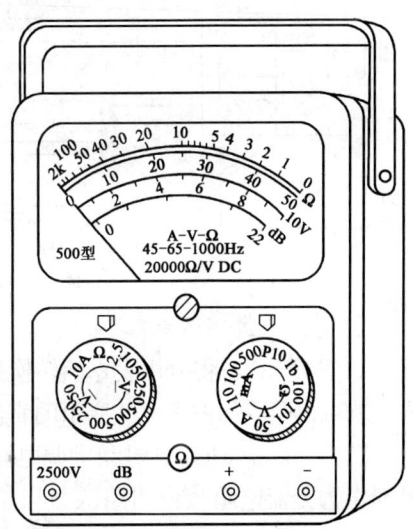

图 7-30　MF-500 型万用表

2. 测量线路

万用表用一只表头能测量多种电量，并具有多种量程。实现这些功能的关键是通过测量线路的变换，把被测量变换成磁电式表头所能接受的直流电流。可见测量线路是万用表的中心环节。

一只万用表，它的测量范围越广，其测量线路也就越复杂，但各种万用表的基本电路是大同小异的。测量线路中的元件，绝大部分是线绕电阻、碳膜电阻、电位器等。此外，在测量交流电压的线路中还有整流元件。

3. 转换开关

转换开关是用来选择不同的被测量和不同量程时的切换元件，它里面有固定接触点和活动接触点，当固定触点和活动触点闭合时就可以接通电路。活动触点一般称为"刀"，固定触点一般称为"掷"。万用表中的转换开关都采用多层多刀多掷波段开关或专用的转换开关。旋转刀的位置，使刀与不同的掷闭合，就可以改换和接通所要求的测量线路。

二、MF-500型万用表

下面以电工测量中常用的 MF-500 型万用表为例，说明其工作原理及使用方法。MF-500 型万用表的表头灵敏度为 40μA，表头内阻为 3000Ω。

MF-500 型万用表总电路图如图 7-31 所示。当转换开关位于不同挡位时，可组成不同的测量电路。下面分别加以说明。

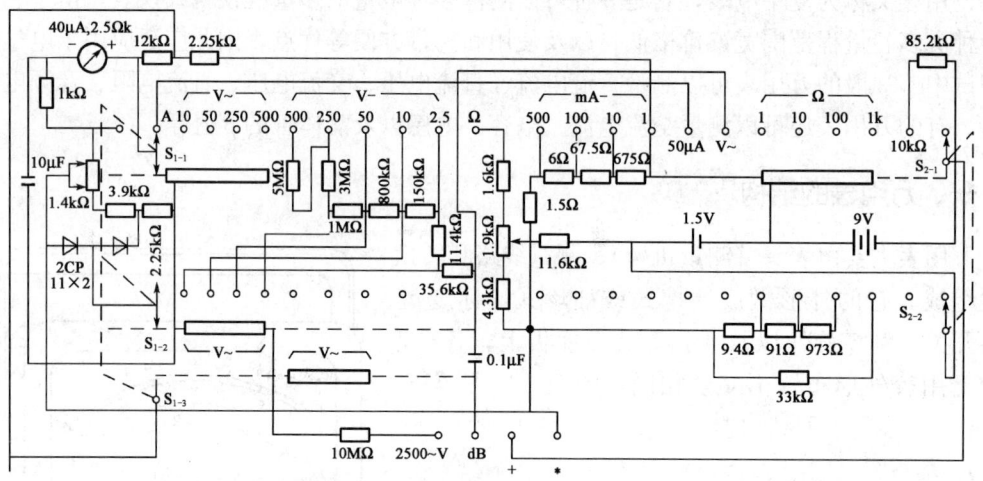

图 7-31　MF-500 型万用表总电路图

1. 直流电流测量电路

如图 7-31，将万用表左面转换开关置于 A 挡位，右面转换开关置于任意一个电流量程挡位，就可以组成如图 7-32 所示的直流电流测量电路（此时右边的旋钮开关是在 50μA 挡）。

图 7-32 中 1kΩ 电阻和可调电阻 1.4kΩ 始终与表头串联，作为温度补偿之用。其余电阻都作为分流电阻接成闭路式，当量程为 50μA 时，全部电阻作为分流电阻；其余量程时，均把分流电阻的一部分串接在表头支路，而使实际的分流电阻减少。因此，把转换开关置于不同的量程挡位，即可改变电流的量程。

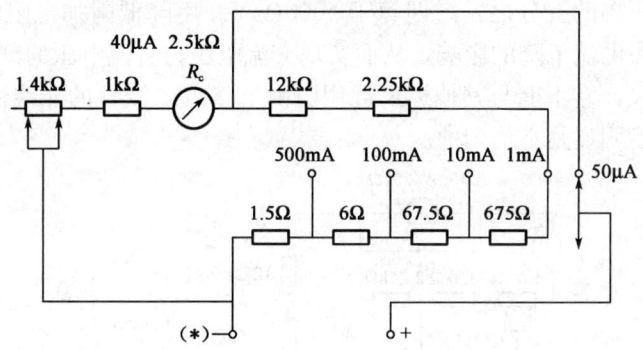

图 7-32　MF-500 型万用表直流电流测量电路

2. 直流电压测量电路

将万用表右面的转换开关置于 V 位置，左面量程选择开关置于直流电压的任何一个挡，就组成了如图 7-33 所示的直流电压测量线路（此时是 2.5V 挡）。

从图 7-33 中可知，在测量直流电压时，表头仍保留 50μA 电流挡时的那一套分流电阻。附加电阻电路为共用式，其中 2.5V 挡的附加电阻为 11.4kΩ+35.6kΩ=47kΩ。其余各挡随着量程的提高，其附加电阻也相应增加，如 500V 挡的附加电阻为 5MΩ、3MΩ、1MΩ、800kΩ、150kΩ、11.4kΩ 和 35.6kΩ 等 7 个电阻串联，共约为 10MΩ，所以直流电压挡的电压灵敏度为 10MΩ/500V=20000Ω/V，测高压 2500V 时，只要量程开关不放在 2.5V 挡位上，其余各挡均为其提供通路。测棒与 2500V 和两个插孔相接。高压挡专用一个 10MΩ 电阻作附加电阻，而不用 2.5～500V 的附加电阻。表头的分流电阻也与 2.5～500V 挡不同。

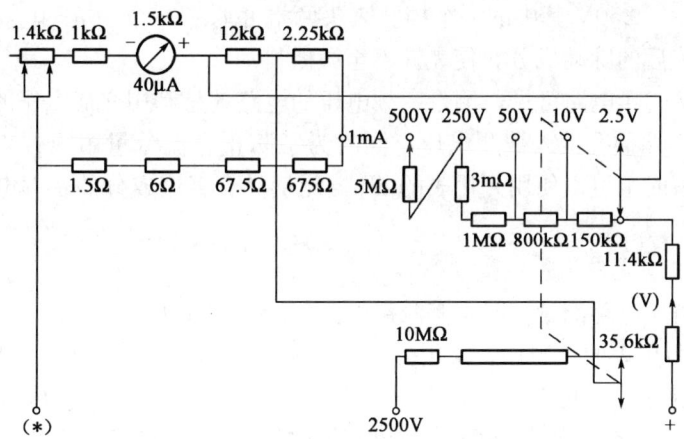

图 7-33　MF-500 型万用表直流电压测量电路

3. 交流电压测量电路

将万用表右面转换开关置 V 挡，左面量程选择开关置于交流电压任意一个挡，这时就组成图 7-34 的交流电压测量电路。这时与表头并联的分流电阻，仍与直流电压挡相同，只是另外串联一个 2.25kΩ 的电阻，再用 3.9kΩ 电阻分流，使表头灵敏度比测直流电压时低。该表采用半波整流电路，整流效率低。但其附加电阻与直流电压的附加电阻共用，如交流 250V 挡的附加电阻恰为直流电压 50V 挡的附加电阻，两者相差达 5 倍。可见，交流电压挡的灵敏度为直流电压挡的五分之一，即等于 4000Ω/V。用降低附加电阻的方法，补偿由于整流效率低而使表头电流下降的影响，从而实现交流电压与直流电压的刻度基本一致。交流 10V 挡专用一根标尺，它不能与其他标尺混用。由于整流二极管的非线性，在 10V 交流挡标尺的起始段，分度明显是不均匀的。

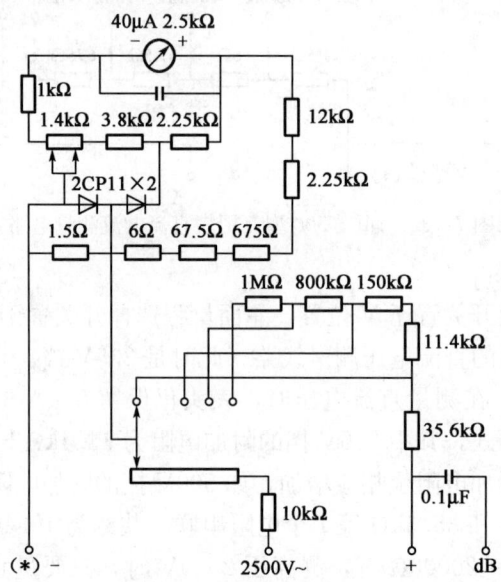

图 7-34 MF-500 型万用表交流电压测量电路

测 2500V 交流高压，另用专配的 10MΩ 附加电阻。测棒应与 2500V 和 * 插孔相接，量程开关可任意置 10~250V 其中的一个挡。表头两端并联了一个 10μF 电解电容，起滤波作用，它能减轻整流后的脉动成分，使表针不至微微抖动。

此外，由图 7-34 电路可见，测量音频电压的电路就是利用交流电压的测量线路，只是由"dB"与"*"两插孔接入被测电压，同时为了防止直流分量窜入仪表，用一个 0.1μF 电容隔离直流。有时也可以使用万用表的 dB 挡测量具有直流成分的音频电压，并在交流电压标尺上读数。

4. 直流电阻测量电路

当转换开关置于电阻测量挡时，其测量电路如图 7-35 所示。

MF-500 型万用表的欧姆挡，采用分压式调零电阻器。图中 1.9kΩ 可调电阻就是欧姆调零器，滑动触点可适当调节其对表头分流作用的大小。一般只要表内电池电压变化不太大，当 R_X 为零时，旋转欧姆调零器，总能够使指针位于欧姆标尺的零位上。

图 7-35 可简化为图 7-36，假定图 7-36 中 1.9kΩ 调零电阻的动触点位于右边 0.9kΩ 左边 1kΩ 处，当外电路短接时（$R_X=0$），指针应在满偏位置；当外电路断开（$R_X=\infty$）时，指针应在机械调零点位置；外电路电阻不同，通过表头的电流值也不同，即

$$I_c = \frac{E_I}{R'_c + R_X}$$

改变电阻挡的量程，可采用以下两种方法。

（1）保持电源电动势不变，改变分流电阻值。

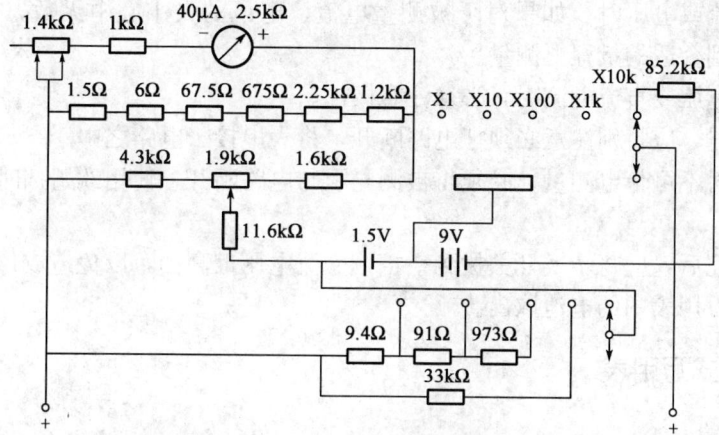

图 7-35　MF-500 型万用表直流电阻测量电路

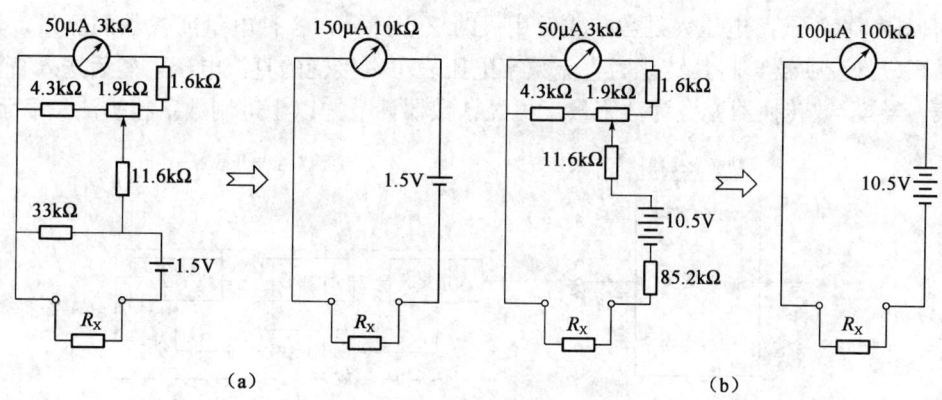

图 7-36　直流电阻测量电路的简化电路

由图 7-35 电路可见，该表有 5 挡倍率，×1～×10k 各挡的欧姆中心值分别为 10Ω、100Ω、1kΩ、10kΩ、100kΩ，如×1kΩ，欧姆分流电阻为 33kΩ，再加上电池内阻约为 1Ω，并考虑与其他电路的并联，则该挡的等效内阻约为 10kΩ，因此，欧姆中心值也是 10kΩ，表头灵敏度增至 150μA。在×1～×1k 各低阻挡，电池电压均为 1.5V，采用改变与表头并联的欧姆分流电阻的方法，以保持各挡的表头灵敏度不变。

(2) 变分流电阻的同时，提高电源电动势。

如 MF-500 型万用表置×10k 挡，电源电压即提高到 10V 左右（1.5V+9V），串联一个 85.2kΩ 的电阻，所以中心阻值为 100kΩ，并切断分流电阻，表头灵敏度增至 100μA，这样就可以得到欧姆中心值为 100kΩ 的挡位。由于高阻倍率挡的电压达到 10V，因而常采用体积较小的集层电池

为使高阻挡欧姆表的表头灵敏度不受影响，都类似地采用了提高电池电压和线路灵敏度的双重措施。

5. 使用万用表的注意事项

量程转换开关必须正确选择被测量电量的挡位，不能放错；禁止带电转换量程开关；切忌用电流挡或电阻挡测量电压。

在测量电流或电压时，如果对于被测量电流、电压的大小心中无数，则应先选最大量程，然后再换到合适的量程上测量。

测量直流电压或直流电流时，必须注意极性。

测量电流时，应特别注意必须把电路断开，将表串接于电路之中。

测量电阻时不可带电测量，必须将被测电阻与电路断开，使用欧姆挡时，换挡后要重新调零。

每次使用完后，应将转换开关拨到空挡或交流电压最高挡，以免造成仪表损坏；长期不使用时，应将万用表中的电池取出。

三、数字式万用表

1. 内部结构

数字式万用表由功能变换器、转换开关和直流数字电压表三部分组成，其原理框图如图 7-37 所示。直流数字电压表是数字式万用表的核心部分，各种电量或参数的测量，都是首先经过相应的变换器，将其转化为直流数字电压表可以接受的直流电压，然后送入直流数字电压表，经模/数转换器变换为数字量，再经计数器计数并以十进制数字将被测量显示出来。

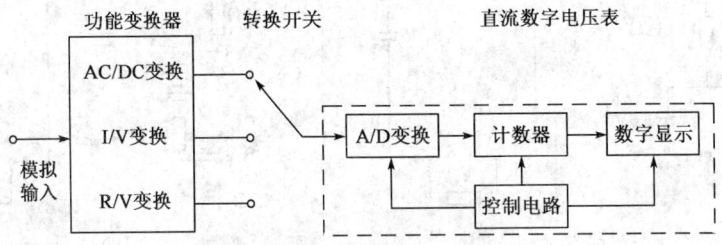

图 7-37 数字式万用表原理框图

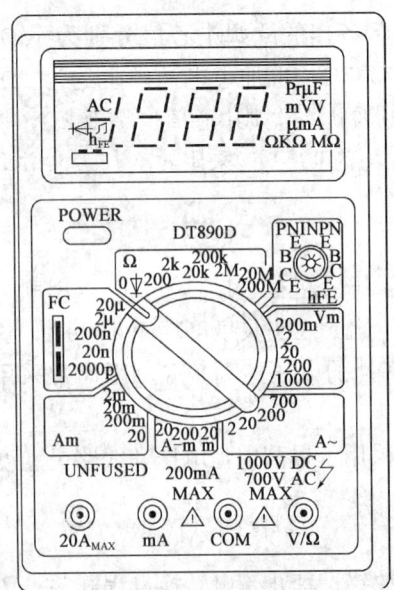

图 7-38 DT890D 型数字式万用表

2. 面板外观

以 DT890D 型数字式万用表为例进行介绍。DT890D 型数字式万用表属于中低档普及型万用表，其面板如图 7-38 所示，由液晶显示屏、量程转换开关、表笔插孔等组成。液晶显示屏直接以数字形式显示测量结果，并且还能自动显示被测数值的单位和符号（Ω、kΩ、MΩ、mV、A、μF 等），最大显示数字为 ±1999。

该表可进行如下参数测量：

（1）电阻的测量。

（2）二极管的测量。

（3）h_{FE} 的测量。

（4）交直流电压和电流的测量。

（5）电容量的测量。

3. 使用

（1）输入插孔：黑表笔总是插"COM"插孔，测量交直流电压、电阻、二极管及通断检测时,红表笔插"V/Ω"插孔。测量 200mA 以下交直流电流时,红表笔插"mA"插孔,测量 200mA 以上交直流电流时红表笔插"A"插孔。

(2) 功能和量程选择开关:交、直流电压挡的量程为 200mV、2V、20V、200V、1000V,共 5 挡。交、直流电流挡的量程为 200μA、2mA、20mA、200mA、10A,共 5 挡。电阻挡的量程为 200Ω、2kΩ、20kΩ、200kΩ、2MΩ、20MΩ、⊙200 共 7 挡,其中⊙200 挡用于判断电路的通、断。

(3) β 插座测量三极管的 β 值,注意区别管型是 NPN 还是 PNP。

4. 数字式万用表使用注意事项

(1) 使用数字式万用表前,应先估计一下被测量值的范围,尽可能选用接近满刻度的量程,这样可提高测量精度。

(2) 数字式万用表在开始测量时,显示屏的数值会有跳数现象,这是正常的(类似指针式表的表针摆动),应当待显示数值稳定后(不超过 1~2s),再开始读数。

(3) 数字万用表的功能多,量程挡位也多。

(4) 用数字万用表测试一些连续变化的电量和过程,不如用指针式万用表方便直观。

(5) 测 10Ω 以下的精密小电阻时(200Ω 挡),先将两表笔短接,测出表笔线电阻(约 0.2Ω),然后在测量中减去这一数值。

(6) 尽管数字式万用表内部有比较完善的各种保护电路,使用时仍力求避免误操作,如用电阻挡去测 220V 交流电压等,以免带来不必要的损失。

(7) 为了节省用电,数字式万用表设置了 15min 自动断电电路,自动断电后若要重新开启电源,可连续按动电源开关两次。

练习与思考

一、选择题(将正确的选项填入括号内)

1. 500 型万用表应在( )进行机械调零。
(A) 使用前　　　(B) 测量时　　　(C) 换电池前　　　(D) 使用后

2. 500 型指针式万用表测量电压、电流时,( )电池供电。
(A) 需要　　　(B) 不需要　　　(C) 需要 1.5V　　　(D) 需要 9V

3. 500 型指针式万用表的内部测量电路主要由( )和二极管组成。
(A) 三极管　　　(B) 电感　　　(C) 电阻　　　(D) 集成电路

4. 500 型指针式万用表的结构主要包括( )、线圈、指针和转动轴承等。
(A) 信号发生器　　　　　　(B) 磁路系统
(C) 光电耦合器件　　　　　(D) 手摇发电机

5. 500 型万用表测量( )时,开关旋钮必须在"A"挡位上。
(A) 交流电流　　　　　　(B) 交流电压
(C) 直流电流　　　　　　(D) 直流电压

二、判断题(正确的打"√",错误的打"×")

1. ( ) 500 型万用表测量机构的偏转角与通过它的电流成正比。

2. （　）当电池不能使用时,用500型万用表仍能测量电压和电流。
3. （　）500型万用表测量机构内的磁场是由电磁线圈产生的。
4. （　）测量线路电流时,万用表应串联在线路上。
5. （　）用500型万用表测量电阻均应进行机械调零和电调零。

习　题

1. 测量（　）时,万用表应与所测电路串联,禁止将仪表直接跨接在被测电路的两端。
   (A) 电阻　　　　(B) 交流电压　　　(C) 直流电流　　　(D) 直流电压
2. 用500型指针式万用表测量（　）时,每更换一次量程都必须调零。
   (A) 电压　　　　(B) 电流　　　　　(C) 电容　　　　　(D) 电阻
3. 500型指针式万用表应在（　）进行机械调零。
   (A) 使用前　　　(B) 更换电池前　　(C) 使用后　　　　(D) 使用时
4. 500型万用表主要由表头、转换开关、电池、表笔和（　）测量线路等组成。
   (A) 表头　　　　　　　　　　　　　(B) 内部
   (C) 外部　　　　　　　　　　　　　(D) 液晶显示屏
5. 用万用表测量电流时,若被测电流在4~20mA,则其测量挡位选择应大于（　）。
   (A) 10mA　　　(B) 20mA　　　　(C) 50mA　　　　(D) 1A
6. 常用的万用表一般分为指针式和数字式两种,都属于（　）测量仪表。
   (A) 单功能的　　(B) 多功能的　　　(C) 精密的　　　　(D) 重量的
7. 万用表可用来直接测量（　）、电流、电阻和检查电路通断,判断半导体器件的极性等。
   (A) 电压　　　　(B) 电能　　　　　(C) 感抗　　　　　(D) 功率
8. 用万用表测量电阻时,万用表挡位开关应置于（　）挡。
   (A) "A"　　　　(B) "L"　　　　　(C) "V"　　　　　(D) "Ω"
9. 测量电阻时,万用表量程挡位（　）,可提高测量精度。
   (A) 应选择较高挡位　　　　　　　　(B) 随意选择
   (C) 应选择较低挡位　　　　　　　　(D) 应选择直流挡
10. 切勿在电路带电的情况下用万用表测量电路的（　）。
    (A) 交流电压　　　　　　　　　　　(B) 电阻
    (C) 直流电流　　　　　　　　　　　(D) 直流电压
11. 万用表一般分为数字型和指针型,都是（　）测量仪表。
    (A) 单功能的　　(B) 多功能的　　　(C) 功率型的　　　(D) 直线
12. 500型万用表的内部测量电路主要由电阻和（　）组成。
    (A) 变压器　　　(B) 电感　　　　　(C) 二极管　　　　(D) 三极管
13. 万用表一般分为数字型和（　）两种。
    (A) 单功能型　　(B) 逻辑型　　　　(C) 指针型　　　　(D) 重量型

14. 万用表在（   ），不能旋动开关旋钮。
(A) 测量后   (B) 测量前   (C) 测量时   (D) 任何时候

15. 500型万用表不能直接测量（   ）。
(A) 电流   (B) 电压   (C) 电阻   (D) 功率

16. 检查电缆缆芯的通断要使用（   ）。
(A) 兆欧表   (B) 电流表   (C) 电压表   (D) 万用表

17. 检查电缆缆芯的绝缘要使用（   ）。
(A) 兆欧表   (B) 电流表   (C) 电压表   (D) 万用表

18. 安装新电缆前，必须检查电缆的（   ）。
(A) 重量   (B) 电感   (C) 电容   (D) 通断与绝缘

19. 电缆下井前，缆芯对缆皮的绝缘电阻应大于（   ）。
(A) 0.1MΩ   (B) 10MΩ   (C) 20MΩ   (D) 50MΩ

20. 抽油机井电流是由（   ）测试录取的。
(A) 电压表   (B) 钳形电流表
(C) 万用表   (D) 兆欧表

21. 用万用表测量电阻时，万用表挡位开关应置于（   ）挡。
(A) "A"   (B) "L"   (C) "V"   (D) "Ω"

22. 测量电阻时，万用表量程挡位（   ），可提高测量精度。
(A) 应选择较高挡位   (B) 随意选择
(C) 应选择较低挡位   (D) 应选择直流挡

23. 切勿在电路带电的情况下用万用表测量电路的（   ）。
(A) 交流电压   (B) 电阻
(C) 直流电流   (D) 直流电压

24. 用兆欧表测量电缆绝缘后，一定要将电缆（   ）。
(A) 放置好   (B) 短路放电
(C) 归位   (D) 清洗干净

25. （   ）绝缘柄钢丝钳为电工专用钳（简称电工钳），常用的有150mm、175mm和200mm三种规格。

26. （   ）用兆欧表检查电缆绝缘后，必须给电缆放电。

27. （   ）所有兆欧表进行测量时需要用手摇动它的手柄，故又称其为摇表。

28. （   ）测量照明或低压线路的对地绝缘电阻时，兆欧表"E"端应接测量线路，"L"端接地。

29. （   ）利用兆欧表测量线路的绝缘电阻时，测量线路的电流与测量的电阻成反比。

30. （   ）万用表是一种单功能测试仪表。

31. （   ）万用表是能测量电阻，检查绝缘及通断，测量电压、电流、二极管电容等，是随钻测量工的常用仪表。

32. （   ）兆欧表可在被测物体带电的情况下进行测量。

33. （   ）用兆欧表检查电缆绝缘后，必须给电缆放电。

34. （　）兆欧表可在被测物体带电的情况下进行测量。

35. （　）所有兆欧表进行测量时需要用手摇动它的手柄，故又称其为摇表。

36. （　）测量照明或低压线路的对地绝缘电阻时，兆欧表"E"端应接测量线路，"L"端接地。

37. （　）万用表长期不用时，应将电池取出。

38. （　）用万用表测量线路电阻时，必须保证线路中已切断电源。

39. （　）用万用表测量线路电压时，若不清楚电压的大致范围，量程开关应先从低挡位试测。

40. （　）当测量直流电压时，应将万用表测量旋钮拨到"V"挡上。

41. （　）用万用表测量电流时，应将万用表表笔与被测端点串联。

42. （　）万用表测量交直流时，应注意测量挡位的变化。

43. （　）在电路带电情况下，能用万用表测量电阻。

44. （　）用万用表测量电阻时，为保证测量精度，量程开关应尽量放在较高挡位。

45. （　）500型万用表的内部测量电路主要由电阻和电容组成。

46. （　）500型万用表更换电源时，应注意电池极性，并与电池保持良好接触。

47. （　）500型万用表在测量电阻时，开关旋钮必须在"A"挡位上。

48. （　）利用兆欧表测量线路的绝缘电阻时，测量线路的电流与测量的电阻成反比。

49. （　）500型万用表可以测量直流电压，不可以测量交流电压。

50. （　）万用表在测试时可以旋动开关旋钮。

51. 使用电压表应注意什么问题？

52. 用二功率表法测量三相三线制电路的功率时，每只功率表测得的功率是不是单相功率？为什么？三相功率应为多大？

53. 三相平衡负载接成三角形时，相电压为220V，相电流为5A，每相功率因数为0.4（感性），今用两个D26-W功率表（其额定值为5/10A和125/250/500V）去测量三相有功功率，应怎样选择它们的量限。

54. 试述钳形电流表的用途和工作原理。

55. 三相三线有功电度表怎样接线？为什么能测量三相有功电能？

56. 用电压互感器变比为6000/100，电流互感器变比为100/5扩程，若电流表的读数为35A，电压表读数为7.5V，问被测电路的电流、电压为多少？

57. 有一个磁电式表头，内阻为150Ω，额定压降为45mV。现将它改成量程为150mA的电流表，求分流器的电阻值？若改成量程为15V的电压表，其附加电阻值为多少？

58. 有一个磁电式表头，内阻为150Ω，额定压降为45mV。现将它改成量程为150mA的电流表，求分流器的电阻值？若改成量程为15V的电压表，其附加电阻值为多少？

59. 有一个电度表，月初的读数为133kW·h，月底的读数为150kW·h。如果每一度的电费为0.50元，电度表常数为1250r/kW·h。试求这个月内的电费和电度表的转盘转数。

60. 用功率表测量电路的功率，选用的电流量限为5A，电压量限为300V，标度尺满刻度为150格。若指针指在72格，试问电路的功率为多少？

第七章 电工常用工具和仪表

61. 题 60 中，如电流量限选 10A，电压量限仍为 300V，已知电路的功率为 2000W，试问指针应指在哪一格？

62. 用万用表测量出某电阻的电阻值为 250Ω，问用 QJ23 型直流单臂电桥测量电阻时，比率臂倍率选择多大才合适？如果比较臂电阻为 2439Ω 时电桥达到平衡，求被测电阻的大小？

63. 已知一磁电式表头，其满偏电流为 100μA，内阻为 2kΩ，欲改成量程为 10～50～100～250～500V 的直流电压表，求各附加电阻？

64. 已知一磁电式表头，其满偏电流为 100μA，内阻为 2kΩ，欲改成量程为 10～50～100～250～500V 的直流电压表，求各附加电阻？

65. 有一磁电系表头，满偏电流为 40μA，额定压降 92mV，若不考虑温度补偿，求改装成量程为 0.5～5～50mA 的闭路式多量程电流表应配置的分流电阻。

66. 用万用表测量出某电阻的电阻值为 250Ω，问用 QJ23 型直流单臂电桥测量电阻时，比率臂倍率选择多大才合适？如果比较臂电阻为 2439Ω 时电桥达到平衡，求被测电阻的大小？

67. 二功率表法能不能用于三相四线制电路？为什么？

68. 电工仪表由哪几个部分组成？电工仪表有几种转矩？它们的特点和作用是什么？

69. 为什么电流表要与负载串联、电压表要与负载并联？如果错接将会产生什么后果？

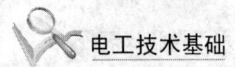

第八章 安全用电常识

第一节 安全用电

一、触电事故产生的原因

1. 违章操作

(1) 违反"停电检修安全工作制度",因误合闸造成维修人员触电。
(2) 违反"带电检修安全操作规程",使操作人员触及电器的带电部分。
(3) 带电移动电器设备。
(4) 用水冲洗或用湿布擦拭电气设备。
(5) 违章救护他人触电,造成救护者一起触电。
(6) 对有高压电容的线路检修时未进行放电处理导致触电。

2. 施工不规范

(1) 误将电源保护接地与零线相接,且插座火线、零线位置接反使机壳带电。
(2) 插头接线不合理,造成电源线外露,导致触电。
(3) 照明电路的中线接触不良或安装保险,造成中线断开,导致家电损坏。
(4) 照明线路敷设不合规范造成搭接物带电。
(5) 随意加大熔断丝的规格,失去短路保护作用,导致电器损坏。
(6) 施工中未对电气设备进行接地保护处理。

3. 产品质量不合格

(1) 电气设备缺少保护设施,造成电器在正常情况下损坏和触电。
(2) 带电作业时,使用不合理的工具或绝缘设施造成维修人员触电。
(3) 产品使用劣质材料,使绝缘等级、抗老化能力很低,容易造成触电。
(4) 生产工艺粗制滥造。
(5) 电热器具使用塑料电源线。

4. 偶然条件

电力线突然断裂使行人触电、狂风吹断树枝将电线砸断、雨水进入家用电器使机壳漏电、人体受雷击等偶然事件均会造成触电事故。

二、电流对人体的危害

1. 电流大小对人体的影响

通过人体的电流越大,人体的生理反应就越明显,感应就越强烈,引起心室颤动所需的时间就越短,致命的危害就越大。按照通过人体电流的大小和人体所呈现的不同状态,工频交流电大致分为下列三种：

（1）感觉电流：指引起人的感觉的最小电流。

（2）摆脱电流：指人体触电后能自主摆脱电源的最大电流。人体允许的安全工频电流为 30mA。

（3）致命电流：指在较短的时间内危及生命的最小电流。工频危险电流为 50mA。

2. 电流频率

一般认为 40~60Hz 的交流电对人最危险，随着频率的增加，危险性将降低。当电源频率大于 20000Hz 时，所产生的损害明显减小，高频电流还可以用于医疗保健等。但高压高频电流对人体仍然是十分危险的。

3. 通电时间

通电时间越长，人体电阻因出汗等原因降低，导致通过人体的电流增加，触电的危险性也随之增加。

4. 电流路径

电流通过头部可使人昏迷；通过脊髓可能导致瘫痪；通过心脏会造成心跳停止，血液循环中断；通过呼吸系统会造成窒息。因此，从左手到胸部是最危险的电流路径；从手到手、从手到脚也是很危险的电流路径；从脚到脚是危险性较小的电流路径。

三、人体电阻及安全电压

1. 人体电阻

人体电阻包括内部组织电阻（称为体电阻）和皮肤电阻两部分。内部组织电阻是固定不变的，并与接触电压和外部条件无关，一般为 500Ω 左右。人体电阻因人而异，通常为 10^4~10^5Ω，当角质外层破坏时，则降到 800~1000Ω。

2. 电压的影响

触电电压越高，通过人体的电流越大，也就越危险。安全电压是为了防止触电事故而采用的特殊电源供电的电压。安全电压是以人体允许电流（30mA）与人体电阻（1000Ω）的乘积为依据而定的。因此，把 50V 以下的电压定为安全电压。

工厂进行设备检修使用的手灯及机床照明都采用 36V 以下安全电压。

从安全的角度看，确定对人体的安全条件通常不采用安全电流而采用安全电压，因为影响电流变化的因素很多，而电力系统的电压是较为恒定的。

当人体接触电压后，随着电压的升高，人体电阻会有所降低。若接触了高电压，则因皮肤受损破裂而会使人体电阻下降，通过人体的电流也就会随之增大。在高压情况下，即使不接触高电压，接近时也会产生感应电流的影响，因而也是很危险的。电压对人体的影响及允许接近的最小安全距离见表 8-1。

表 8-1 电压对人体的影响及允许接近的最小安全距离

接触时的情况		允许接近的最小安全距离	
电压，V	对人体的影响	电压，kV	设备不停电的安全距离，m
10	全身在水中时的跨步电压界限	10	0.7
20	湿手的安全界限	20~35	1.0

续表

接触时的情况		允许接近的最小安全距离	
30	干燥手的安全界限	44	1.2
50	对人的生命无危险	60~110	1.5
100~200	危险性急剧增大	154	2.0
200 以上	对人的生命产生无危险	220	3.0
1000	被带电体吸引	330	4.0
1000 以上	有被弹开的可能	500	5.0

四、有关触电的基本知识

1. 触电的类型

触电是指人体触及带电体后，电流对人体造成的伤害。它有两种类型，即电击和电伤。

1）电击

电击是指电流通过人体内部，破坏人体内部组织，影响呼吸系统、心脏及神经系统的正常功能，甚至危及生命。

2）电伤

电伤是指电流的热效应、化学效应、机械效应及电流本身作用造成的人体伤害。电伤会在人体皮肤表面留下明显的伤痕，常见的有灼伤、烙伤和皮肤金属化等现象。在触电事故中，电击和电伤常会同时发生。

2. 常见的触电形式

1）单相触电

当人站在地面上或其他接地体上，人体的某一部位触及一相带电体时，电流通过人体流入大地（或中性线），称为单相触电，如图 8-1 所示。

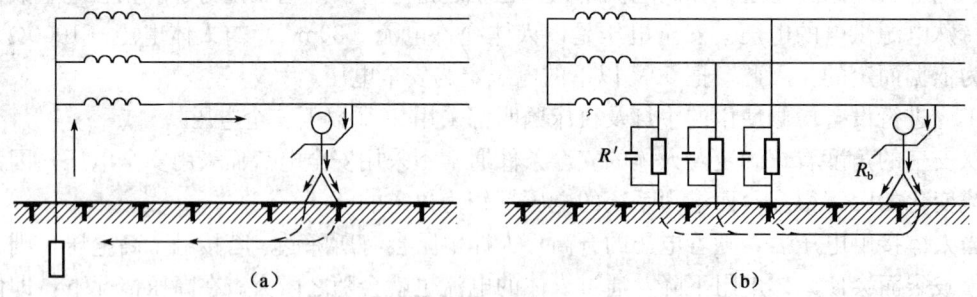

图 8-1 单相触电
(a) 中性点直接接地；(b) 中性点不直接接地

（1）电源中性点接地的单相触电：这时人体处于相电压下，危险较大，通过人体电流为

$$I_b = \frac{U_P}{R_0 + R_P}$$
$$= \frac{220}{4 + 1000} = 219(\text{mA}) \gg 50(\text{mA})$$

人体接触某一相时，通过人体的电流取决于人体电阻 R_b 与输电线对地绝缘电阻 R' 的

大小。

(2) 电源中性点不接地系统的单相触电：若输电线绝缘良好，绝缘电阻 R' 较大，对人体的危害性就减小。但导线与地面间的绝缘可能不良（R' 较小），甚至有一相接地，这时人体中就有电流通过。

2) 两相触电

两相触电是指人体两处同时触及同一电源的两相带电体，以及在高压系统中，人体距离高压带电体小于规定的安全距离，造成电弧放电时，电流从一相导体流入另一相导体的触电方式，如图 8-2 所示。两相触电加在人体上的电压为线电压，因此不论电网的中性点接地与否，其触电的危险性都最大。

这时人体处于线电压下，通过人体的电流为

$$I_b = \frac{U_L}{R_b} = \frac{380}{1000} = 0.38(A) \gg 50mA$$

触电后果更为严重

3) 跨步电压触电

在高压输电线断线落地时，有强大的电流流入大地，在接地点周围产生电压降。在以接地点为圆心，半径 20m 的圆面积内形成分布电位。人站在接地点周围，两脚之间（以 0.8m 计算）的电位差称为跨步电压 U_k，如图 8-3 所示，当人体接近接地点时，两脚之间承受跨步电压而触电。跨步电压的大小与人和接地点距离、两脚之间的跨距、接地电流大小等因素有关。

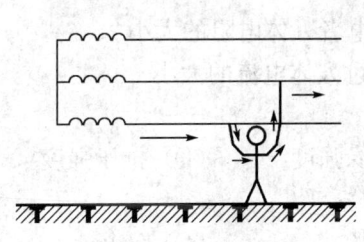

图 8-2　两相触电

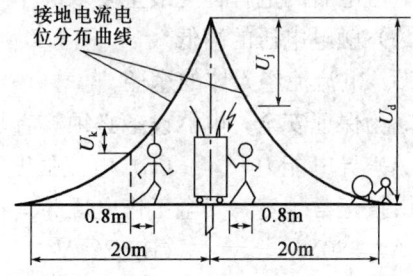

图 8-3　跨步电压

一般在 20m 之外，跨步电压就降为零。如果误入接地点附近，应双脚并拢或单脚跳出危险区。

4) 接触电压触电

当电气设备内部绝缘损坏而与外壳接触，将使其外壳带电。当人触及带电设备的外壳时，相当于单相触电，大多数触电事故属于这一种。

5) 感应电压触电

当人触及带有感应电压的设备和线路时所造成的触电事故称为感应电压触电。

6) 剩余电荷触电

剩余电荷触电是指当人触及带有剩余电荷的设备时，带有电荷的设备对人体放电造成的触电事故。设备带有剩余电荷，通常是由于检修人员在检修中摇表测量停电后的并联电容器、电力电缆、电力变压器及大容量电动机等设备时，检修前、后没有对其充分放电所造成的。

练习与思考

一、选择题（将正确的选项填入括号内）

1. 人体触电时（　　）部位触及带电体使通过心脏的电流最大。
   (A) 右手到双脚　　(B) 左手到双脚　　(C) 右手到左手　　(D) 左脚到右脚
2. 安全电压是以（　　）为依据而定的。
   (A) 线路保险大小　　　　　　　　　　(B) 电路负荷大小
   (C) 人体允许电流与人体电阻的乘积　　(D) 人体不导电
3. 安全电压是为了（　　）而采用的特殊电源供电的电压。
   (A) 不烧熔断器　(B) 电路负荷　(C) 保证设备功率　(D) 防止触电事故
4. 触电一般有（　　）种类型。
   (A) 二　　　　　(B) 三　　　　　(C) 四　　　　　(D) 五
5. 手灯、工作台用的局部照明灯，其电压严禁超过（　　）。
   (A) 110V　　　　(B) 36V　　　　(C) 24V　　　　(D) 12V
6. 室内照明灯的电线距地面高度不低于（　　）。
   (A) 2m　　　　　(B) 2.5m　　　　(C) 3m　　　　 (D) 5m
7. 触电后的危害程度最主要取决于（　　）。
   (A) 触电电压的高低　　　　　(B) 触电者人体电阻的大小
   (C) 电流流经人体的途径　　　(D) 通过人体电流的大小
8. 为保证安全，电器设备必须具有足够的（　　）。
   (A) 导电能力　　(B) 电流强度　　(C) 绝缘强度　　(D) 抗压强度
9. 按正常规定，安全工作电压为（　　）。
   (A) 380V　　　　(B) 220V　　　　(C) 36V　　　　(D) 60V
10. 人体电阻为一般为（　　）值。
    (A) 10Ω　　　　(B) 30kΩ　　　(C) 变化　　　　(D) 固定
11. 在短时间内，危及人体生命的最小电流为（　　）。
    (A) 0.05A　　　(B) 0.5A　　　 (C) 1A　　　　 (D) 2A
12. 能毁坏建筑物及设备，也可直接伤人的一种自然灾害是（　　）。
    (A) 电击　　　　(B) 电气火灾　　(C) 电伤　　　　(D) 雷击
13. 电流对人体的伤害可分为（　　）和电伤。
    (A) 电弧烧伤　　(B) 电击　　　　(C) 电烙印　　　(D) 皮肤金属化
14. 电气事故包括（　　）、电场对人体的伤害、电气火灾和爆炸、雷击和异常触电等。
    (A) 电流对人体的伤害　　　　(B) 放射性辐射对人体的伤害
    (C) 液化气爆炸对人体的伤害　(D) 有害气体对人体的伤害

二、判断题（正确的打"√"错误的打"×"）

1. （　　）单相触电可分为中性点接地系统和中性点不接地系统两种触电类型。

2. (　　) 跨步电压和接触电压不导致人体触电。
3. (　　) 我国规定6V、12V、24V、36V、42V为安全电压。
4. (　　) 电气事故包括电流对人体的伤害、电场对人体的伤害、电气火灾和爆炸及雷击等。
5. (　　) 电流对人体的伤害可分为烧伤和烫伤。

第二节　电气安全技术

一、保护接地与保护接零

1. 保护接地和保护接零的方式及作用范围

接地是利用大地为正常运行、发生故障及遭受雷击等情况下的电气设备等提供对地电流构成回路的需要，从而保证电气设备和人身的安全。保护接地和保护接零的方式有下述几种，如图8-4所示，它们的具体作用也有所不同。

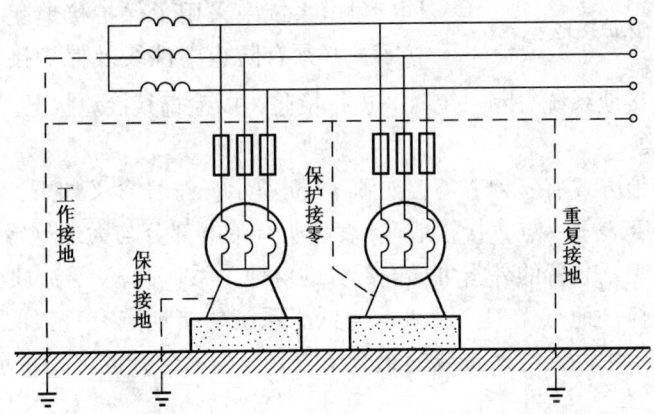

图8-4　保护接地、工作接地、重复接地及保护接零示意图

1) 工作接地

为了保证电气设备的正常工作，将电力系统中的某一点（通常是中性点）直接用接地装置与大地可靠地连接起来就称为工作接地。

2) 重复接地

三相四线制的零线（或中性点）一处或多处经接地装置与大地再次可靠连接，称为重复接地。

当发生接地短路时，重复接地能降低零线的对地电压。当零线断线时，不会使部分零线因无接地点而"悬空"。零线"悬空"会使接零设备外壳带电。

3) 保护接零

在中性点接地的三相四线制系统中，将电气设备的金属外壳、框架等与中性线可靠连接，称为保护接零。

当电气设备绝缘损坏造成一相碰壳，该相电源短路，由于中性线电阻很小，则通过的短路电流很大；其短路电流使使熔断器或保护继电器动作，将故障设备从电源切除，防止人身触电。

保护接零的安装要求是保护零线在短路电流作用下不能熔断；采用漏电保护器时应使零线和所有相线同时切断；零线一般取与相线相等的截面，零线应重复接地；架空线路的零线应架设在相线的下层；零线上不能装设断路器、闸刀或熔断器，防止零线与相线接错；多芯导线中规定用黄绿相间的线作为保护零线；电气设备投入运行前必须对保护接零进行检验。

4) 保护接地

保护接地方式将电气设备不带电的金属外壳和同金属外壳相连接的金属构架用导线与接地体电器可靠地连接在一起。如图8-5所示。通过人体的电流为 $I_R = I_e \dfrac{R_D}{R_D + R_R}$，$R_R$ 与 R_D 并联，且 $R_R \gg R_D$。因此，通过人体的电流可减小到安全值以内。

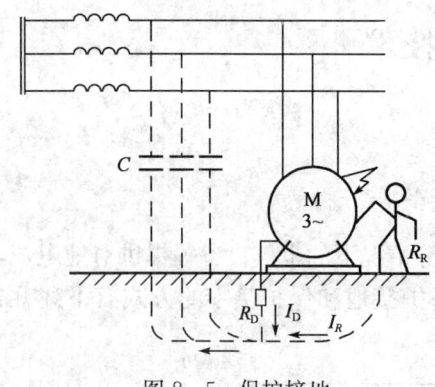

图8-5 保护接地

保护接地的安装要求是接地电阻不得大于4Ω，应采用专用保护接地插脚的插头；保护接地干线截面应不小于相线截面的1/2，单独用电设备应不小于1/3；同一供电系统中采用了保护接地就不能同时采用保护接零；必须有防止中性线及保护接地线受到机械损伤的保护措施；保护接地系统每隔一定时间进行检验，以检查其接地状况。

5) 接地的种类

低压电网的接地方式有三种五类，如图8-6所示。符号含义如下：第一个字母表示低压系统对地关系，T表示一点直接接地，I表示所有带电部分与大地绝缘，或经人工中性点接地；第二个字母表示装置的外露可导电部分的对地关系，T表示与大地有直接的电气连接而与低压系统的任何接地点无关，N表示与低压系统的接地点有直接的电气连接；第二个字母后面的字母表示中性线与保护线的组合情况，S表示分开的，C表示公用的，C-S表示部分是公共的。

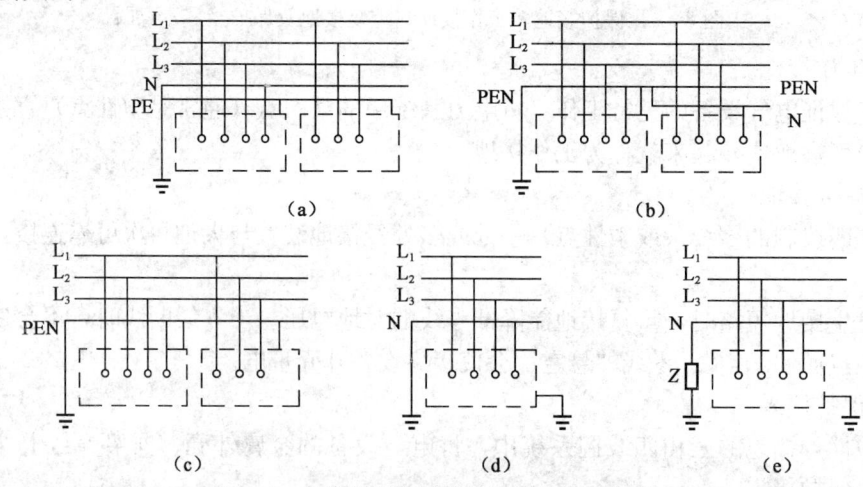

图8-6 各类低压电网接地系统的接线方式

(a) TN-S系统；(b) TN-C-S系统；(c) TT-C系统；(d) TT系统；(e) IT系统

N—中线；PE—保护接地导线；PEN—中线和保护线公用线

2. 电气设备的接地范围

根据安全规程规定，下列电气设备的金属外壳应该接地或接零。

(1) 电机、变压器、电器、照明器具、携带式及移动式用电器具等的底座和外壳，如手电钻、电冰箱、电风扇、洗衣机等。

(2) 交流、直流电力电缆的接线盒，终端头的金属外壳，电线、电缆的金属外皮，控制电缆的金属外皮，穿线的钢管，电力设备的传动装置，互感器二次绕组的一个端子及铁心。

(3) 配电屏与控制屏的框架，室内、外配电装置的金属构架和钢筋混凝土构架，安装在配电线路杆上的开关设备、电容器等电力设备的金属外壳。

(4) 在非沥青路面的居民区中，高压架空线路的金属杆塔、钢筋混凝土杆，中性点非直接接地的低压电网中的铁杆、钢筋混凝土杆，装有避雷线的电力线路杆塔。

(5) 避雷针、避雷器、避雷线和角形间隙等。

3. 接地装置

1) 接地装置的组成

接地装置由接地体和接地线组成。接地体可分为人工接地体和自然接地体。

2) 对接地装置的要求

为了保证接地装置起到安全保护作用，一般接地装置应满足以下要求：

(1) 接地电阻应达到规定值：

①低压电气设备接地装置的接地电阻不宜超过 4Ω。

②低压线路零线每一重复接地装置的接地电阻不应大于 10Ω。

③在接地电阻允许达到 10Ω 的电力网中，每一重复接地装置的接地电阻不应超过 30Ω，但重复接地不应少于 3 处。

(2) 接地体的敷设方式：

埋设人工接地体前，应尽量考虑利用自然接地体。与大地有可靠连接的自然接地体，如配线的钢管、自来水管和建筑物的金属构架等，在接地电阻符合要求时，一般不另敷设人工接地体，但发电厂、变电所除外。

3) 对接地线的要求

接地线与接地体连接处一般应焊接。如采用搭接焊，其搭接长度必须为扁钢宽度的 2 倍或圆钢直径的 6 倍。如焊接困难，可用螺栓连接，但应采取可靠的防锈措施。

二、电工安全技术操作规程

(1) 上岗时必须穿戴好规定的防护用品，一般不允许带电作业。

(2) 工作前应详细检查所用工具是否安全可靠，了解场地、环境情况，选好安全位置工作。

(3) 各项电气工作要认真严格执行"装得安全、拆得彻底、检查经常、修理及时"的规定。

(4) 在线路、设备上工作时要切断电源，并挂上警告牌，验明无电后才能进行工作。

(5) 不准无故拆除电气设备上的熔丝及过负荷继电器或限位开关等安全保护装置。

(6) 机电设备安装或修理完工后在正式送电前必须仔细检查绝缘电阻及接地装置和传动

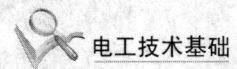

部分防护装置，使之符合安全要求。

(7) 发生触电事故应立即切断电源，并采用安全、正确的方法立即对触电者进行解救和抢救。

(8) 装接灯头时开关必须控制相线；临时线敷设时应先接地线、拆除时应先拆相线。

(9) 在使用电压高于36V的手电钻时，必须戴好绝缘手套，穿好绝缘鞋。使用电烙铁时，安放位置不得有易燃物或靠近电气设备，用完后要及时拔掉插头。

(10) 工作中拆除的电线要及时处理好，带电的线头需用绝缘带包扎好。

(11) 高空作业时应系好安全带，扶梯脚应有防滑措施。

(12) 登高作业时，工具、物品不准随便向下扔，需装入工具袋内吊送或传递。地面上的人员应戴好安全帽，并离开施工区2m以外。

(13) 雷雨或大风天气，严禁在架空线路上工作。

(14) 低压架空带电作业时应有专人监护，使用专用绝缘工作，穿戴好专用防护用品。

(15) 低压架空带电作业时，人体不得同时接触两根线头，不得穿越未采取绝缘措施的导线之间。

(16) 在带电的低压开关柜（箱）上工作时，应采取防止相间短路及接地等安全措施。

(17) 当电器发生火警时，应立即切断电源，在未断电前，应用四氯化碳、二氧化碳或干砂灭火，严禁用水或普通酸碱泡沫灭火机灭火。

(18) 配电间严禁无关人员入内。外单位人员参观时必须经有关部门批准，由电气人员带入。倒闸操作必须由专职电工进行，复杂的操作应由两人进行：一人操作，一人监护。

三、对电器及装置的安全要求

1. 电气安全工作的基本要求

(1) 在电气设备上工作至少应有两名经过电气安全培训并考试合格的电工进行。非合格电工在电气设备上工作时应由合格电工负责监护。

(2) 电气工作人员必须认真学习和严格遵守《电业安全工作规程》和工厂企业制定的现场安全规程补充规定。

(3) 在电气设备上工作一般应停电后进行。只有经过特殊培训并考核合格的电工方可进行批准的某些带电作业项目。停电的设备是指与供电网电源已隔离，已采取防止突然通电的安全措施并与其他任何带电设备有足够的安全距离。

(4) 在任何已投入运行的电气设备或高压室内工作，都应执行两项基本安全措施，即技术措施和组织措施。技术措施是保证电气设备在停电作业时切实断开电源、防止接近带电设备、可靠防止工作区域有突然来电的可能；在带电作业时能有完善的技术装备和安全的作业条件。组织措施是保证整个作业的各个安全环节在明确的有关人员安全责任制下组织作业。

(5) 为了保证电气作业安全，所有使用的电气安全用具都应符合安全要求，并经过试验合格，在规定的安全有效期内使用。

2. 电气设备上工作的组织措施

1) 电气设备上工作人员的安全责任

(1) 工作票签发人正确签发安全工作票，保证作业任务的必要性和进行作业时的安全性，保证必要的安全措施的正确和完善，保证所指派的工作人员适当、足够、精神状态良好。

（2）工作负责人正确、安全地组织工作，进行安全思想教育和纪律教育，检查安全措施是否正确、完善，检查工作人员是否适当、足够、精神状态良好，督促和监护认真执行安全工作规程和作业规程，组织清理作业现场并办理工作票终结手续。

（3）工作许可人审查安全措施是否符合现场需要和正确完备，正确完善地布置好工作现场的安全措施，检查停电设备有无突然来电的危险，若有疑问应向工作票签发人询问，必要时应要求做出详细补充。

（4）工作班人员清楚地了解现场安全条件和有关安全措施及本人的工作任务和要求，认真执行安全工作规程和现场安全措施，关心施工安全并监督安全规程和现场安全措施的实施，认真清理现场和工具。

工作票签发人不得兼任工作负责人或工作许可人。工作票签发人必须参加现场作业时应列入工作班人员名单并接受工作负责人监护和督促。工作负责人可以填写工作票但无权签发。工作许可人不得签发工作票。

2）工作票制度

电气设备上工作都要按工作票或口头命令执行。第一种工作票适用于在高压设备上工作需要全部或部分停电的情况，高压室内二次回路和照明回路上工作需要将高压设备停电或做安全措施的情况。第二种工作票适用于无需将高压电气设备停电的带电作业，带电设备外壳上的工作，控制盘和低压配电盘、配电箱、电源干线上的工作，二次回路上的工作，转动中的发电机、同步电动机的励磁回路或高压电动机转子电阻回路上的工作，非当值值班人员用绝缘棒或电压互感器定相或用钳形电流表测量高压回路的电路。凡不属于上述两种工作票范围的工作，可以用口头或电话命令，命令除告知工作负责人外，并要通知值班运行人员，将发令人、负责人及任务详细记在值班的有关记录本中。

此外，还有工作许可制度，工作监护制度，工作间断、转移和终结制度。

3. 电气设备上工作的安全技术措施

1）停电状态

在全部停电或部分停电的设备或线路上工作，必须由值班员完成停电、验电、装设接地线、悬挂警告牌和装设遮栏等保证安全的技术措施。

（1）停电。工作地点必须断开电源的导电部分有：

①施工设备的导电部分。

②工作人员操作时正常活动范围与带电设备的安全距离小于表8-2规定的设备。

③带电部分在工作人员后面或两侧，无可靠安全措施的设备。

表8-2 工作人员工作中正常活动范围与带电设备的安全距离

电压等级，kV		<10	20~35	44	60~110
安全距离（m）	无遮栏	0.70	1.00	1.20	1.50
	有遮栏	0.35	0.60	0.90	1.50

（2）验电。检修的电气设备或线路停电后，在悬挂接地线之前，必须用验电器检验确无

电压。验电时，必须使用电压等级合适、经试验合格的验电器，在检修设备进出线两侧各相分别验电。高压验电必须戴绝缘手套。

（3）装设接地线。装设三相接地线的目的是防止工作地点意外来电。装设接地线时，必须先接接地端，后接导体端，必须接触良好。拆接地线的顺序应与此相反。装、拆接地线必须使用绝缘棒或戴绝缘手套。接地线应采用多股软裸铜线，其截面积应符合短路电流的要求，并不得小于 25mm^2。

（4）悬挂警告牌和装设遮栏。凡是容易出现危险的位置均应挂上相应的警告牌，如在一经合闸即可送电到工作地点的开关和刀闸的操作把手上，应悬挂"禁止合闸，有人工作"的标示牌；在临时遮栏上应悬挂"止步、高压危险"的标志牌等。

严禁工作人员在工作中移动或拆除遮栏、接地线和标示牌。

2）带电工作中的安全措施

（1）在一些特殊情况下必须带电工作时，应严格按照带电工作的安全规定进行。

①在低压电气设备或线路上进行带电工作时，应使用合格的、有绝缘手柄的工具，穿绝缘鞋，戴绝缘手套，并站在干燥的绝缘物体上，同时派专人监护。

②对工作中可能碰触到的其他带电体及接地物体，应使用绝缘物隔开，防止相间短路和接地短路。

③检修带电线路时，应分清相线和地线。

④高、低压线同杆架设时，检修人员离高压线的距离要符合安全距离。

（2）对电气设备应采取下列一些安全措施：

①电气设备的金属外壳要采取保护接地或接零。

②安装自动断电装置。

③尽可能采用安全电压。

④保证电气设备具有良好的绝缘性能。

⑤采用电气安全用具。

⑥设立屏护装置。

⑦保证人或物与带电体的安全距离。

⑧定期检查用电设备。

四、安全操作规程

1. 装设临时线路的安全措施

由于生产急需而架设临时线路时，必须特别注意安全，一般应采取以下安全措施：

（1）要有严格的管理制度。装设临时线路需经有关部门负责人批准签注允许使用期限（一般不超过 3 个月），并有专人负责，定期巡回检查，期满后立即拆除。

（2）临时线路要使用合格的设备与器材。导线应尽量使用橡胶套或塑料护套线和电缆线。

（3）装设临时线路要考虑电力负载平衡及开关保护整定值是否满足要求。

（4）临时线路应有开关控制，不得从线路上直接引出，也不能以插销代替开关来分合电路。有关设备应采用保护接零、遮栏或标示牌等安全措施。

(5) 临时线路不可随意拖拉，马虎架设。可沿建筑物构架等架空敷设，并注意保持与周围物体的安全距离。沿地面敷设时应采取穿管保护措施。

2. 电气设备使用安全规程

(1) 对于出现故障的电气设备、装置和线路，必须及时进行检修，以保证人身和电气设备的安全。

(2) 电气设备一般不能受潮要有防止雨、雪、水侵袭的措施。电气设备运行时，要有良好的通风散热条件和防火措施有裸露带电体的设备，特别是高压设备，要有防止小动物窜入造成短路事故的措施。

(3) 严格遵照操作规程进行运行操作。合上电源时，应先合隔离开关，再合负荷开关；分断电源时，应先断开负荷开关，再断隔离开关。

(4) 需要切断故障区域电源时，要尽量缩小停电范围。有分路开关的，应切断故障区域的分路开关，尽量避免越级切断电源。

(5) 所有电器设备的金属外壳都必须有可靠的保护接地。

(6) 凡有可能被雷击的电气设备，都要安装防雷装置。

3. 车间电气安全技术规程

(1) 生产车间的一切电气设备除按照安全要求正确选用外，还必须在安装和使用、运行和维护等诸方面从技术上满足安全要求。

(2) 为保证车间用电设备的安全运行，除正确选用、安装和使用外，还应对用电设备采取完善的保护措施，并保持经常的检查维护，及时排除故障，做好日常巡回检查和定期检修等工作。

(3) 车间内的布线应根据周围环境和实际情况确定安全合理的布线方式和走向。线路应尽量远离热源、易燃物及其他危害线路安全运行的设施。穿管线路和临时线路的敷设都应按照安全技术要求进行。

(4) 对地面裸露和人身容易触及的带电设备要采取可靠的防护措施。设备的带电部位对地和其他带电部分相互要保持一定的安全距离。

(5) 对低压电力系统采用接地、接零保护。高压用电设备要采用熔断器等保护措施。对易产生过电压危害的电力系统应采取避雷针等避雷装置和保护间隙等过电压保护装置。

(6) 在电气设备系统和有关的工作场所装设安全标志。针对某些电气设备的特性和要求，采取特殊的安全措施。

练习与思考

一、选择题（将正确的选项填入括号内）

1. 实行保护接零的低压配电系统中，电气设备的金属外壳正常情况下有时会带电，原因是（　　）。
(A) 保护接地和保护接零混用　　　　(B) 零线阻抗大
(C) 零线断线　　　　　　　　　　(D) 前三种情况都能造成。

2. 在中性点有良好接地的低压配电系统中应优先选用（　　）。

(A) 保护接地　　　　　　　　　　(B) 保护接零（同时要重复接地）
(C) 重复接地　　　　　　　　　　(D) 保护接零

3. 电气设备究竟采用保护接地，还是保护接零方式主要取决于（　　）。
(A) 低压电网的性质
(B) 电气设备的额定电压
(C) 系统的运行方式
(D) 系统的中性点是否接地，低压电网的性质及电气设备的额定电压

4. 同一低压配电系统内，保护接地和保护接零两种方式（　　）混用。
(A) 能　　　　(B) 不能　　　　(C) 随便　　　　(D) 无法确定

5. 采用安全电压或低于安全电压的电气设备（　　）保护接地或接零。
(A) 实行　　　　(B) 不实行　　　　(C) 必须实行　　　　(D) 绝对不允许

6. 保证安全的技术措施是（　　）。
(A) 停电、验电、装设临时地线、悬挂标示牌和装设遮栏
(B) 停电、验电、悬挂标示牌和装设遮栏
(C) 填写工作票、操作票
(D) 工作票制度、工作许可制度、工作监护制度

二、判断题（正确的打"√"，错误的打"×"）

1. （　　）预防触电事故的主要措施有：保证足够的绝缘强度，不准私接乱接照明线及电器设备线，只允许随便更换熔断丝对电设备外壳接地保护。

2. （　　）保持接地就是将正常运行的电器设备不带电的金属部分用导线或导体与大地紧密连接起来。

三、问答题

1. 试说明低压电网零线重复接地的作用。
2. 简述保护接零的作用。

第三节　触电急救的原则和方法

进行触电急救时应坚持迅速、就地、准确、坚持的原则，即：迅速脱离电源、就地急救处理、准确的使用人工呼吸、坚持抢救。

一、解脱电源

人在触电后可能由于失去知觉或超过人的摆脱电流而不能自己脱离电源，此时抢救人员不要惊慌，要在保护自己不被触电的情况下使触电者脱离电源。

触电急救中使触电者脱离电源的方法：

（1）如果接触电器触电，应立即断开近处的电源，可就近拔掉插头，断开开关或拉掉熔断器。

（2）如果碰到破损的电线而触电，附近又找不到开关，用带绝缘柄的钢丝钳或有干燥木

柄的斧头、铁锹等切断电源线。

（3）可用干燥的木棒、竹竿、手杖等绝缘工具把电线挑开，挑开的电线要放置好，不要使人再触到。

（4）如一时不能实行上述方法，触电者又趴在电器上，可隔着干燥的衣物将触电者拉开。

（5）救护人可用一只戴手套或垫上干燥衣物的手拉开触电者。

（6）救护人可站在干燥木板、木凳上或绝缘胶垫上用一只手将触电者拉开。

（7）如果触电者触及断落在地上的带电高压导线，且尚未证实线路无电，救护人员在未做好安全措施前，不能接近断线点（8～10m范围），防止跨步电压伤人，触电者脱离带电导线后，应迅速移至8～10m以外，立即实施触电急救。

（8）触电者触及高压带电设备，救护人员应迅速切断电源或用适合该电压等级的绝缘工具解脱触电者。救护人员在抢救过程中应注意保持自身与周围带电部分必要的安全距离。

（9）在脱离电源过程中，如触电者在高处，要防止脱离电源后跌伤而造成二次受伤。抢救者要防止自身触电。

二、脱离电源后的判断

触电者脱离电源后，应迅速判断其症状，根据其受电流伤害的不同程度，采用不同的急救方法。

（1）触电人员脱离电源后，如神志清醒，应使其就地躺平，严密观察，暂时不要站立或走动。

（2）触电人员如神志不清，应就地仰面躺平，且确保呼吸道通畅，并用5s时间，呼叫伤员或轻拍其肩部，以判定伤员是否意识丧失。禁止摇动伤员头部呼叫伤员。

（3）如触电者意识丧失，应在10s内，用看、听、试的方法，判定伤员呼吸、心跳情况。看伤员的脑部、腹部有无起伏动作；用耳贴近伤员的口鼻处，听有无呼气声音，试测口鼻有无呼气的气流，再用两手指轻试一侧喉结旁凹陷处的颈动脉有无搏动。判断触电者有无知觉。判断呼吸是否停止。判断脉搏是否搏动。判断瞳孔是否放大。

（4）触电伤员呼吸和心跳均停止时，应立即按心肺复苏法就地抢救。

三、触电的急救方法（心肺复苏法）

（1）口对口人工呼吸法。人的生命的维持，主要靠心脏跳动而产生血循环，通过呼吸而形成氧气与废气的交换。如果触电人伤害较严重，失去知觉，停止呼吸，但心脏微有跳动，就应采用口对口的人工呼吸法。具体做法是：

①迅速解开触电人的衣服、裤带，松开上身的衣服、护胸罩和围巾等，使其胸部能自由扩张，不妨碍呼吸。

②使触电人仰卧，不垫枕头，头先侧向一边清除其口腔内的血块、假牙及其他异物等。

③救护人员位于触电人头部的左边或右边，用一只手捏紧其鼻孔，不使漏气，另一只手将其下巴拉向前下方，使其嘴巴张开，嘴上可盖上一层纱布，准备接受吹气。

④救护人员做深呼吸后,紧贴触电人的嘴巴,向他大口吹气。同时观察触电人胸部隆起的程度,一般应以胸部略有起伏为宜。

⑤救护人员吹气至需换气时,应立即离开触电人的嘴巴,并放松触电人的鼻子,让其自由排气。这时应注意观察触电人胸部的复原情况,倾听口鼻处有无呼吸声,从而检查呼吸是否阻塞,如图8-7所示。

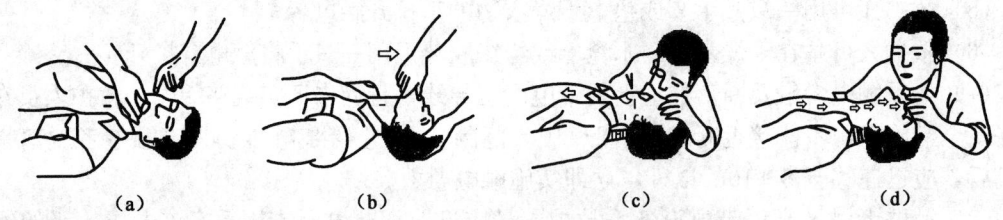

图8-7 口对口(鼻)人工呼吸法

(2)人工胸外挤压心脏法。若触电人伤害得相当严重,心脏和呼吸都停止,人完全失去知觉,则需同时采用口对口人工呼吸和人工胸外挤压两种方法。如果现场仅有一个人抢救,可交替使用这两种方法,先胸外挤压心脏4~6次,然后口对口呼吸2~3次,再挤压心脏,反复循环进行操作。人工胸外挤压心脏的具体操作步骤如下:

①解开触电人的衣裤,清除口腔内异物,使其胸部能自由扩张。

②使触电人仰卧,姿势与口对口吹气法相同,但背部着地处的地面必须牢固。

③救护人员位于触电人一边,最好是跨跪在触电人的腰部,将一只手的掌根放在心窝稍高一点的地方(掌根放在胸骨的下三分之一部位),中指指尖对准锁骨间凹陷处边缘,如图8-8(a)、(b)所示,另一只手压在那只手上,呈两手交叠状(对儿童可用一只手)。

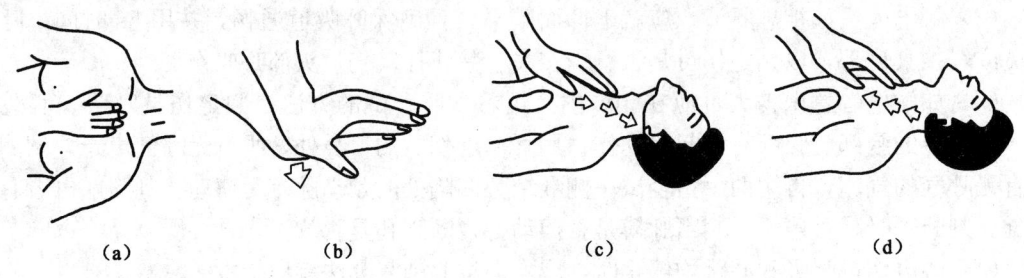

图8-8 心脏挤压法

④救护人员找到触电人的正确压点,自上而下,垂直均衡地用力挤压,如图8-8(c)、(d)所示,压出心脏里面的血液,注意用力适当。

⑤挤压后,掌根迅速放松(但手掌不要离开胸部),使触电人胸部自动复原,心脏扩张,血液又回到心脏。

四、坚持抢救

触电急救必须分秒必争,就地用心肺复苏法进行抢救并坚持不断地进行,同时及早与医疗部门联系,争取医务人员接替救治。医务人员未接替抢救前,现场抢救人员不得放弃现场抢救。

练习与思考

一、选择题（将正确的选项填入括号内）

1. 采用人工胸外按压法，按压频率为每分钟（　　）左右。
   (A) 12 次　　　　(B) 36 次　　　　(C) 60～80 次　　　　(D) 120 次
2. 触电一般有（　　）种类型。
   (A) 二　　　　　(B) 三　　　　　(C) 四　　　　　　(D) 五
3. 当触电者已失去知觉，解脱电源后应（　　）。
   (A) 实施人工呼吸和胸外心脏挤压　　(B) 通知单位
   (C) 通知供电部门　　　　　　　　　(D) 通知家属
4. 发现触电事故后，应该首先尽快（　　），再实施急救。
   (A) 通知单位　　(B) 叫救护车
   (C) 解脱电源　　(D) 实施人工呼吸
5. 发现高压触电事故后，应使用（　　），使触电者解脱电源。
   (A) 木棒　　　　(B) 普通工具　　(C) 树枝　　　　(D) 专用工具

二、判断题（正确的打"√"，错误的打"×"）

1. （　　）对触电伤员，若看、听、试的结果是既无呼吸又无脉搏，则可判定为死亡，不再进行抢救。
2. （　　）触电者若心脏停止跳动，应立即打强心针救活。
3. （　　）触电急救时，对伤员头部应热敷，以提高脑部温度。
4. （　　）发现有人触电时不能接触其皮肤，也不能抓住他的鞋试图拉离电源，因鞋的绝缘也可能遭到破坏。
5. （　　）高压触电时，要拉动开关断电，必须带上绝缘手套，穿上绝缘鞋，用相应的电压等级的绝缘工具拉开开关。

第四节　电气设备消防及灭火

一、一般消防措施和灭火规则

电力生产设备或作业场所应配置必要的消防设施。现场消防设施不能移作他用，现场消防设施周围不得堆放杂物和其他设备。防火重点部位和场所应按有关规定装设火灾自动报警装置或固定灭火装置。防火重点部位禁止吸烟，并应有明显标志。工作间断或结束时，应清理和检查现场，消除火险隐患。电力生产场所的所有电话机近旁应悬挂火警电话号码。

电气设备发生火灾时，应首先报告当值班长和有关调度，并立即将有关设备的电源切断，采取紧急隔停措施。

电气设备灭火时,仅准许在熟悉该设备带电部分的人员指挥或带领下进行灭火。参加灭火的人员在灭火时应防止被火烧伤或被燃烧物所产生的气体引起中毒、窒息,要防止引起爆炸。电气设备灭火时还应防止触电。电气设备火灾严禁使用能导电的灭火剂进行灭火。电机火灾时,禁止使用干粉灭火器或干砂直接灭火。

二、电力设备典型消防规程

1. 发电机、调相机和电动机消防要求

(1) 额定容量为10MW及以上空冷发电机、水轮发电机应设水喷雾、卤代烷等固定式灭火装置。

(2) 水轮发电机的采暖风口和补充空气的进口处应设置阻风门(防火阀),发电机着火时应自动关闭。

(3) 发电机或调相机失火时,为了迅速限制火势发展,应迅速与系统解列,并利用一切灭火设备及时灭火。灭火时不得用泡沫灭火器或干砂灭火。当地面上的油类着火时,可使用干砂灭火,但注意不得使干砂落到发电机或励磁机的轴承上。

(4) 运行中的电动机发生燃烧时,应立即将电动机电源切断,并尽可能把电动机出入通风口关闭,然后用二氧化碳、1211灭火器灭火。禁止使用泡沫灭火器及干砂灭火。无二氧化碳、1211灭火器时,可用消火栓连接喷雾水枪灭火。

2. 电力变压器、油浸电抗器、消弧线圈和互感器消防要求

(1) 变压器容量在120MV·A及以上时,宜设固定水喷雾灭火装置。缺水地区的变电所及一般变电所宜用固定的1211、二氧化碳或排油充氮灭火装置。

(2) 变压器防爆筒的出口端应向下,并防止产生阻力,防爆膜宜采用脆性材料。

(3) 室内的油浸变压器,宜设置事故排烟或消烟设施。火灾时,送风系统应停用,室内(或洞内)变压器的顶部,不宜敷设电缆。室外变电站和有隔离油源设施的室内油浸设备失火时,可用水灭火,无放油管路时,则不应用水灭火。发电机变压器组中间无断路器,若失火,在发电机未停止转动时,严禁人员靠近变压器灭火。

(4) 互感器发生故障停用时,应先停电后切除故障互感器,不宜直接拉开故障互感器。

3. 电缆

(1) 防止电缆火灾延燃的措施有:封、堵、涂、隔、包、水喷雾等。

(2) 在电缆夹层、隧道、沟洞内灌注电缆盒的绝缘剂时,熔化绝缘剂工作应在外面进行。

(3) 在多个电缆头并排安装的场合中,应在电缆头之间加隔板或填充阻燃材料。

(4) 如隧(廊)道、或通风不良的场所的电缆头着火,灭火时,应戴上氧气呼吸保护器及绝缘手套,并穿上绝缘鞋。

(5) 电力电缆中间接头盒的两侧及其邻近区域,应增加防火包带等阻燃材料。

4. 其他电气设备的消防要求

(1) 油断路器火灾时,严禁直接切断起火断路器电源,应切断其两侧前后一级的断路器电源,然后进行灭火。首先采用1211、二氧化碳、干粉灭火器灭火,不得已时可以用泡沫灭火器灭火,如仅套管外部起火,也可用喷雾水枪灭火。

(2) 断路器内部燃烧爆炸使油四溅,扩大燃烧面积时,除用灭火器灭火外,可用干砂扑灭地面上的燃油,用水或泡沫灭火器扑灭建筑物上的火焰。

(3) 电力电容器发生火灾时,应立即断开电源,并把电容器投向放电电阻或放电电压互感器。

(4) 选择低压配线时除允许载流量应大于负荷的电流总和外,其型号与使用的场合也应相适应。

三、电气设备的防火措施及灭火规则

1. 电气设备的防火措施

电气火灾通常是因为电气设备的绝缘老化、接头松动、过载或短路等因素导致过热而引起的。尤其是在易燃易爆场所,上述电气线路隐患危害更大。为防止电气火灾事故的发生,必须采取防火措施。

(1) 经常检查电气设备的运行情况。检查接头是否松动,有无电火花发生,电气设备的过载、短路保护装置性能是否可靠,设备绝缘是否良好。

(2) 合理选用电气设备。有易燃易爆物品的场所,安装使用电气设备时,应选用防爆电器,绝缘导线必须密封敷设于钢管内,应按爆炸危险场所等级选用、安装电器设备。

(3) 保持安全的安装位置。保持必要的安全间距是电气防火的重要措施之一。为防止电气火花和危险高温引起火灾,凡能产生火花和危险高温的电气设备周围不应堆放易燃易爆物品。

(4) 保持电气设备正常运行。电气设备运行中产生的火花和危险高温是引起电气火灾的重要原因。为控制过大的工作火花和危险高温,保证电气设备的正常运行,应由经培训考核合格的人员操作使用和维护保养。

(5) 通风。在易燃易爆危险场所运行的电气设备,应有良好的通风,以降低爆炸性混合物的浓度。其通风系统应符合有关要求。

(6) 接地。在易燃易爆危险场所的接地比一般场所要求高。不论其电压高低,正常不带电装置均应按有关规定可靠接地。

2. 电气设备的灭火规则

(1) 电气设备发生火灾时,着火的电器、线路可能带电,为防止火情蔓延和灭火时发生触电事故,发生电气火灾时应立即切断电源。

(2) 因生产不能停顿,或因其他需要不允许断电,必须带电灭火时,必须选择不导电的灭火剂,如二氧化碳灭火器、1211灭火器、二氟二溴甲烷灭火器等进行灭火。灭火时救火人员必须穿绝缘鞋和戴绝缘手套。

当变压器、油开关等电器着火后,有喷油和爆炸的可能,最好在切断电源后灭火。

(3) 灭火时的最短距离。用不导电灭火剂灭火时,10kV电压,喷嘴至带电体的最短距离不应小于0.4m;35kV电压,喷嘴至带电体的最短距离不应小于0.6m。若用水灭火,电压在110kV及以上,喷嘴与带电体之间必须保持3m以上;220kV及以上者,应不小于5m。

练习与思考

一、选择题（将正确的选项填入括号内）

1. 下列有关防电器着火的叙述，其中（　　）的叙述是不正确的。
   (A) 安装电开关应与房内的防火要求相适应
   (B) 开关的额定电流和额定电压均应和实际使用情况相适应
   (C) 线路和设备应连接牢固避免产生过大的接触电阻
   (D) 单极开关必须接在零线上

2. 扑救电器、精密仪器等火灾选用（　　）灭火器最为合适。
   (A) 泡沫　　　　(B) 二氧化碳　　　(C) 干粉　　　　(D) 四氯化碳

3. 电气短路引起火灾的原因是（　　）。
   (A) 电流过大发热　(B) 电路负荷　　　(C) 线路标准　　(D) 线路电压

二、判断题（正确的打"√"，错误的打"×"）

1. (　　) 在电路中开关切断电源时要产生电弧，不能迅速有效的灭弧，电弧将产生300～400℃的高温，使油分解成含有氢的可燃气体，可能引起燃烧或爆炸。

2. (　　) 发生火灾时，首先应立即向消防部门报警，拨打110电话。

习　题

1. 触电伤员如意识丧失，应在（　　）内，用看、听、试的方法判定伤员的呼吸和心跳情况。
   (A) 10s　　　　(B) 30s　　　　(C) 60s　　　　(D) 120s

2. 钻井现场照明及施工用电的电线距工作地面高度不低于（　　）。
   (A) 2m　　　　(B) 2.5m　　　(C) 3m　　　　(D) 5m

3. 现场用电时，首先要了解（　　）。
   (A) 电源电流　　(B) 电源电容　　(C) 电源电压　　(D) 电源电阻

4. 当电气设备承受的（　　）过大时，会引起绝缘击穿。
   (A) 电流　　　　(B) 电压　　　　(C) 负载　　　　(D) 功率

5. 施行胸外心脏按压法时，每分钟的动作次数应为（　　）。
   (A) 16次　　　(B) 80次左右　　(C) 不小于120次　(D) 90次

6. 当发现有人触电时，要（　　），再进行抢救。
   (A) 先断电源　　　　　　　　　(B) 先进行人工呼吸
   (C) 先送医院　　　　　　　　　(D) 原地不动

7. 现场用电时，一定要先（　　）然后连接电源。
   (A) 部分切断用电设备　　　　　(B) 电路开放
   (C) 合上所有用电设备　　　　　(D) 切断所有用电设备

8. 在一般情况下，人体所能忍受的安全电流可按（　　）考虑。
   (A) 100mA　　　　(B) 50mA　　　　(C) 30mA　　　　(D) 10mA
9. 对人体危害最大的频率是（　　）。
   (A) 2Hz　　　　(B) 20Hz　　　　(C) 30~100Hz　　　　(D) 220Hz
10. 最容易掌握，效果最好而且不论触电者有无摔伤的人工呼吸法是（　　）。
    (A) 仰卧压胸法　　(B) 俯卧压背法　　(C) 口对口呼吸法　　(D) 胸外按压法
11. 发现有人触电时，应（　　）。
    (A) 首先脱离电源，后现场救护
    (B) 首先脱离电源，后通知调度等待处理
    (C) 首先脱离电源，后等待救护人员
    (D) 向调度汇报，再采用触电急救
12. （　　）安全电压是为了满足电器负载而采用的特殊电源供电的电压。
13. （　　）安全电压是为了防止触电事故而采用的特殊电源供电的电压。
14. （　　）两相触电最安全。
15. （　　）触电者解脱电源后若发现呼吸停止或心脏停止跳动，或者两者都停止，应立即实施人工呼吸或胸外心脏挤压。
16. （　　）发现有人触电时应立即通知有关部门停电或者抛掷下裸金属使其接地，迫使短路装置动作，以断开电源。
17. （　　）发现有人高压触电时，立即将触电者拉离电源。
18. （　　）当发生低压触电事故且电源开关又不在附近时，可用带绝缘套的电工钳切断电线。
19. （　　）人触电呼吸中断后，已没办法进行抢救。
20. 简述触电急救中使触电者脱离电源的方法。
21. 简述触电急救的原则。

第九章　电工基础技能训练

实训课题一　常用电工仪表的使用

项目一　万用表的使用

1. 目的

能正确使用万用表测量电阻、交流电压、直流电压和直流电流等。

2. 器材与工具

(1) 指针式万用表（或数字式万用表）1只。

(2) 三相交流调压器1台（带电压表）。

(3) 直流稳压电源1台。

(4) 测试用电阻若干个（含低值与高值电阻）。

(5) 电烙铁、小功率变压器、220V灯泡和小容量三相异步电动机各1个（台）。

(6) 测试直流电流与电压用线路板1块，电路如图9-1所示。

(7) 100mm螺丝刀1把。

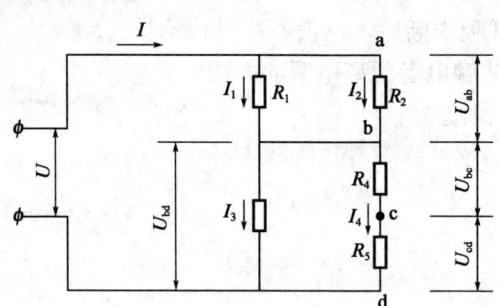

图9-1　测试直流电流与电压的线路图

3. 训练内容

(1) 了解万用表的面板结构与旋转开关的挡位功能。

①观察实验用万用表的面板，明确各部分的名称与作用。

②螺丝刀调节机械调零旋钮，并将指针调整在零位。注意，调整的幅度要小，动作要慢，掌握方法即可。

③拆开电池盒盖，学会电池的安装。

(2) 了解万用表表盘标度尺的意义并进行读数练习。

①观察表盘，明确各标度尺的意义、最大量程与刻度的特点。

②进行各电量及各挡位的读法训练。

(3) 用万用表测量交流电压、直流电压与电流。

①将万用表置交流电压 500V 以上挡,测量三相交流电的线电压与相电压,并记录测量数据。

②用交流调压器分别调出 100V、36V 和 12V 的电压值,根据不同的电压值选择合适的交流电压量程来测量,并记录测量数据。

电源	线 电 压	相 电 压	100V	36V	12V
测量值					

③将测试板(图 9-1)电源接在直流稳压源(12~24V)的输出端子上,用万用表分别测出图中标出的电压值,并记录测量数据。

电压	U	U_{bd}	U_{ab}	U_{bc}	U_{cd}
测量值					

直流电压的测量:

将万用表转换开关拨至直流电压挡,估计被测电压的大小,选择适当的量程,两表笔应跨接在被测电压的两端。红色表笔插"+"孔,接至被测电压的正极;黑色表笔插"-"孔,接至被测电压的负极。当指针反向偏转时,将两表笔交换后接至电路,再读取读数。被测电压的正负由电压的参考极性和实际极性是否一致来决定。

④用万用表测量各段线路的电流值,并记录测量数据。

电流	I	I_1	I_2	I_3	I_4
测量值					

(4) 用万用表测量电阻的训练步骤:

①用万用表测量 5 个电阻的阻值,并记录测量数据。

注意,要根据阻值大小调整量程,每次调整量程后都要重新调零。

②用万用表分别测量下列电器元件的电阻值,并记录测量数据:

电烙铁发热丝,变压器初级和次级线圈,220V 灯泡钨丝,交流电动机定子绕组线圈(先将电动机接线盒内的绕组各线头连接线拆出,再根据线头标志分别测量 U_1、U_2,V_1、V_2,W_1、W_2 三对线头的电阻值)。

电阻	电烙铁	灯泡钨丝	定 子 绕 组		变 压 器	
测量值						

(5) 数字式万用表的使用。若使用数字式万用表进行测量,除表盘标度尺与读数练习不需要进行外,其他训练内容都与指针式万用表相同,并可根据需要增加交流电流和电路通断的测量。

4. 实训注意事项

测量完毕,按要求收好仪表,清理现场。

5. 实训报告

整理数据,填写表格,并完成技能训练报告。

项目二 钳形电流表的使用

1. 目的

能正确使用钳形电流表测量交流电流。

2. 器材与工具

(1) 钳形电流表 1 台（型号不限）。

(2) 三相异步电动机 1 台。

(3) 大电流的单相用电设备 1 台（如 1000W 以上的电热器具）。

(4) 220V 灯泡与灯座各 1 只。

(5) 交流三相四线电源板（应设三相与单相控制开关与漏电保护装置） 1 块。

(6) 导线若干。

3. 训练内容

(1) 使用钳形电流表测量三相电动机的启动电流和空载电流。

(2) 使用钳形电流表测量单相用电设备的电流，并记录测量数据。

电流	启动电流	空载电流	单相用电设备	
测量值				

4. 训练步骤

训练步骤参考钳形电流表的正确使用方法。

5. 实训注意事项

测量完毕，按要求收好仪表，清理现场。

6. 实训报告

整理数据，填写表格，并完成技能训练报告。

项目三 兆欧表的使用

1. 目的

能正确使用兆欧表测量电气设备的绝缘电阻。

2. 器材与工具

(1) 500V 与 1000V 兆欧表各 1 台。

(2) 三相异步电动机（380V）1 台。

(3) 高压电缆头 1 个。

(4) 高压验电器与高压绝缘棒各 1 支。

3. 训练内容

(1) 使用 500V 兆欧表测量三相电动机的相间绝缘与相对地绝缘。

(2) 使用 1000V 兆欧表测量高压电缆头的相间绝缘与相对地绝缘。

4. 训练步骤

训练步骤参考兆欧表的正确使用方法。

记录测量数据

电动机	相间绝缘			相对地绝缘		
测量值						
电缆头	相间绝缘			相对地绝缘		
测量值						

5. 实训注意事项

测量完毕，按要求收好仪表，清理现场。

6. 实训报告

整理数据，填写表格，并完成技能训练报告。

实训课题二　重要定律、定理的验证

项目一　基尔霍夫定律的验证

1. 目的

(1) 验证基尔霍夫定律的正确性，加深对基尔霍夫定律的理解。

(2) 学会用电流插头、插座测量各支路电流的方法。

2. 实验原理

基尔霍夫定律是电路理论中最基本也是最重要的定律之一。它概括了电路中电流和电压应分别遵循的基本规律。

(1) 基尔霍夫电流定律（KCL）：电路中任意时刻，对任一节点，所有支路电流的代数和恒等于零，即 $\sum I = 0$。

(2) 基尔霍夫电压定律（KVL）：电路中任意时刻，沿电路中任一闭合回路绕行一周，各段电压的代数和恒等于零，即 $\sum U = 0$。

3. 实训仪器设备

(1) 双路直流稳压电源 1 台。

(2) MF-500 型万用表 1 块。

(3) 毫安表 1 块。

(4) 基尔霍夫定律的实验电路板 1 个。

4. 实训内容

实验电路如图 9-2 所示。

(1) 实验前，先任意设定三条支路的电流参考方向，如图 9-2 中所示的 I_1、I_2、I_3，并熟悉线路结构，掌握各开关的操作使用方法。

(2) 取稳压电源 $U_{s1} = 6V$，$U_{s2} = 12V$。

(3) 熟悉电流插头的结构，将电流插头的两端接至毫安表的"+、-"两端。

(4) 将电流插头分别插入三条支路的三个电流插座中，读出并记录电流值。

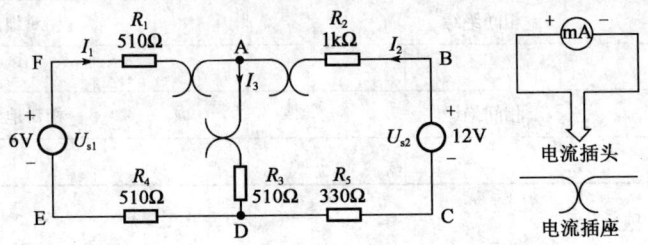

图9-2 验证基尔霍夫定律实验电路

(5) 用万用表分别测量电路电源及电阻元件上的电压值，记录测量数据。

被测值	I_1	I_2	I_3	U_{s1}	U_{s2}	U_{FA}	U_{AB}	U_{AD}	U_{CD}	U_{DE}
计算值										
测量值										
相对误差										
验证 KCL 节点 A，$\sum I = 0$										
验证 KVL，$\sum U = 0$ 各个回路										

5. 实训注意事项

(1) 所有需要测量的电压值均以电压表测量的读数为准，不以电源表盘指示值为准。

(2) 不允许电源两端短路。

(3) 若用指针式电流表进行测量时，要识别电流插头所接电流表的"＋、－"极性。倘若不换接极性，则电流表指针可能反偏（电流为负值时），此时必须调换电流表极性，重新测量，且指针正偏，但读得的电流值必须冠以负号。

6. 实训报告

(1) 如何确定电流、电压的正负值。

(2) 误差原因分析。

项目二 戴维南定理的验证

1. 目的

(1) 验证戴维南定理的正确性，加深对该定理的理解。

(2) 掌握测量有源二端网络等效参数的一般方法，并了解各种测量方法的特点。

2. 原理说明

1) 戴维南定理

戴维南定理指出，任何一个线形含源一端口电阻网络，对外电路来说，可以用一条含源支路等效替代，该含源支路的电压源电压等于含源一端口网络的开路电压，其电阻等于含源一端口网络化成无源网络的入端电阻。

2) 有源二端网络等效参数的测量方法

(1) 开路电压、短路电流法。

在有源二端网络输出端开路时,用电压表直接测其输出端的开路电压 U_{oc},然后再将其输出端短路,用电流表测其短路电流 I_{sc},则电阻为 $R_0=U_{oc}/I_{sc}$。这种方法简便,但对于不允许直接短路的二端网络是不能使用的。

(2) 伏安法。

用电压表、电流表测出有源二端网络的外特性如图 9-3 所示。根据特性曲线求出斜率 $\tan\varphi$,则内阻为

$$R_0 = \tan\varphi = \frac{\Delta U}{\Delta I} = \frac{U_{oc}}{I_{sc}}$$

用伏安法,主要是测量开路电压及电流为额定值 I_N 时的输出端电压值 U_N,则内阻为

$$R_0 = \frac{U_{oc} - U_N}{I_N}$$

若二端网络的内阻值很低时,则不宜测其短路电流。

(3) 半偏法。

如图 9-4 所示,调节 R_L 使负载电压 U_{RL} 为被测网络开路电压的一半,此时负载电阻(由电阻箱的读数确定)即为被测有源二端网络的等效内阻值,在实际测量中被广泛采用。

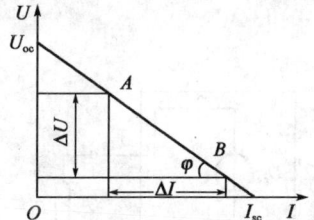

图 9-3 有源二端网络的外特性

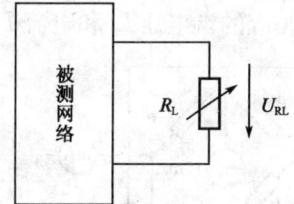

图 9-4 半偏法测量入端等效电路

(4) 补偿法。

当有源二端网络的入端等效电阻 R_0 较大时,用电压表直接测量开路电压的误差较大,这时采用补偿法测量开路电压较为准确。

图 9-5 中框内为补偿电路,U'_s 为另一个直流电压源,可变电阻器 R_P 接成分压器使用,G 为检流计。

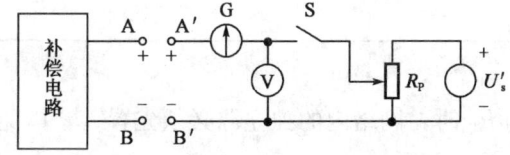

图 9-5 补偿法测量开路电压

3. 实训仪器设备

(1) 双路直流稳压电源 1台。

(2) 可调直流恒流源 1台。

(3) MF-47型万用表 1块。

(4) 直流电流表 1块。

(5) 电阻箱 2个。

(6) 滑动变阻器 1个。

(7) 检流计 1个。

(8) 戴维南定理实验电路板1块。

4. 实训内容

被测有源二端网络如图9-6所示。

(1) 用开路电压、短路电流法测定戴维南等效电路U_∞和R_0。按图9-6电路接入稳压电源U_s和恒流源I_s及可变电阻箱R_L，测定U_∞和R_0，记录实验结果。

R_L, Ω	0	50	100	150	200	250	300	R_0	∞
U, V									
I, mA									

(2) 负载实验。按图9-6改变R_L阻值，测量有源二端网络的外特性，并记录实验结果。

(3) 按图9-7接线，图中U_∞和R_0为有源二端网络的开路电压和等效电阻，U_∞从直流稳压电源取得，R_0从电阻箱取得。A、B端钮接上另一电阻箱作为负载电阻R_L。改变R_L的值，测量相应的端电压U和电流I，记录实验结果。

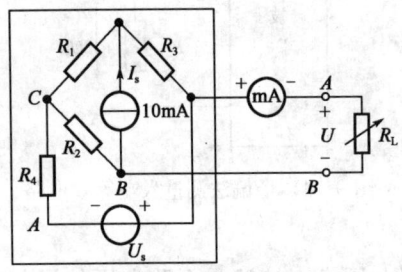

图9-6 有源二端网络实验电路

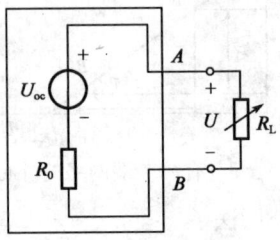

图9-7 戴维南等效电源电路

R_L, Ω	0	50	100	150	200	250	300	R_0	∞
U, V									
I, mA									

5. 实训注意事项

(1) 用万用表直接测R_0时，网络内的独立源必须先置零，以免损坏万用表。

(2) 连接线路时，要关掉电源。

6. 实训报告

(1) 根据实训数据，绘出有源二端网络及其戴维南等效电源的外特性$U=f(I)$。

(2) 说出两种测量等效电阻R_0的方法与步骤。

实训课题三　日光灯电路

项目一　日光灯电路及功率因数的提高

1．目的
(1) 了解日光灯的结构及工作原理。
(2) 掌握对感性负载提高功率因数的方法。
(3) 通过测量日光灯电路所消耗的功率，学会使用功率表。
2．原理说明
1) 日光灯的结构及工作原理
日光灯电路主要由日光灯管、镇流器、启辉器等元件组成，如图9-8所示。灯管两端有灯丝，其管内充以惰性气体（氩气或氖气）及少量水银，其管内壁涂有一层荧光粉，当管内产生弧光放电时，水银蒸气受激发辐射大量紫外线，管壁上的荧光粉在紫外线的激发下辐射出白色荧光，这就是日光灯的发光原理。

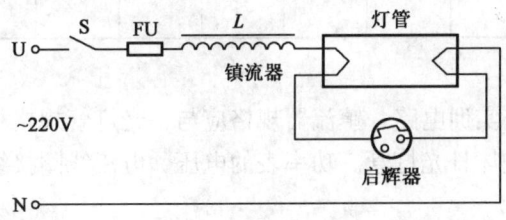

图9-8　日光灯电路

2) 功率因数
由于镇流器的感抗较大，日光灯电路的功率因数是比较低的，通常在0.5左右。过低的功率因数对供电和用户来说都是不利的，一般可以并联合适的电容器来提高电路的功率因数。
3) 功率表的使用
功率表用于测量电路的有功功率，应注意正确选用功率表的电压、电流和功率量程，正确接线和读数。由于电路功率因数较低，因此宜选用低功率因数的功率表来测量功率。
3．实训仪器设备
(1) 日光灯电路实验板1个。
(2) 交流电流表3块。
(3) MF-500型万用表1块。
(4) 单相功率表1块。
(5) 电容器组单元板1个。
4．实训内容
(1) 按图9-9电路连接线路，在没有接入电容器时，即$C=0$的情况下，用万用表、交流电流表、功率表测量日光灯在额定电压下的等效参数，并记录测量结果。

（2）接入电容，按测量数值，将电容从小到大逐渐增加，并测量相应的电压、电流、功率，记录测量结果。

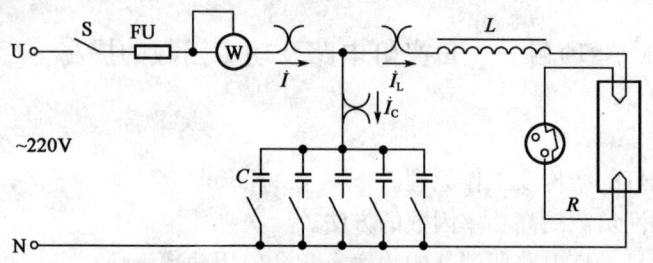

图 9-9　日光灯改善功率因数电路图

S状态	项目	测量数值							计算值		
		U	U_L	U_R	I	I_L	I_C	I_{st}	P	P_R	P_L	$\cos\varphi$
S断开												
S闭合	$C=2\mu F$											
	$C=5\mu F$											
	$C=7\mu F$											

5．实训注意事项

（1）实训中认真检查实训电路，镇流器规格应与日光灯管规格相符。特别注意接线时不要把镇流器短接，以免烧坏日光灯管。功率表的电压、电流线圈接线应符合要求，量限选择应正确。

（2）日光灯启动时的电流较正常工作时的电流大，在做启动实验时应注意电流表的量限，观察指针偏转情况，勿使之过载。

6．实训报告

（1）日光灯电路并联电容器的电容值大小对电路的功率因数的影响。

（2）提高电路功率因数的意义

项目二　日光灯线路的安装

1．目的

掌握照明电路中日光灯电路以及开关、插座等的安装方法。

2．实训器材与工具

（1）木制配电盘。

（2）瓷夹板1个。

（3）拉线开关1个。

（4）二眼插座1个。

（5）瓷插式熔断器1个。

(6) 塑料铜（铝）芯导线。
(7) 塑料软线。
(8) 日光灯管 1 个。
(9) 镇流器 1 个。
(10) 启辉器 1 个。
(11) 日光灯电容器 1 个。
(12) 通用电工工具。

3. 实训内容

日光灯电路是由灯泡、镇流器、启辉器、导线等组成的，如图 9-10 所示。

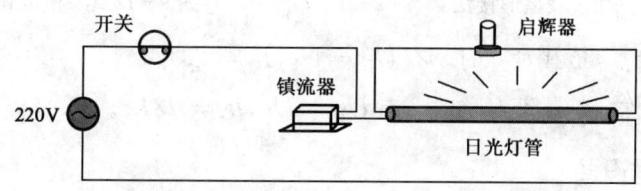

图 9-10　日光灯电路

4. 实训步骤

(1) 日光灯座、启辉器座接线后安装固定。
(2) 将镇流器安装固定在灯架上。
(3) 连接线路。
(4) 将日光灯管、启辉器装入。
(5) 检查线路并通电试验。

实训课题四　三相交流电路

一、实训目的

(1) 熟悉和掌握三相负载电路的连接方法。
(2) 验证负载丫形连接和△形连接时，电路中线电压和相电压，线电流和相电流之间的关系。
(3) 了解三相四线制电路中性线的作用。

二、实验原理

1. 三相负载星形接法（图 9-11）

(1) 三相四线制：当电源电压对称，无论负载对称与否，中性线起均压作用，均有 $U_L=\sqrt{3}U_P$，但两者线电流不同，当负载对称时，$I_N=0$；负载不对称时 $I_N\neq 0$。

(2) 三相三线制：若负载对称，则有 $U_L=\sqrt{3}U_P$，$I_L=I_P$；若负载不对称，则有 $U_L\neq\sqrt{3}U_P$，$I_L=I_P$，且出现中性点位移现象，使负载不能正常工作，甚至会损坏电气设备。

2. 三相负载三角形接法（图9-12）

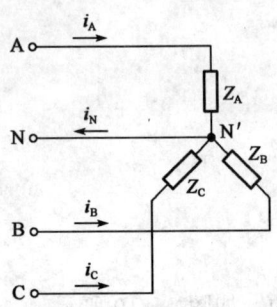

图9-11 三相负载星形接法

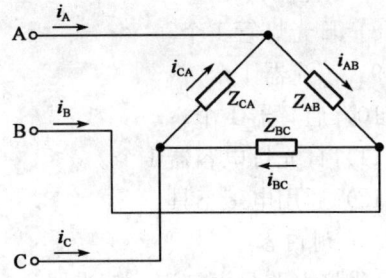

图9-12 三相负载三角形接法

(1) 当电源对称、负载对称时，有 $U_L = U_P, I_C = \sqrt{3} I_P$。

(2) 当电源对称、负载不对称时，有 $U_L = U_P, I_C \neq \sqrt{3} I_P$。

三、实训仪器设备

(1) 交流电压表（或万用表）1块。
(2) 交流电流表1块。
(3) 三相自耦调压器1台。
(4) 三相负载电路实验板1块。

四、实训内容

1. 三相负载星形接法

(1) 按图9-13连接电路，把开关 S_1、S_2、S_3 打到Y连接端，闭合 S_4、S_5，测量有中性线对称负载时的各电压及电流值，并记录测量结果。

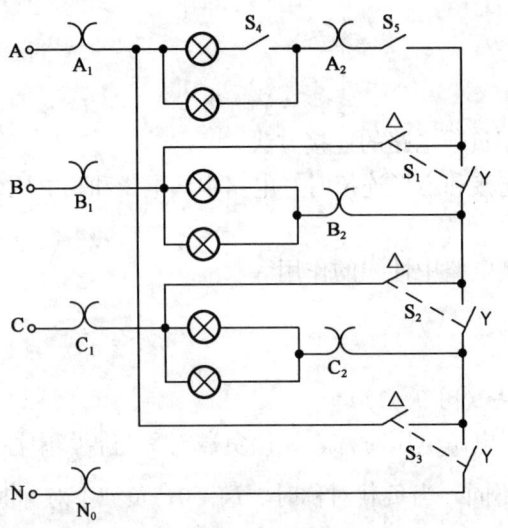

图9-13 三相交流电路

(2) 断开 S_4，测量不对称负载时的各电压及电流值，并记录测量结果。

(3) 断开 S_5，测量 A 相负载断路故障时的各电压及电流值，记录测量结果。

条件	测量负载	电　　压							电　　流			
		U_{AB}	U_{BC}	U_{CA}	U_A	U_B	U_C	I_A	I_B	I_C	I_N
有中性线	负载对称										
	负载对称										
	A相断路										

2. 三相负载三角形连接

(1) 把开关 S_1、S_2、S_3 打到△连接处，闭合 S_4、S_5，测量对称负载时的各电压及电流值，并记录测量结果。

(2) 断开 S_4，测量负载不对称时的各电压及电流值，记录测量结果。

(3) 断开 S_5，测量 A 相负载断路故障时的各电压及电流值，并记录测量结果。

条件	测量负载	相　电　压			相　电　流			线　电　流		
		U_{AB}	U_{BC}	U_{CA}	I_{AB}	I_{BC}	I_{CA}	I_A	I_B	I_C
负载对称										
负载对称										
A相断路										

五、实训注意事项

(1) 本次实训中，电路换接次数较多，要注意正确接线。

(2) 实训中应根据电路情况选择适当的仪表量程。

六、实训报告

(1) 根据实训数据，画出负载Y形连接时有中性线、负载不对称时各电压的相量图。

(2) 根据实训数据，画出负载△形连接负载不对称时各电流的相量图。

(3) 不对称Y形接法中性线不可断，若断后可能出现什么后果。

实训课题五　单相变压器

一、实训目的

(1) 熟悉变压器铭牌数据。

(2) 学会测量变压器绕组的极性。

(3) 测量变压器的空载电流及输出特性。

二、实验原理

1. 单相变压器的极性测定

在使用变压器或其他有磁耦合的互感线圈时，要注意绕组的正确连接，否则会引起实训设备的损坏，所以必须学会识别绕组的同名端，下面介绍两种常用的实训方法。

(1) 直流法。如图 9-14 所示，在绕组 1、2 端外加一个合适的电压，突然闭合开关 S，若电压表指针正向偏转，说明绕组 3 为正极性端，即 1、3 是同名端。若指针反转，则 1、4 为同名端。

(2) 交流法。如图 9-15 所示，在绕组 1、2 两端加一个比较低的便于测量的电压，用电压表分别测量 U_1 和 U_2。将两绕组的 2、4 端串联，用电压表测量 1、3 端的电压。若电压表读数为 U_1+U_2，则 1、4 为同名端。反之，若电压表读数为 U_1-U_2，则 1、3 为同名端。

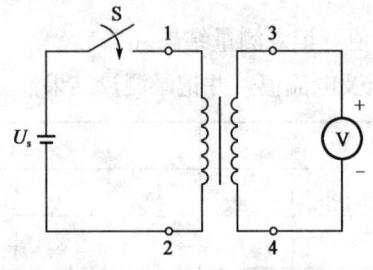

图 9-14 直流法判别同名端

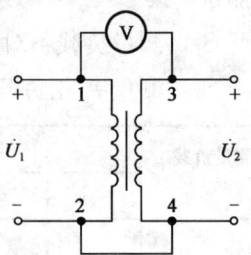

图 9-15 交流法判别同名端

2. 变压器的空载电流

空载电流是指变压器原绕组加上额定电压，副绕组开路时，原绕组的电流通常为原绕组额定电流的 3%~8%。

3. 变压器的电压比和电流比

变压器的电压比为

$$\frac{U_1}{U_2} = \frac{N_1}{N_2} = k$$

电流比为

$$\frac{I_1}{I_2} = \frac{N_2}{N_1} = \frac{1}{k}$$

变压器的阻抗变换为

$$Z_1 = (N_1^2/N_2^2)Z_L = k^2/Z_L$$

4. 变压器的外特性

原绕组在额定电压时，将负载接在变压器的副绕组上（图 9-16），输出电压 U_2 与负载电流 I_2 的大小有关，即 $U_2=f(I_2)$ 之间的关系称为变压器的外特性。

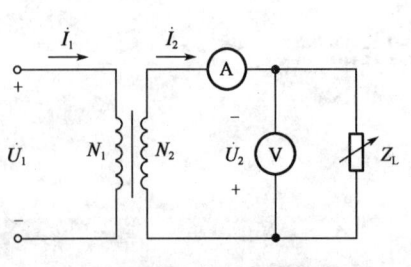

图 9-16 变压器电路

三、实训仪器设备

(1) 多绕组单相变压器 1 台。

(2) 交流电压表(或万用表)1 块。
(3) 交流电流表 2 块。
(4) 电阻箱 1 台。
(5) 单相自耦调压器 1 台。

四、实训内容

1. 测量变压器的极性

自行选定直流法或交流法测定变压器的极性(注意,原、副绕组不要弄错,在接通电源之前,将调压器调至最小处),记录测量结果。

直流法	交流法			
同名端	U_1	U_2	U_3	同名端

2. 测量空载电流

按图 9-17 连接电路,将自耦变压器置于零位,S 处于断开状态。经实训指导老师检查无误后方可接通电源,调节自耦电压器,逐渐升高电压 U_1 至额定电压值,即可测得原绕组的空载电流 I_0,并记录下来,$I_0=$ _____ A。

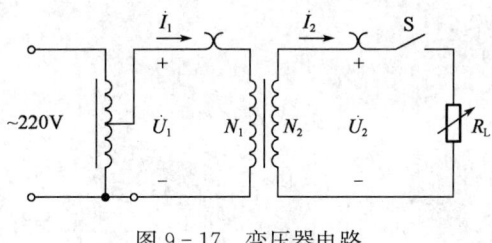

图 9-17 变压器电路

3. 测定电压比、电流比

在原绕组上加额定电压,测定副绕组的开路电压 U_2。合上开关 S,改变 R_L 使副绕组输出电流,测定并记录原、副绕组的电流 I_1、I_2。

测 量 值				计 算 值	
U_1	U_2	I_1	I_2	电压比 U_1/U_2	电流比 I_1/I_2

4. 测定变压器的输出特性

电路如图 9-17 所示,原绕组保持额定电压,改变负载电阻 R_L,使副绕组电流由零逐渐增加到额定值,测得六组以上副绕组电压 U_2 和电流 I_2,记录测量结果。将原绕组电压 U_1 记录下来,$U_1=$ _____ V。

R_L						
U_2, V						
I_2, A						

五、实训注意事项

(1) 该实训必须用电压表监视调压器的输出电压,防止被测变压器输出过高电压而损坏实训设备,且要注意安全,以防高压触电。

(2) 由负载实训转到空载实训时要注意及时变更仪器量程。

六、实训报告

(1) 根据实训数据绘出变压器的外特性曲线。

(2) 由实训数据计算出电压比,并判断是否与铭牌标称值相符。

(3) 说明交流法测同名端的理论依据是什么。

实训课题六 三相异步电动机

项目一 使用兆欧表测量小型三相异步电动机绝缘电阻

1. 目的

掌握三相异步电动机绝缘电阻的测试方法。

2. 实训仪器设备

(1) 500V 兆欧表 1 台。

(2) 低压电动机 1 台。

(3) 活动扳手 1 把。

(4) 验电器 1 支。

(5) 螺钉旋具 2 个。

3. 实训内容

(1) 将被测电动机停电、验电、拆除电源接线及连接片。

(2) 检查兆欧表:

①开路试验。

②短路试验。

③正确选用引线。

(3) 正确接线。

(4) 正确测量及读取数值。

(5) 通过测量说明电动机绝缘状况。

4. 实训报告

总结实训过程,并完成技能训练报告。

项目二 用万用表识别电动机定子绕组首尾端

1. 目的

(1) 掌握用万用表识别电动机定子绕组首尾端的测试方法。

(2) 掌握三相异步电动机的接线方法。

2. 实训仪器设备

(1) 常用电工工具 1 套。
(2) 导线若干。
(3) 棉纱若干。
(4) MF-500 万用表 1 块。
(5) 三相异步电动机 1 台。
(6) 电池 1 只。

3. 实训内容

(1) 方法一：用剩磁法判别 6 个线头的首尾端。

①先用摇表或万用表电阻挡分别找出三相绕组的各相两个线头。

②给各相绕组假设编号为 U_1、U_2、V_1、V_2 和 W_1、W_2。

③按图 9-18 方法之一接线，用手转动电动机转子，如万用表（微安挡）指针不动，则证明假设的编号是正确的；若指针有偏转，说明其中有一相首尾端假设编号不对，应逐相对调重测，直至正确为止。

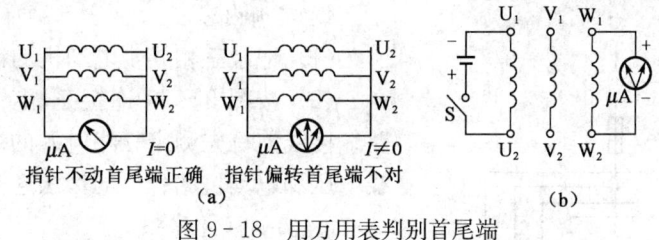

图 9-18 用万用表判别首尾端

(a) 方法一；(b) 方法二

(2) 方法二：

①先分清三相绕组各相的两个线头，并进行假设编号，按图 9-18 (b) 接线。

②注视万用表（微安挡）指针摆动的方向，合上开关瞬间，若指针摆向大于零的一边，则接电池正极的线头与万用表负极所接的线头同为首端或尾端；如指针反向摆动，则接电池正极的线头与万用表正极所接的线头同为首端或尾端。

③再将电池和开关接另一相两个线头，进行测试，就可正确判别各相的首尾端。图 9-18 (b) 中的开关 S 可用按钮开关。

4. 实训报告

总结实训过程，并完成技能训练报告。

项目三　三相异步电动机的接线

1. 目的

(1) 了解三相异步电动机的铭牌及其意义。
(2) 掌握三相异步电动机的接线方法。
(3) 学习三相异步电动机的启动和反转方法。

2. 实训原理与接线

(1) 转动原理。当定子绕组接通三相电源后，定子绕组通过三相电流，在定子内产生一旋转磁场。旋转的磁场可以带动转子同方向旋转。

(2) 三相异步电动机的接法如图 9-19 所示。

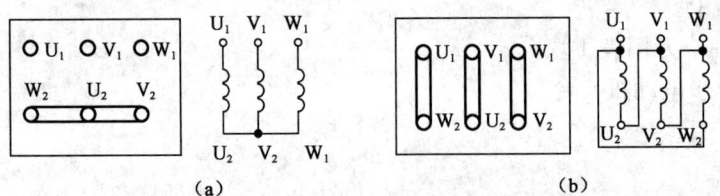

图 9-19 三相异步电动机定子绕组的接法
(a) 星形连接；(b) 三角形连接

3. 实训仪器设备

(1) 三相异步电动机 1 台。
(2) 交流电压表（或万用表）1 块。
(3) 三刀双掷开关 1 个。

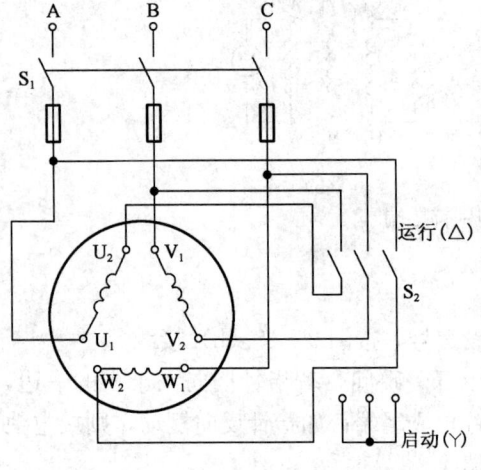

图 9-20 三相异步电动机实训电路

4. 实训内容

(1) 记录三相异步电动机的铭牌数据。
(2) 按图 9-20 连接三相异步电动机实训电路。接线前首先测定三相电源的线电压，根据电源线电压和电动机铭牌上的接法连接定子绕组。

5. 实训注意事项

(1) 实训中使用Y—△转换时，经检查接线无误，并请指导教师检查同意后方可送电进行实验。
(2) 在电动机做△形连接时，观测启动电流时间不能太长，要迅速读取数据。

6. 实训报告

(1) 根据记录的三相电动机的铭牌数据，说明各主要数据的意义。

(2) 三相异步电动机的三根电源线 A、B、C，首先将 A、B 两相交换，然后将 B、C 两相交换，判断电动机能否反转，并说明原理。

实训课题七　低压电器设备

项目一　常用低压电器设备认识

1. 目的

(1) 认识交流接触器、电流继电器、热继电器的一般结构，掌握低压电器的一般检查方法。

(2) 了解交流接触器、继电器吸合和释放过程中的电流变化情况。

(3) 学习常用电工工具和电工仪表的使用。

2. 实训器材

(1) 单相调压器1台。

(2) 过电流继电器1只。

(3) 交流接触器1只。

(4) 交流电流表10A（或500mA与电流互感器组合）1块。

(5) 多用表1块。

(6) 扳手、螺丝刀、测电笔、剥线钳等1套。

(7) 热继电器1只。

(8) 中间继电器1只。

(9) 兆欧表1块。

(10) 电流互感器1只。

(11) 滑线变阻器1只。

(12) 指示灯2只。

(13) 刀闸、熔断器各1只。

3. 实训原理

复杂电气控制线路大多都是有许多低压电器组成的，在设计和安装控制线路时，必须对低压电器进行检查测试。本实训就是学习有关电器的常规检查内容、检查方法，识别常用低压电器。本次实训内容是学习后续单元的基础。

(1) 交流接触器测试电路如图9-21所示。

(2) 电流继电器测试电路如图9-22所示。

(3) 热继电器测试电路与图9-22相同。

(4) 电压继电器动作电压的整定电路如图9-23所示。

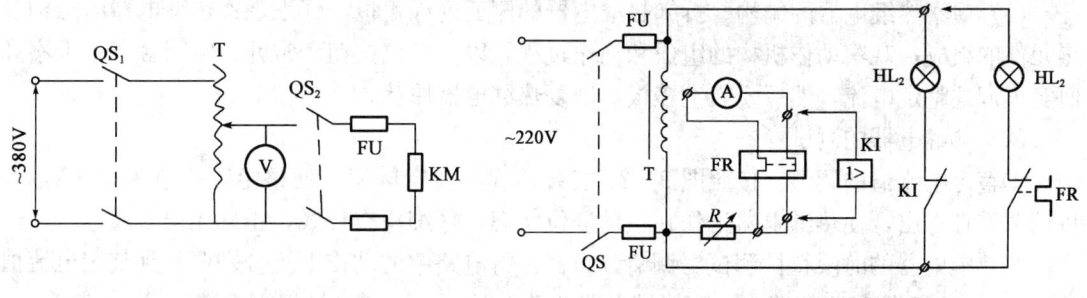

图9-21 交流接触器测试电路　　　图9-22 电流继电器测试电路

4. 实训步骤

1) 交流接触器的测试

(1) 观察。仔细观察交流接触器的结构，零部件是否完好无损，观察铁心上的短路环位置及大小，记录交流接触器的有关数据。

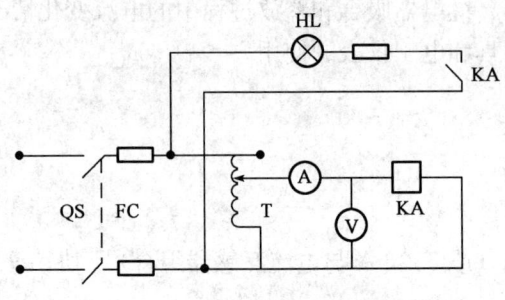

图 9-23　电压继电器动作电压的整定电路

型　　号	频　率	电　压	线　径	匝　数

(2) 交流接触器释放电压测试
①按照图 9-21 接线。
②闭合刀闸 QS_1，调节调压器为 380V，闭合 QS_2，交流接触器吸合。
③转动调压器手柄，使电压均匀下降，同时注意接触器的变化，记录数据。

电源电压	开始出现噪声电压	接触器释放电压	释放电压/额定电压

(3) 交流接触器的最低吸合电压测试。从释放电压开始，每次将电压上调 10V，然后闭合刀闸，观察交流接触器是否吸合。如此重复，直到交流接触器能可靠闭合止，记录数据。

最低吸合电压，V	吸合电压/电源电压

2) 热继电器的识别与测试
(1) 观察热继电器的结构。拆卸热继电器的侧面绝缘盖板，仔细观察热继电器的结构及热元件的组成；观察动作机构的组成和动作过程，以及复位按钮和常开、常闭触点；观察如何实现调整整定电流，然后安装上盖板，恢复热继电器原状。
(2) 热继电器的测试：
①整定电流值的调整。按照图 9-22 接线，旋转整定旋钮，使整定电流值为 1.4A，并将调节螺杆拧出，使热继电器工作在手动复位状态，仔细检查接线，正确无误后通电。
②热继电器的时限特性测试。调节调压器，将电路中的动作电流分别调节到整定电流值的 1.1 倍、1.5 倍和 6 倍等，观察热继电器的动作时间（以指示灯熄灭为准）。注意在通入 6 倍整定电流前，应先将电流降到零，待热元件完全冷却后，再快速调升电流到 6 倍整定值，并立即拉开闸刀开关，从又合上开关的瞬时起测定动作时间，记录测试数据。

I, A				
T, s				

3) 电流继电器的识别与测试

按照图 9-22 将电流继电器线圈接入电路,调节调压器将电流分别调整为整定值的 1 倍、1.1 倍、2 倍、3 倍和 3.6 倍等,观察指示灯的变化,记录过电流继电器的动作时间。

I, I_N	1	1.1	2	3	3.6
T, s					

4) 电压继电器动作电压的测定

电压继电器具有电压型电磁结构,以电压为输入信号。电磁式中间继电器都是采用电压型电磁机构。

(1) 一般性检查。一般性检查主要是观察继电器是否完好无损。检查内容主要包括:外壳是否干净,内部有否灰尘;接线端钮是否齐全,触点有无松动;各元件的位置、状态是否正常,有无摩擦现象等。

(2) 通路与绝缘检测。本项目检测主要是利用万用表和摇表对继电器进行一般检测。检测内容主要有:用万用表的欧姆挡测量继电器的线圈是否通路,所有主触点和辅助触点是否正常;常开触点正常情况下应断路,常闭触点正常情况下应通路;继电器动作后与上述情形相反;用摇表测量继电器导电部分与附近金属部分之间的绝缘电阻;主要测量铁心与线圈、线圈与接点等之间的绝缘电阻。

(3) 工作电压测定:测定继电器吸合电压和释放电压,检测继电器是否符合规格要求。

①按照图 9-23 接好线路,调压器滑动触点在初始位置,输出电压为 0。

②调节调压器,缓慢升高输出电压,观察电流表、电压表合继电器的变化,并记录继电器吸合前后的参数。

③调压器继续升高输出电压到 220V、250V,观察电流增加情况。

④调节调压器使输出电压降低,观察释放前后电流、电压的变化,记录继电器衔铁刚好释放时的电压,此时瞬时电压就是继电器的释放电压。

电 流	$0 \leqslant U \leqslant$ 吸上电压,V	吸上电压	$U_N \cdots 250V$	小于释放电压	大于释放电压
I, mA					
I, mA		.			

5. 实训报告

思考与讨论以下问题,并完成技能训练报告。

(1) 交流接触器与继电器在结构、原理和使用方面有何不同?

(2) 电流继电器和电压继电器、热继电器之间有何区别?

(3) 如何调整过电流继电器的整定值?

项目二　CJ10-20 交流接触器断电后衔铁释放缓慢的故障检修

1. 目的

(1) 掌握 CJ10-20 交流接触器断电后衔铁释放缓慢的故障检修方法。

(2) 掌握修复后通电校验方法。

2. 实训步骤及工艺要求

1）拆卸

（1）松去灭弧罩紧固螺钉，取下灭弧罩。

（2）拉紧主触点定位的弹簧夹，取下主触点及主触点压力弹簧片。拆卸主触点时必须将主触点横向旋转 45°后取下。

（3）松去辅助常开静触点的线桩螺钉，取下常开静触点。

（4）松去接触器底部的盖板螺钉，取下盖板。在松盖板螺钉时，要用手按着盖板，并慢慢放松。

（5）取下静铁心缓冲绝缘纸片及静铁心。

（6）取下静铁心支架。

（7）取下缓冲弹簧。

（8）拔出线圈接线端的弹簧夹片，取下线圈。

（9）取下反作用弹簧。

（10）抽出动铁心（衔铁）和支架。

（11）在支架上取下动铁心定位销。

（12）取下动铁心及缓冲绝缘纸片。

2）检修

（1）用干净布蘸少许汽油擦去动铁心和静铁心端面上的油垢。

（2）检查动铁心和静铁心两边铁轭端面接触是否平整，如不平整可用锉刀修平。

（3）检查动铁心和静铁心吻合后，中间铁心柱间是否留有 0.02～0.05mm 的气隙。若无气隙应用锉刀修出气隙。

（4）检查反作用弹簧是否疲劳变形或弹性不足及运动部分有无被卡住现象。如有需更换弹簧和进行整修。

3）更换触点

（1）更换辅助触点。松开压线螺钉拆除静触点，用镊子夹住动触点向外拆，即可拆除动触点；将触头插在应安装位置，拧紧螺钉就可以更换静触点；用镊子或尖嘴钳夹住触头插入动触点位置，更换动触点。

（2）更换主触点。交流接触器的主触点一般是桥式结构，将静触点和动触点一一拆除，依次更换。应注意组装时，零件必须到位，无卡阻现象。

4）装配

检修结束，按拆卸的逆顺序进行装配。

5）自检

用万用表欧姆挡检查线圈及各触点是否良好，并用手按主触点检查运动部分是否灵活，防止产生接触不良和噪声。

6）通电校验

（1）校验时应按图 9-21 接线。

（2）通电校验时，必须在不大于 1min 内，连续进行 10 次分、合试验，如 10 次试验全部成功则为合格。

3. 实训注意事项

(1) 拆卸时，应备有盛放零件的容器，以免失落零件。

(2) 拆装过程中，不允许硬撬，以免损坏电器。装配辅助常开静触点时，要防止卡住动触点。

(3) 用锉刀修正铁心端面时，应与铁心硅钢片相平行的方向进行锉削，以减小涡流损耗。

(4) 通电校验时，接触器应固定在校验板上，并有教师监护，以确保用电安全。

4. 实训报告

总结实训过程，完成技能训练报告。

实训课题八 电气控制线路制作工艺及三相异步电动机点动与常动控制线路安装

一、实训目的

(1) 能够根据电气原理图绘制安装接线图，合理布局，正确安装电动机控制线路。

(2) 加深理解点动控制和正转控制的特点。

(3) 初步掌握识图分析方法，能根据原理图和故障现象准确分析判断故障原因。

二、实训器材

(1) 三相异步电动机 1 台。

(2) 交流接触器 1 台。

(3) 按钮盒 1 只。

(4) 电源开关 1 个。

(5) 熔断器 3 只。

(6) 接线端子 1 组。

(7) 安装接线板 1 块。

(8) 一般电工工具 1 套。

三、实训原理

1. 制作电动机控制线路的步骤

1) 熟悉电气原理图

电动机控制线路是由一些电器元件按一定的控制关系连接而成的。这种控制关系反映在电气原理图（简称原理图）上。为了能顺利地安装接线、检查调试和排除线路故障，必须认真阅读原理图。要看懂线路中各电器元件之间的控制关系及连接顺序；分析线路控制动作，以便确定检查线路的步骤和方法；明确电器元件的数目、种类和规格；对于比较复杂的线路，还应看懂是由哪些基本环节组成的，分析这些环节之间的逻辑关系。

为了方便线路投入运行后的日常维修和排除故障，必须按规定给原理图标注线号，应将主电路与辅助电路分开标注,各自从电源端起,各相线分开,顺次标注到负荷端。标注时应做到每段导线均有线号,并且一线一号,不得重复。

2) 绘制安装接线图

原理图是为方便阅读和分析控制原理而用"展开法"绘制的,并不反映电器元件的结构、体积和实际安装位置。为了具体安装接线、检查线路和排除故障,必须根据原理图,绘制安装接线图(简称接线图)。在接线图中,各电器元件都要按照在安装底板(或电气控制箱、控制柜)中的实际安装位置绘出;元件所占据的面积按它的实际尺寸依照统一的比例绘制;一个元件的所有部件应画在一起,并用虚线框起来;各电器元件之间的位置关系视安装底板的面积大小、长宽比例及连接线的顺序来决定,并要注意不得违反安装规程。绘制接线图时应注意以下几点:

(1) 接线图中各电器元件的图形符号及文字代号必须与原理图完全一致,并要符合国家标准。

(2) 各电器元件上凡是需要接线的部件端子都应绘出,并且一定要标注端子编号;各接线端子的编号必须与原理图上相应的线号一致;同一根导线上连接的所有端子的编号应相同。

(3) 安装底板(或控制箱、控制柜)内外的电器元件之间的连线,应通过接线端子板进行连接。

(4) 走向相同的相邻导线可以绘成一股线。绘制好的接线图应对照原理图仔细核对,防止错画、漏画,避免给制作线路和试车过程造成麻烦。

3) 检查电器元件

安装接线前应对所使用的电器元件逐个进行检查,避免电器元件故障与线路错接、漏接造成的故障混在一起。对电器元件的检查主要包括以下几个方面:

(1) 电器元件外观是否清洁完整;外壳有无碎裂;零部件是否齐全有效;各接线端子及紧固件有无缺失、生锈等现象。

(2) 电器元件的触点有无熔焊粘连、变形、严重氧化锈蚀等现象;触点的闭合、分断动作是否灵活;触点的开距、超程是否符合标准;接触压力弹簧是否有效。

(3) 电器的电磁机构和传动部件的动作是否灵活;有无衔铁卡阻、吸合位置不正等现象;新品使用前应拆开清除铁心端面的防锈油;检查衔铁复位弹簧是否正常。

(4) 用万用表或电桥检查所有元器件的电磁线圈(包括继电器、接触器及电动机)的通断情况,测量它们的直流电阻值并做好记录,以备检查线路和排除故障时作为参考。

(5) 检查有延时作用的电器元件的功能,如时间继电器的延时动作、延时范围及整定机构的作用;检查热继电器的热元件和触头的动作情况。

(6) 核对各电器元件的规格与图纸要求是否一致。例如,电器的电压等级、电流容量,触点的数目、开闭状况,时间继电器的延时类型等。不符合要求的应更换或调整。

电器元件先检查后使用,避免安装、接线后发现问题再拆换,提高制作线路的工作效率。

4) 固定电器元件

按照接线图规定的位置将电器元件固定在安装底板上。元件之间的距离要适当,既要节省板面，又要方便走线和投入运行后的检修。固定元件时应按以下步骤进行：

（1）定位。将电器元件摆放在确定好的位置，用尖锥在安装孔中心做好记号。元件应排列整齐，以保证连接导线做得横平竖直、整齐美观，同时尽量减少弯折。

（2）打孔。用手钻在做好的记号处打孔，孔径应略大于固定螺钉的直径。

（3）固定。板上所有的安装孔均打好后，用螺钉将电器元件固定在安装底板上。

固定元器件时，应注意在螺钉上加装平垫圈和弹簧垫圈。紧固螺钉时将弹簧垫圈压平即可，不要过分用力，防止用力过大将元件的塑料底板压裂造成损失。

5）照图接线

接线时，必须按照接线图规定的走线方位进行。一般从电源端起按线号顺序接线，先接主电路，然后接辅助电路。

接线前应做好准备工作：按主电路、辅助电路的电流容量选好规定截面的导线；准备适当的线号管；使用多股线时应准备烫锡工具或压接钳。

接线应按以下步骤进行：

（1）选适当截面的导线，按接线图规定的方位，在固定好的电器元件之间测量所需要的长度，截取适当长短的导线，剥去两端绝缘外皮。为保证导线与端子接触良好，要用电工刀将芯线表面的氧化物刮掉；使用多股芯线时要将线头绞紧，必要时应烫锡处理。

（2）走线时应尽量避免导线交叉。先将导线校直，把同一走向的导线汇成一束，依次弯向所需要的方向。走线应做到横平竖直、拐直角弯。接线时要用手将拐角做成90°的"慢弯"，导线的弯曲半径为导线直径的3～4倍，不要用钳子将导线做成"死弯"，以免损坏绝缘层和损伤线芯。做好的导线束用铝线卡（钢金轧头）垫上绝缘物卡好。

（3）将成型好的导线套上写好的线号管，根据接线端子的情况，将芯线煨成圆环或直接压进接线端子。

（4）接线端子应紧固好，必要时加装弹簧垫圈紧固，防止电器动作时因震动而松脱。

接线过程中注意对照图纸核对，防止错接。必要时用试灯、蜂鸣器或万用表校线。同一接线端子内压接两根以上导线时，可以只套一只线号管；导线截面不同时，应将截面大的放在下层，截面小的放在上层。所使用的线号要用不易褪色的墨水（可用环乙酮与龙胆紫调和），用印刷体工整地书写，防止检查线路时误读。

6）检查线路和试车

制作好的控制线路必须经过认真的检查后才能通电试车，以防止错接、漏接及电器故障引起线路动作不正常，甚至造成短路事故。检查线路应按以下步骤进行：

（1）核对接线。对照原理图、接线图，从电源端开始逐段核对端子接线的线号，排除漏接、错接现象。重点检查辅助电路中易错接处的线号，还应核对同一根导线的两端是否错号。

（2）检查端子接线是否牢固。检查所有端子上接线的接触情况，用手一一摇动、拉拔端子上的接线，不允许有松脱现象，避免通电试车时因虚接造成麻烦，将故障排除在通电之前。

（3）万用表导通法检查。在控制线路不通电时，用手动来模拟电器的操作动作，用万用表测量线路通断情况的检查方法。根据线路控制动作来确定检查步骤和内容，根据原理图和接线图选择测量点，先断开辅助电路，以便检查主电路的情况，然后再断开主电路，以便检查辅助电路的情况。检查内容如下：

①主电路不带负荷（电动机）时相间绝缘情况；接触器主触点接触的可靠性；正反转控制线路的电源换相线路及热继电器热元件是否良好、动作是否正常等。

②辅助电路的各个控制环节及自保、联锁装置的动作情况及可靠性；与设备的运动部件联动的元件（行程开关、速度继电器等）动作的正确性和可靠性；保护电器（热继电器触点）动作的准确性等情况。

（4）试车与调整。为保证安全，通电试车必须在指导老师的监护下进行。试车前应做好准备工作，包括：清点工具；清除安装底板上的线头杂物；装好接触器的灭弧罩；检查各组熔断器的熔体；分断各开关，使按钮、行程开关处于未操作前的状态；检查三相电源是否对称等。然后按下述步骤通电试车：

①空操作试验。先切除主电路（一般可断开主电路熔断器），装好辅助电路熔断器，接通三相电源，使线路不带负荷（电动机）通电操作，以检查辅助电路工作是否正常。操作各按钮检查它们对接触器、继电器的控制作用；检查接触器的自保、联锁等控制作用；用绝缘棒操作行程开关，检查它的行程控制或限位控制作用等。还要观察各电器操作动作的灵活性，注意有无卡住或阻滞等不正常现象；细听电器动作时有无过大的震动噪声；检查有无线圈过热等现象。

②带负荷试车。控制线路经过数次空操作试验动作无误，即可切断电源，接通主电路，带负荷试车。电动机启动前应先做好停车准备，启动后要注意它的运行情况，如果发现电动机启动困难、发出噪声及线圈过热等异常现象，应立即停车，切断电源后进行检查。

③有些线路的控制动作需要调试。例如，定时运转线路的运行和间隔时间；Y—△启动线路的转换时间；反接制动线路的终止速度等。应按照各线路的具体情况确定调试步骤，试车运转正常后，可投入正常运行。

2. 三相异步电动机单向点动控制线路原理图、安装接线图和电器分布图

电动机单向点动控制线路常用于电动葫芦、地面操作的小型行车及某些机床辅助运动的电气控制。通过制作这种简单的线路，可以熟悉安装控制线路的基本步骤。

图9-24所示为电动机点动控制原理图。图9-25所示为电动机点动控制接线图。图9-26所示为电动机常动控制原理图。图9-27所示为电动机常动控制接线图。

四、实训步骤

1. 三相异步电动机点动控制线路安装

（1）识读三相异步电动机点动控制线路。

（2）绘制安装接线图，合理布局，准确编号。

（3）检查各电器元器件是否符合实验要求，是否完好无损。

（4）固定电器元件。

（5）仔细检查控制线路后，再经指导老师检查接线是否正确，工艺是否符合要求。

（6）通电试车。先在不接入电动机的情况下通电，检查电器是否工作正常，断电后接入电动机，观察电器动作是否正常，并注意点动控制。

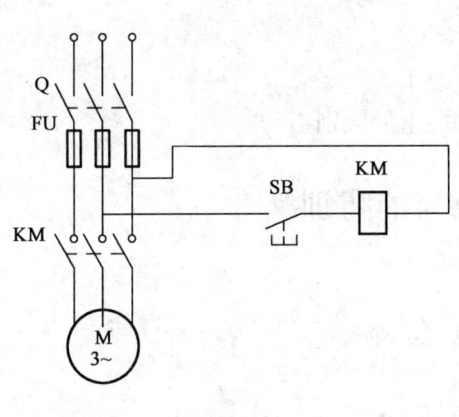

图 9-24 电动机点动控制原理图

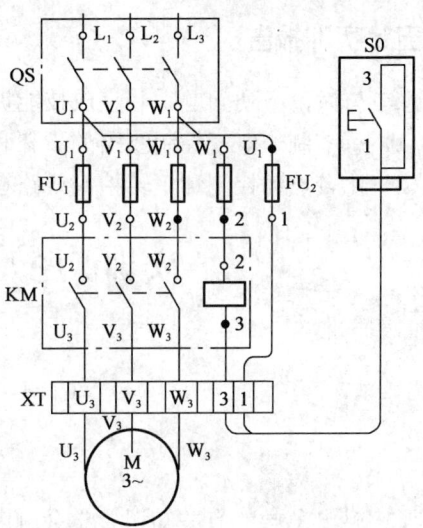

图 9-25 电动机点动控制接线图

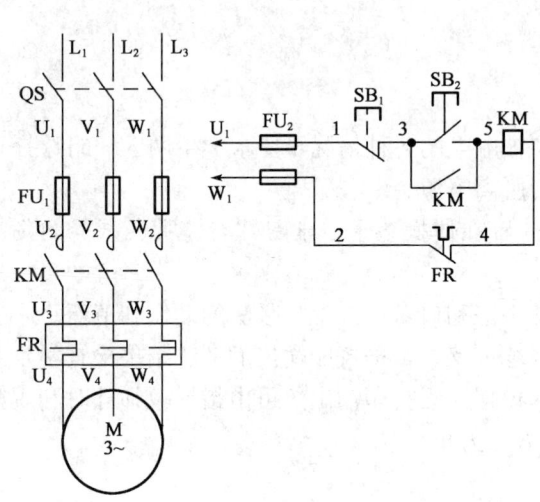

图 9-26 电动机常动控制原理图

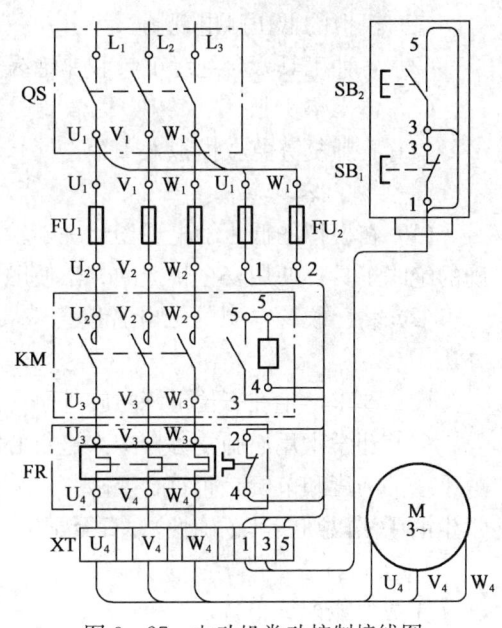

图 9-27 电动机常动控制接线图

2. 三相异步电动机直接启动控制线路安装

（1）分析识读三相异步电动机的直接启动控制线路原理图。

（2）根据原理图绘制电器安装接线图。

（3）检查各电器元件。

（4）固定电器元件，安装接线。

（5）检查控制线路接线是否正确，工艺是否美观。

（6）经教师检查后，通电试车。观察电动机正转控制线路工作是否正常，若不正常立即断电检查，分析故障原因，排除后再通电试车。

五、实训报告

思考与讨论下列问题,并完成技能训练报告。
(1) 总结制作电气控制线路的步骤和有关工艺要求。
(2) 比较点动控制和正转控制线路在结构和功能上的区别。

实训课题九 急救与消防训练

项目一 触 电 急 救

1. 目的
了解触电急救的有关知识,学会触电急救方法。
2. 实训器材与工具
(1) 模拟的低压触电现场。
(2) 各种工具(含绝缘工具和非绝缘工具)。
(3) 体操垫1张。
(4) 心肺复苏急救模拟人1个。
3. 实训内容
(1) 在模拟的低压触电现场让一学生模拟被触电的各种情况,要求学生两人一组选择正确的绝缘工具,使用安全快捷的方法使触电者脱离电源。
(2) 将已脱离电源的触电者按急救要求放置在体操垫上,学习"看、听、试"的判断办法。
(3) 要求学生在工位上练习胸外挤压急救手法和口对口人工呼吸法的动作和节奏。
(4) 让学生用心肺复苏模拟人进行心肺复苏训练,根据打印输出的训练结果检查学生急救手法的力度和节奏是否符合要求(若采用的模拟人无打印输出,可由指导教师计时和观察学生的手法以判断其正确性),直至学生掌握方法为止。
4. 实训报告
完成技能训练报告。

项目二 消 防 训 练

1. 目的
了解扑灭电气火灾的知识,掌握主要消防器材的使用。
2. 实训器材与工具
(1) 模拟的电气火灾现场(在有确切安全保障和防止污染的前提下点燃一盆明火)。
(2) 本单位的室内消防栓(使用前要征得消防主管部门的同意)、水带和水枪。
(3) 干粉灭火器和泡沫灭火器(或其他灭火器)。

3. 实训内容

(1) 使用水枪扑救电气火灾。将学生分成数人一组,点燃模拟火场,让学生完成下列操作:

①断开模拟电源。

②穿上绝缘靴,戴好绝缘手套。

③跑到消防栓前,将消防栓门打开,将水带按要求滚开至火场,正确接驳消防栓与水枪,将水枪喷嘴可靠接地。

④持水枪并口述安全距离,然后打开消防栓水掣将火扑灭。

(2) 使用干粉灭火器和泡沫灭火器(或其他灭火器)扑救电气火灾,步骤如下:

①点燃模拟火场。

②让学生手持灭火器对明火进行扑救(注意要求学生掌握正确的使用方法)。

③清理训练现场。

4. 实训报告

完成技能训练报告。

参 考 文 献

[1] 秦增煌. 电工学. 北京：高等教育出版社，1998.
[2] 李树燕. 电路基础. 北京：高等教育出版社，1998.
[3] 林平勇、高嵩. 电工电子技术. 北京：高等教育出版社，2000.
[4] 孙友. 电工基础及实训. 北京：电子工业出版社，2007.
[5] 李丽. 电工与电子技术. 北京：石油工业出版社，2007.
[6] 白乃平. 电工基础，2 版. 西安：西安电子科技大学出版社，2004.
[7] 周乐挺. 电工与电子技术实训. 北京：电子工业出版社，2004.
[8] 陈菊红. 电工基础. 北京：机械工业出版社，2004.
[9] 龙竞云. 电工仪表与测量. 北京：中国劳动社会保障出版社，2001.
[10] 刘润华. 电工电子学. 东营：中国石油大学出版社，2008.
[11] 成谢锋. 电工学（上）. 东营：中国石油大学出版社，2007.